ANSYS 仿真分析系列丛书

ANSYS Workbench 结构分析深入应用与提高

胡凡金　魏　凯　等　编著

中国铁道出版社有限公司

2021年·北京

内 容 简 介

本书聚焦于 ANSYS Workbench 有限元分析要点和难点问题，结合作者十余年来的科研、软件教学经验，归纳形成了一系列高级专题讲座，可帮助读者快速、系统地掌握 ANSYS 有限元分析技术要点，提升工程应用能力。本书涉及的专题包括 ANSYS 有限元分析的理论背景、前处理与模型构建、结构分析的载荷与边界条件、结构静力分析、结构疲劳分析、特征值屈曲分析、模态分析、谐响应分析、瞬态结构分析、响应谱分析、随机振动分析、刚体动力学分析与刚柔混合多体动力分析、热传导与热应力分析、高级接触与非线性分析、流固耦合分析等。本书还提供了大量的典型计算实例及工程案例，包含详细的问题描述、建模过程以及分析过程，便于读者对照自学。建议结合《ANSYS Workbench 结构分析实用建模方法与单元应用》一书阅读使用本书。

本书可作为理工科专业研究生及高年级本科生学习结构力学、结构动力学、有限元方法等课程时的参考书，也可作为相关工程技术人员、学习型工程师学习和应用 ANSYS Workbench 结构分析技术的参考书。

图书在版编目（CIP）数据

ANSYS Workbench 结构分析深入应用与提高 / 胡凡金等编著. —北京：中国铁道出版社有限公司，2021.12
（ANSYS 仿真分析系列丛书）
ISBN 978-7-113-28371-1

Ⅰ.①A… Ⅱ.①胡… Ⅲ.①有限元分析－应用软件
Ⅳ.①O241.82-39

中国版本图书馆 CIP 数据核字（2021）第 184629 号

ANSYS 仿真分析系列丛书
书　名：ANSYS Workbench 结构分析深入应用与提高
作　者：胡凡金　魏　凯　等

策划编辑：陈小刚
责任编辑：张　瑜　　　　编辑部电话：(010)51873017
封面设计：崔　欣
责任校对：孙　玫
责任印制：樊启鹏

出版发行：中国铁道出版社有限公司(100054，北京市西城区右安门西街 8 号)
网　　址：http://www.tdpress.com
印　　刷：三河市兴博印务有限公司
版　　次：2021 年 12 月第 1 版　2021 年 12 月第 1 次印刷
开　　本：787 mm×1 092 mm　1/16　印张：24　字数：593 千
书　　号：ISBN 978-7-113-28371-1
定　　价：59.00 元

版权所有　侵权必究

凡购买铁道版图书，如有印制质量问题，请与本社读者服务部联系调换。电话：(010)51873174
打击盗版举报电话：(010)63549461

前　言

本书聚焦于 ANSYS Workbench 有限元分析要点和难点问题,结合作者十余年来的科研、软件教学经验,归纳形成了一系列高级专题讲座,可帮助读者快速、系统地掌握 ANSYS 有限元分析技术,提升工程应用能力。本书涉及的专题包括 ANSYS 有限元分析的理论背景、前处理与模型构建、结构分析的载荷与边界条件、结构静力分析、结构疲劳分析、特征值屈曲分析、模态分析、谐响应分析、瞬态结构分析、响应谱分析、随机振动分析、刚体动力学分析与刚柔混合多体动力分析、热传导与热应力分析、高级接触与非线性分析、流固耦合分析等。本书还提供了大量的典型计算实例及工程案例,包含详细的问题描述、建模过程以及分析过程,便于读者对照自学。

本书各章的具体内容安排如下:

第 1 章结合 ANSYS 理论手册讲解了 ANSYS Workbench 有限元分析的理论背景,内容包括结构静力和动力有限元分析的基本原理、热传导与热应力计算原理、非线性分析的基本概念和计算原理等。

第 2 章介绍 ANSYS Workbench 结构分析的重要基础知识,内容包括常用的结构分析系统模板、分析流程搭建和定制以及 Engineering Data、Geometry、Mechanical 等组件的重要概念术语和操作界面。

第 3 章为结构分析通用前处理技术专题,内容包括几何模型的导入与设置、装配接触和各种连接的定义、网格划分技术。

第 4 章为结构静力分析专题,内容包括求解过程的组织、单步分析与多步分析、结构分析选项设置、结构分析的边界条件与载荷、求解与后处理方法、应力奇异问题、收敛性、应力工具箱、梁模型到实体模型的子模型映射等问题。

第 5 章介绍结构的疲劳分析,内容包括高周疲劳与低周疲劳的基本概念、疲劳工具箱的使用方法以及计算例题。

第 6 章介绍结构的特征值屈曲分析,内容包括特征值屈曲的基本概念、实现方法与算例。

第 7 章介绍模态分析技术,内容包括普通模态分析、预应力模态分析的实现方法以及频率、振型、参与系数、有效质量等模态结果的意义和计算例题等内容。

第 8 章为热传导与热应力分析专题,内容包括稳态以及瞬态热传导的材料参数、建模与计算方法、结果分析、热应力问题的实质与分析方法、计算例题等内容。

第9章为结构非线性与接触分析专题,包括非线性问题的一般选项设置、非线性分析的求解监控、非线性接触类型及高级接触选项、非线性屈曲问题、接触不收敛问题的诊断等内容。

第10章为多体动力学分析,内容包括Joint定义、刚体运动分析以及刚柔混合动力分析等内容,并结合计算实例比较了刚体分析与刚柔混合分析的结果。

第11章为结构动力学分析专题,内容包括谐响应分析、瞬态分析、响应谱分析与随机振动分析的实现方法和要点,提供一系列结构动力分析计算实例,帮助读者系统掌握相关分析技术并深刻理解结构动力分析的相关概念原理。

第12章为流固耦合动力分析专题,内容包括结构和流场的分析设置、耦合分析组件的使用等内容,结合典型分析例题进行讲解。

附录介绍Mechanical新界面的使用方法和技巧,并与旧界面进行了对比。

本书可作为理工科研究生及高年级本科生学习有限单元法、结构动力学、ANSYS应用等课程时的参考书,也可作为相关工程技术人员学习和应用ANSYS Workbench的参考书。建议结合《ANSYS Workbench结构分析实用建模方法与单元应用》一书阅读和使用本书。

本书主要由胡凡金、魏凯等负责编写,为本书提供算例和资料的还有王文强、夏峰、杨锋苓等,尚晓江博士为本书的编写提供了很好的素材和思路,并认真审阅了本书的大部分初稿。本书编写过程中还参考了一系列国内外专业书籍、软件手册、研究报告及论文等文献资料,在此对相关文献的作者也表示诚挚的谢意。

ANSYS结构分析和有限元分析技术的应用范围十分广泛,涉及众多的行业和学科,由于作者认识水平的局限,书中的不当之处在所难免,在此恳请读者多多批评指正。本书部分模型文件可到中国铁道出版社有限公司网站专区(http://www.m.crphdm.com/2021/1203/14414.shtml)下载,也可与微信公众号"洞察FEA"联系获取。与本书相关的技术问题讨论,欢迎发邮件至邮箱:consult_str@126.com。

编著者

2021年9月

目 录

第1章　ANSYS Workbench 有限元分析的理论背景 ································· 1
1.1　线性结构分析的基本原理 ··· 1
1.2　结构热传导与热应力分析的基本原理 ····································· 5
1.3　结构非线性分析的基本概念和原理 ······································· 8

第2章　Workbench 结构分析系统、流程以及应用界面 ····························· 10
2.1　Workbench 中的结构分析系统概述 ······································ 10
2.2　搭建分析流程 ·· 14
2.3　结构分析中常用的应用界面简介 ·· 19

第3章　结构分析通用前处理技术 ·· 38
3.1　几何模型的导入与相关定义 ·· 38
3.2　装配接触与连接关系的定义 ·· 41
3.3　网格划分 ·· 50

第4章　结构静力学分析 ·· 64
4.1　静力分析的求解过程组织与分析设置 ···································· 64
4.2　边界条件与载荷 ·· 75
4.3　求解以及后处理 ·· 92
4.4　应力奇异、收敛性与应力工具箱 ······································· 105
4.5　静力分析案例：钢管桁架及其局部节点的受力分析 ······················· 107

第5章　疲劳分析 ··· 128
5.1　高周疲劳分析 ··· 128
5.2　低周疲劳分析 ··· 135
5.3　例题：连杆的疲劳分析 ··· 137

第6章　结构特征值屈曲分析 ··· 145
6.1　特征值屈曲的基本概念 ··· 145
6.2　特征值屈曲分析实施要点 ··· 145
6.3　特征值屈曲分析例题 ··· 148

第 7 章　结构的模态分析 ································· 157

7.1　普通模态分析 ································· 157
7.2　预应力模态分析 ································· 165
7.3　模态分析例题：回转轮盘的静、动模态计算 ································· 167

第 8 章　热传导分析与热应力计算 ································· 176

8.1　热传导分析的实现方法 ································· 176
8.2　热应力分析方法 ································· 198
8.3　热分析与热应力计算实例 ································· 201

第 9 章　结构非线性与接触分析专题 ································· 221

9.1　非线性分析的一般选项与求解监控 ································· 221
9.2　非线性接触类型及选项 ································· 227
9.3　结构非线性与接触分析案例 ································· 233

第 10 章　多体动力学分析 ································· 251

10.1　ANSYS 多体动力学分析方法 ································· 251
10.2　多体动力学分析实例：铰链四杆机构 ································· 254

第 11 章　结构动力学分析 ································· 274

11.1　谐响应分析 ································· 274
11.2　瞬态分析 ································· 280
11.3　响应谱与随机振动分析 ································· 285
11.4　动力学分析算例：轮盘的谐响应分析 ································· 298
11.5　动力学分析算例：平台钢结构瞬态分析 ································· 301
11.6　动力学分析算例：塔架钢结构 ································· 320

第 12 章　流固耦合分析 ································· 342

12.1　System Coupling 简介 ································· 342
12.2　立柱摆动流固耦合分析例题 ································· 343

附录　Mechanical 结构分析新界面简介 ································· 367

第1章 ANSYS Workbench 有限元分析的理论背景

ANSYS Mechanical 是基于有限单元法的结构力学分析软件,适用于计算各类工程结构的静力、动力分析问题以及固体的稳态、瞬态热传递问题。本章对 ANSYS Mechanical 结构计算采用的基本原理作简要介绍,以帮助读者掌握应用软件所必备的理论背景知识。

1.1 线性结构分析的基本原理

1.1.1 结构静力分析的理论背景

有限元分析的基本思路是将结构离散为有限数量的单元,随后首先进行单元分析,在得到单元特性后再进行结构的整体分析。

首先进行单元分析。假设单元的位移向量(包含各位移分量)为$\{u\}$,应变向量(包含各个应变分量)为$\{\varepsilon\}$,则单元应变与位移之间满足如下的几何关系:

$$\{\varepsilon\} = [L]\{u\} \tag{1-1}$$

式中 $[L]$——对整体坐标的微分算子组成的矩阵。

如果单元的节点位移向量为$\{u^e\}$,根据前述有限元方法的基本思路,单元内部位移通过节点位移及近似插值函数(形函数)表示,于是有

$$\{u\} = [N]\{u^e\} \tag{1-2}$$

式中 $[N]$——形函数矩阵。

$[N]$的展开形式如下:

$$[N] = [N_1 [I]_{m \times m}, \cdots, N_n [I]_{m \times m}] \tag{1-3}$$

式中 $[I]$——m阶单位矩阵;

m——单元各节点的位移自由度数,比如:平面应力单元的m为2,弹性力学空间单元的m为3;

n——单元所包含的节点个数。

形函数矩阵的非零元素为对应各节点的形函数。将式(1-2)代入式(1-1),得到

$$\{\varepsilon\} = [L][N]\{u^e\} = [B]\{u^e\} \tag{1-4}$$

式中 $[B]$——应变矩阵,表示节点位移和单元应变向量之间的关系。

如果单元的应力向量为$\{\sigma\}$,则应力与应变之间满足如下的物理关系:

$$\{\sigma\} = [D]\{\varepsilon\} \tag{1-5}$$

式中 $[D]$——材料的弹性矩阵,即应力和应变关系矩阵。

根据结构分析的虚位移原理,在外力作用下处于平衡状态的弹性结构,当发生其约束条件

允许的微小虚位移时,外力在虚位移上所做的功等于弹性体内的虚应变能。

如果$\{F^e\}$表示节点载荷向量,则对于单元来说,其所受的外力就是$\{F^e\}$。如果用$\{u^{e*}\}$来表示单元的节点虚位移向量,用$\{\varepsilon^*\}$来表示相对应的虚应变向量,对任意一个单元应用虚位移原理,可以通过下式表示:

$$\int_{V_e} \{\varepsilon^*\}^T \{\sigma\} dV = \{u^{e*}\}^T \{F^e\} \tag{1-6}$$

式中 $\{\sigma\}$——实际状态下的单元应力向量;
V_e——所分析的单元的体积。

根据式(1-4),虚应变(虚位移所对应的应变)向量同样由应变矩阵来表示:

$$\{\varepsilon^*\} = [B]\{u^{e*}\} \tag{1-7}$$

将式(1-7)及式(1-5)代入式(1-6),得到

$$\{u^{e*}\}^T \int_{V_e} [B]^T [D] [B] dV \{u^e\} = \{u^{e*}\}^T \{F^e\} \tag{1-8}$$

两边消去节点虚位移,得到

$$\int_{V_e} [B]^T [D] [B] dV \{u^e\} = \{F^e\} \tag{1-9}$$

如果令

$$[k] = \int_{V_e} [B]^T [D] [B] dV \tag{1-10}$$

则式(1-9)可以改写为如下更简洁的形式:

$$[k]\{u^e\} = \{F^e\} \tag{1-11}$$

式(1-11)称为单元刚度方程,该方程给出了单元节点载荷向量与单元节点位移向量之间的矩阵关系;其中,$[k]$称为单元刚度矩阵,其表达式见式(1-10)。

对于弹性力学问题的有限元分析而言,节点载荷向量$\{F^e\}$包含由单元所受到的体积力等效载荷$\{F_p\}$以及表面力的等效载荷$\{F_q\}$。按照虚功等效原则,其表达式分别如下:

$$\{F_p\} = \int_{V_e} [N]^T \{p\} dV \tag{1-12}$$

$$\{F_q\} = \int_S [N]^T \{q\} dS \tag{1-13}$$

式中 $\{p\},\{q\}$——体力以及表面力向量;
S——表面力作用的单元表面区域。

至此,已经完成对弹性结构单元矩阵方程的形式推导。

对于各种具体单元类型,有关的向量$\{u\}$、$\{\varepsilon\}$、$\{\sigma\}$以及$\{u^e\}$、$\{F^e\}$可包含不同的分量个数;相关的各个矩阵(如$[L]$、$[N]$、$[B]$、$[D]$、$[k]$等)可具有不同的维数,代入具体的量进行推导即可建立具体的单元刚度方程。在这里需要指出的是,在实际程序计算过程中,单元刚度矩阵和等效载荷的各元素实际上均采用了等参变换以及数值积分技术来计算。因此所采用的形函数均是在单元局部坐标系中,ANSYS理论手册中有关各种类型单元的形函数的具体描述。

单元分析后需要进行结构整体分析。得到单元刚度方程后,进一步集合各单元的刚度方程以建立结构的总体平衡方程(总体刚度方程)。在具体集成过程中,各单元刚度矩阵按照节点和自由度的编号在总体刚度矩阵中对号入座,单元等效节点载荷也按照节点和自由度编号在结构总体载荷向量中对号入座。这种方法称为直接刚度法,其原理是节点的平衡条件以及

相邻单元在公共节点处的位移协调条件(即相邻单元在公共节点处的位移相等)。

结构分析过程中,单元刚度矩阵和单元等效载荷向量按照如下公式进行集成:

$$[K] = \sum_e [k] \tag{1-14}$$

$$\{F\} = \sum_e \{F_p\} + \sum_e \{F_q\} \tag{1-15}$$

式(1-14)、式(1-15)中的求和符号表示各矩阵或向量元素放到总体矩阵或向量相应自由度位置的叠加,而不是简单地求和。通过单元刚度方程的集成,得到的总体刚度方程如下:

$$[K]\{u\} = \{F\} \tag{1-16}$$

式中 $[K]$——结构的总体刚度矩阵;

$\{u\}$——节点位移向量;

$\{F\}$——节点荷载向量。

上述方程还不能直接求解,需要通过对角元充大数等数值处理手段引入边界条件消除奇异性后方可求解节点位移向量。通过 ANSYS Mechanical 的方程求解器得到位移后,即可按照前述关系导出应变、应力以及支反力等。

注意:由于在实际计算中上述矩阵和与单元有关的值均采用等参变换基础上的数值积分技术,因此实际上通常仅计算积分点处的值,比如积分点的应变、应力等,节点应变、应力则是积分点数值的线性外插(非线性情况为直接复制)。

1.1.2 结构动力分析的理论背景

1. 结构动力学分析的基本方程

结构动力学问题中,除了弹性力以外,还需考虑惯性力以及阻尼力,外荷载一般也是随时间变化的,因此结构动力分析的基本有限元求解方程为

$$[M]\{\ddot{x}\} + [C]\{\dot{x}\} + [K]\{x\} = \{F(t)\} \tag{1-17}$$

式中 $[M],[C],[K]$——结构的总体质量矩阵、阻尼矩阵以及刚度矩阵;

$\{\ddot{x}\},\{\dot{x}\},\{x\}$——节点加速度向量、节点速度向量、节点位移向量;

$\{F(t)\}$——节点荷载向量。

2. 模态分析

模态分析用于计算结构的固有振动特性。ANSYS 的模态分析主要包括一般模态分析和预应力模态分析两大类。

(1)一般模态分析

对于一般模态分析而言,与外部激励无关,也一般不考虑阻尼,因此由动力学方程一般形式简化得到如下的频率特征值方程:

$$([K] - \omega^2 [M])\{\varphi\} = 0 \tag{1-18}$$

式中 ω^2——频率特征值;

$\{\varphi\}$——对应于特征值的特征向量(振型向量)。

(2)预应力模态分析

对于考虑预应力刚度的模态分析,在刚度矩阵上加上应力刚度项,其频率特征方程为

$$([K] + [S] - \omega^2 [M])\{\varphi\} = 0 \tag{1-19}$$

式中 $[S]$——由初应力引起的刚度。

3. 谐响应分析

谐响应分析是结构动力分析中一类较为常见的特殊问题，其作用是当结构系统受到的外荷载为简谐荷载时，分析系统在简谐荷载作用下的最大稳态响应。

假设外荷载的激励频率为 Ω，外荷载和稳态位移响应的相位分别为 ψ 及 φ，则简谐外荷载及稳态位移响应可以分别表达为

$$\{F(t)\} = \{F_{\max} e^{i\psi}\} e^{i\Omega t} = \{F_{\max}\cos\psi + iF_{\max}\sin\psi\} e^{i\Omega t} = \{F_1 + iF_2\} e^{i\Omega t} \tag{1-20}$$

$$\{u(t)\} = \{u_{\max} e^{i\varphi}\} e^{i\Omega t} = \{u_{\max}\cos\varphi + iu_{\max}\sin\varphi\} e^{i\Omega t} = \{u_1 + iu_2\} e^{i\Omega t} \tag{1-21}$$

将上两式代入结构动力有限元方程，可得谐响应问题的求解方程如下：

$$(-\Omega^2[M] + i\Omega[C] + [K])\{u_1 + iu_2\} = \{F_1 + iF_2\} \tag{1-22}$$

求解此方程组即可求出给定加载频率 Ω 的稳态位移响应幅值和相位角。

4. 瞬态动力分析

ANSYS 瞬态分析用于分析动力学方程的一般情况。结构动力学方程是一个二阶的常微分方程组，需引入初始条件（初位移、初速度）及边界条件才能求解。ANSYS Mechanical 中提供了振型叠加法、缩减法以及完全法三种求解方法。目前使用最多的方法是完全法。

下面以 Newmark 完全法瞬态分析为例，介绍 ANSYS 瞬态分析的计算实现过程。

在 $t + \Delta t$ 时刻结构满足如下形式的动力学方程：

$$[M]\{\ddot{u}_{t+\Delta t}\} + [C]\{\dot{u}_{t+\Delta t}\} + [K]\{u_{t+\Delta t}\} = \{F_{t+\Delta t}\} \tag{1-23}$$

Newmark 方法假设 $t + \Delta t$ 时刻的节点速度向量、节点位移向量通过 t 时刻的节点速度向量、节点加速度向量以及节点位移向量按如下两个等式表示：

$$\{\dot{u}_{t+\Delta t}\} = \{\dot{u}_t\} + [(1-\beta)\{\ddot{u}_t\} + \beta \cdot \{\ddot{u}_{t+\Delta t}\}]\Delta t \tag{1-24}$$

$$\{u_{t+\Delta t}\} = \{u_t\} + \{\dot{u}_t\}\Delta t + \left[\left(\frac{1}{2} - \alpha\right)\{\ddot{u}_t\} + \alpha \cdot \{\ddot{u}_{t+\Delta t}\}\right]\Delta t^2 \tag{1-25}$$

式(1-25)可以改写为

$$\ddot{u}_{t+\Delta t} = \frac{1}{\alpha \Delta t^2}(u_{t+\Delta t} - u_t) - \frac{1}{\alpha \Delta t}\dot{u}_t - \left(\frac{1}{2\alpha} - 1\right)\ddot{u}_t \tag{1-26}$$

将式(1-26)与式(1-24)一并代入 $t + \Delta t$ 时刻结构动力学方程，得到

$$\begin{aligned}
[\hat{K}]\{u_{t+\Delta t}\} &= \left(\frac{[M]}{\alpha \Delta t^2} + \frac{\beta[C]}{\alpha \Delta t} + [K]\right)\{u_{t+\Delta t}\} \\
&= [M]\left[\frac{1}{\alpha \Delta t^2}\{u_t\} + \frac{1}{\alpha \Delta t}\{\dot{u}_t\} + \left(\frac{1}{2\alpha} - 1\right)\{\ddot{u}_t\}\right] + \\
&\quad [C]\left[\frac{\beta}{\alpha \Delta t}\{u_t\} - \left(1 - \frac{\beta}{\alpha}\right)\{\dot{u}_t\} - \left(1 - \frac{\beta}{2\alpha}\right)\{\ddot{u}_t\}\right] + \{F_{t+\Delta t}\}
\end{aligned} \tag{1-27}$$

通过式(1-27)对 $[\hat{K}]$ 求逆阵，得到 $t + \Delta t$ 时刻的节点位移向量 $\{u_{t+\Delta t}\}$，然后回代到前面的两个等式[式(1-4)、式(1-25)]，即可得到 $t + \Delta t$ 时刻的节点速度向量 $\{\dot{u}_{t+\Delta t}\}$ 以及节点加速度向量 $\{\ddot{u}_{t+\Delta t}\}$。

在非线性瞬态分析中，因 $[\hat{K}]$ 中包含 $[K]$，因此必须进行多次平衡迭代才能达到平衡，Newmark 方法是一种隐式方法。

除了 Newmark 方法外，时间积分的算法还有 HHT 方法及中心差分法等。中心差分法由于在求解过程中位移向量的系数矩阵中不包括刚度矩阵，可直接计算内力向量，而无需计算刚度矩阵，因此是一种显式计算方法，是 LS-DYNA 和 ANSYS Explicit STR 中采用的计算方法。

5. 响应谱分析

响应谱分析是基于模态叠加的思想，由结构各阶模态的谱响应按照一定组合规则进行组合以得到结构的总响应。目前工程中较为常用的响应谱分析是单点响应谱分析，此方法也是结构地震反应计算中的常规性方法。

在响应谱分析中，结构的第 i 阶模态的响应 R_i 由模态向量乘以模态系数得到，即

$$R_i = A_i \{\Psi_i\} \tag{1-28}$$

式中 $\{\Psi_i\}$——结构的第 i 阶振型；

A_i——第 i 阶模态的模态系数。

对于加速度反应谱，结构的第 i 阶模态系数则由下式给出：

$$A_i = \frac{S_{ai}\gamma_i}{\omega_i^2} \tag{1-29}$$

式中 γ_i——第 i 阶模态的模态参与系数；

S_{ai}——对应于第 i 阶频率的加速度响应谱值；

ω_i——结构的第 i 阶自振圆频率。

常用的模态合并方法有 SRSS、CQC。对于 SRSS 模态组合方法，结构的总响应 R_a 由下式给出：

$$R_a = \sqrt{\sum_{i=1}^{N} (R_i)^2} \tag{1-30}$$

对于 CQC 模态组合方法，结构的总响应 R_a 由下式给出：

$$R_a = \sqrt{\left| \sum_{i=1}^{N} \sum_{j=1}^{N} k\varepsilon_{ij} R_i R_j \right|} \tag{1-31}$$

其中的组合参数计算公式如下：

$$k = \begin{cases} 1 & i = j \\ 2 & i \neq j \end{cases} \tag{1-32}$$

$$\varepsilon_{ij} = \frac{8\sqrt{\zeta_i \zeta_j}(\zeta_i + r\zeta_j)r^{3/2}}{(1-r^2)^2 + 4\zeta_i \zeta_j r(1+r^2) + 4(\zeta_i^2 + \zeta_j^2)r^2} \tag{1-33}$$

$$r = \omega_j / \omega_i \tag{1-34}$$

式中 ζ_i, ζ_j——第 i 阶和第 j 阶模态的阻尼比；

r——j 阶和 i 阶圆频率之比。

1.2 结构热传导与热应力分析的基本原理

对固体热传递问题，求解热传递方程，对流以及辐射被处理为边界条件。热传递分为稳态问题以及瞬态问题，稳态问题是计算系统达到热平衡状态下的温度场，而瞬态问题则计算系统在达到热平衡之前的温度变化情况。

1.2.1 热传导方程及边界条件简介

热传导方程研究固体结构内部的热量传导。假设温度为坐标的连续函数，即

$$T = T(x, y, z, t) \tag{1-35}$$

对于图 1-1 所示的平行六面体微元体,边长为 dx、dy 及 dz,在时间增量 dt 内,微元体应满足能量守恒关系,即

净流入微元体的热量＋微元体内生成的热量＝微元体的内能增加

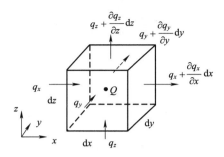

图 1-1 热分析的微元体

单位时间微元体积上各个面上的热通量均标在图中,以 x 方向为例,左侧面在单位时间的热通量为 q_x,右侧面在单位时间的热通量为 $q_x+\frac{\partial q_x}{\partial x}dx$。

在时间增量 dt 内,微元体沿 x 方向流入和流出的热量之差,即净流入的热量为

$$q_x dydzdt-\left(q_x+\frac{\partial q_x}{\partial x}dx\right)dydzdt=-\frac{\partial q_x}{\partial x}dxdydzdt \tag{1-36}$$

类似地,微元体沿 y 方向净流入的热量为

$$q_y dxdzdt-\left(q_y+\frac{\partial q_y}{\partial y}dy\right)dxdzdt=-\frac{\partial q_y}{\partial y}dxdydzdt \tag{1-37}$$

微元体沿 z 方向净流入的热量为

$$q_z dxdydt-\left(q_z+\frac{\partial q_z}{\partial z}dz\right)dxdydt=-\frac{\partial q_z}{\partial z}dxdydzdt \tag{1-38}$$

因此,在时间增量 dt 内,流入微元体的总的净热量为

$$-\left(\frac{\partial q_x}{\partial x}+\frac{\partial q_y}{\partial y}+\frac{\partial q_z}{\partial z}\right)dxdydzdt$$

根据傅里叶定律,热通量 q 与温度梯度成正比,但与温度梯度方向相反,即

$$\begin{aligned} q_x &= -k_x \frac{\partial T}{\partial x} \\ q_y &= -k_y \frac{\partial T}{\partial y} \\ q_z &= -k_z \frac{\partial T}{\partial z} \end{aligned} \tag{1-39}$$

如果在 dt 时间增量微元体内生成热量为 $Qdxdydzdt$,微元的内能改变量为 $c\rho dxdydzdT$,代入能量守恒表达式,得到

$$\rho c \frac{\partial T}{\partial t}-\frac{\partial}{\partial x}\left(k_x \frac{\partial T}{\partial x}\right)-\frac{\partial}{\partial y}\left(k_y \frac{\partial T}{\partial y}\right)-\frac{\partial}{\partial z}\left(k_z \frac{\partial T}{\partial z}\right)-Q=0 \quad \forall(x,y,z)\in\Omega \tag{1-40}$$

式(1-40)就是正交各向异性体内的瞬态热传导方程,其中,ρ、c 分别为固体材料的密度和比热,k_x、k_y 以及 k_z 依次为三个方向的导热系数,Q 是单位体积的热功率,其单位为 W/m^3。

固体热传导问题通常包含如下几类边界条件:

第1章 ANSYS Workbench 有限元分析的理论背景

(1)恒温边界 S_1

在此边界上,温度为给定的已知温度 $\overline{T}$,即

$$T=\overline{T} \quad \forall (x,y,z)\in S_1 \tag{1-41}$$

(2)热通量边界 S_2

在这类边界上热通量为给定的数值 q^*,即

$$k_x\frac{\partial T}{\partial x}n_x+k_y\frac{\partial T}{\partial y}n_y+k_z\frac{\partial T}{\partial z}n_z-q^*=0 \quad \forall (x,y,z)\in S_2 \tag{1-42}$$

式中 q^*——通过边界 S_2 的热通量,以流入固体域内为正,如图1-2所示。

(3)对流边界 S_3

在固体与周围的流体介质(如空气、水)的对流表面,应满足如下边界条件:

$$k_x\frac{\partial T}{\partial x}n_x+k_y\frac{\partial T}{\partial y}n_y+k_z\frac{\partial T}{\partial z}n_z+h_f(T_S-T_B)=0 \quad \forall (x,y,z)\in S_3 \tag{1-43}$$

式中 T_S——S_3 表面的固体温度;

T_B——附近流体的环境温度,如图1-3所示。

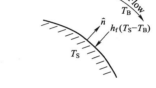

图1-2 给定热通量边界条件　　图1-3 自然对流边界示意图

除了三类边界条件以外,求解瞬态热传导方程还需要定义初始温度场条件:

$$T|_{t=0}=T_0(x,y,z) \quad \forall (x,y,z)\in \Omega \tag{1-44}$$

1.2.2 热传导问题的有限元分析

通过伽辽金方法(一种加权余量法)来建立热传导问题的有限元计算方程,求解域划分为若干个单元,在某个单元内部的温度分布可通过节点温度向量和形函数表示如下:

$$T(x,y,z,t)=[\mathbf{N}]\{\mathbf{T}\}^e \tag{1-45}$$

通过伽辽金方法,建立单元 e 上的热传导问题的有限元方程如下:

$$[\mathbf{C}]^e\{\dot{\mathbf{T}}\}^e+([\mathbf{K}]^e+[\mathbf{H}]^e)\{\mathbf{T}\}^e=\{\mathbf{P_Q}\}^e+\{\mathbf{P_q}\}^e+\{\mathbf{P_h}\}^e \tag{1-46}$$

其中

$$[\mathbf{H}]^e=\int_{S_3}h[\mathbf{N}]^T[\mathbf{N}]dS \tag{1-47}$$

$$\{\mathbf{P_q}\}^e=\int_{S_2}[\mathbf{N}]^Tq^*dS \tag{1-48}$$

$$\{\mathbf{P_h}\}^e=\int_{S_3}h[\mathbf{N}]^TT_BdS \tag{1-49}$$

在各单元上求和,可得

$$\sum_e[\mathbf{C}]^e\{\dot{\mathbf{T}}\}^e+\sum_e([\mathbf{K}]^e+[\mathbf{H}]^e)\{\mathbf{T}\}^e=\sum_e(\{\mathbf{P_Q}\}^e+\{\mathbf{P_q}\}^e+\{\mathbf{P_h}\}^e) \tag{1-50}$$

以上瞬态热传导有限元方程可以简写为

$$[C]\{\dot{T}\}+[K]\{T\}=\{P\} \tag{1-51}$$

其中

$$[C]=\sum_e [C]^e \tag{1-52}$$

$$[K]=\sum_e ([K]^e+[H]^e) \tag{1-53}$$

$$\{P\}=\sum_e (\{P_Q\}^e+\{P_q\}^e+\{P_h\}^e) \tag{1-54}$$

式中　$[C]$——系统的比热矩阵；
　　　$[K]$——系统的热传导矩阵；
　　　$\{T\}$——节点温度向量；
　　　$\{P\}$——节点热流向量。

上述方程是一阶常微分方程组，计算时需要指定温度场的初始条件。

对于稳态热传导问题，与温度随时间的变化率无关，于是热传导有限元方程简化为

$$[K]\{T\}=\{P\} \tag{1-55}$$

1.2.3　热应力计算

受到约束的结构在温度变化时，由于不能自由伸缩会引起温度应力（热应力）。由此可见，结构中的热应力是由温度应变引起的，结构中一点的温度应变向量$\{\varepsilon^{th}\}$可以表示为

$$\{\varepsilon^{th}\}=\alpha\Delta T\{1,1,1,0,0,0\}^T \tag{1-56}$$

式中　α——热膨胀系数（1/℃）；
　　　ΔT——温度的变化量（℃）。

结构中引起应力的是弹性应变，弹性应变应为总应变扣除温度应变，即

$$\{\varepsilon^d\}=\{\varepsilon\}-\{\varepsilon^{th}\}=[B]\{u^e\}-\{\varepsilon^{th}\} \tag{1-57}$$

$$\{\sigma\}=[D]\{\varepsilon^d\} \tag{1-58}$$

通过虚功原理，对单元建立计算方程：

$$\int_{V_e}\{u^{e*}\}^T[B]^T[D]([B]\{u^e\}-\{\varepsilon^{th}\})dV=0 \tag{1-59}$$

整理得到单元热应力分析的基本方程：

$$[K^e]\{u^e\}=\int_{V_e}[B]^T[D]\{\varepsilon^{th}\}dV \tag{1-60}$$

式中，$[K^e]=\int_{V_e}[B]^T[D][B]dV$为单元刚度矩阵，右端项为单元的等效节点温度荷载向量。

因此，热应力分析实质为一种等效荷载作用下的结构静力分析。

1.3　结构非线性分析的基本概念和原理

工程结构的非线性问题大致可分为材料非线性、几何非线性、状态非线性三类，不同类型的非线性问题具有一个共同的特点，即结构的刚度（矩阵）是随结构力学有限元法求解的自由度（位移）变化而变化的。

材料非线性是由于材料的应力和应变之间不满足线性关系，因而在加载过程中引起单元（结构）刚度矩阵的变化，即结构的刚度随着自由度（位移）的变化而变化。ANSYS 可以处理的材料非线性问题类型十分广泛，包括非线性弹性、弹塑性、黏弹性、徐变、松弛等常见的工程材料非线性行为，但目前最为常用的材料非线性分析是结构的弹塑性分析。

几何非线性是由于大变形或大转动引起的结构刚度的变化，这类问题显然也具备结构刚度随着位移自由度的变化而变化这一非线性的本质特征。一个典型的情况是当杆件发生大转动时，其轴线方向的变化显著，因此轴向刚度对总体刚度矩阵的贡献也会发生显著的变化。

状态非线性是结构的刚度由于状态的改变而变化。最典型的状态非线性问题是接触问题，伴随结构的变形过程，节点之间可能进入接触状态，也可能在接触后又分离。发生接触时，物体之间出现很大的接触力，结构的刚度发生突变。

由于非线性问题的刚度矩阵是随位移的变化而变化的，因此难以用全量方程来表示任意时刻的结构受力情况，但由于每一时刻的切线刚度可以得到，因此采用增量形式的方程进行描述和计算，以上三类非线性问题可以采用如下统一形式的切线增量方程来描述，即

$$[K]^{\text{Tangent}}\{\Delta u\} = \{\Delta F\} \tag{1-61}$$

式中 $\{\Delta u\}, \{\Delta F\}$ ——位移增量和载荷增量。

增量方程中的刚度矩阵采用当前增量步开始的切线刚度矩阵 $[K]^{\text{Tangent}}$ 来近似，这种增量形式的方程仅适用于描述位移增量 $\{\Delta u\}$ 足够小以至于刚度在增量范围不会明显变化的增量步。由于结构实际响应是非线性的，刚度随位移变化，对给定的荷载增量，用切线刚度无法直接计算得到与荷载增量对应的位移增量，必须采用多次迭代的方法。

ANSYS 采用 N-R 迭代方法求解非线性过程，图 1-4 给出了这一求解过程的示意。对于非线性问题，结构受到的力和位移之间不再满足线性关系，荷载作用下的结构位移响应必须经过多次迭代才能得到。每一次迭代相当于一次线性分析，计算中采用当前切线刚度矩阵 $[K]^{\text{Tangent}}$，计算出位移增量后，通过位移增量计算内力，内外力之间的不平衡力进入下一次迭代。经过多次迭代后，内外力之间的不平衡力小于允许的容差（收敛准则）时，认为近似达到了平衡，即迭代达到收敛后停止。结构的最终非线性位移响应是各次迭代位移增量的累积。

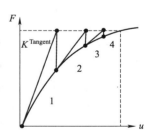

图 1-4 N-R 迭代示意图

ANSYS 在实际计算中，通常把需要施加的荷载历程分成多个荷载步（Load Step），每一个荷载步都分成很多的增量步（SubStep）逐级施加。对于其中的每一个增量步，各进行多次的平衡迭代（Equilibrium Iteration）。对于平衡迭代，可采用 NROPT 命令设置 N-R 迭代采用的具体算法：如果用户选择 FULL 方法（NROPT,FULL），每一次迭代都会更新刚度矩阵；如果用户选择 Modified 方法（NROPT,MODI），则程序使用修正的 N-R 迭代，一个增量步中采用增量步第一次迭代的切线刚度，后续迭代中刚度矩阵不更新，这种方法不可用于大变形几何非线性分析；如果用于选择了 Initial Stiffness 方法（NROPT,INIT），则在各增量步的迭代中均采用初始刚度，这种方法通常需要更多次的迭代。

第 2 章　Workbench 结构分析系统、流程以及应用界面

在 Workbench 中进行结构分析，需要借助于各种系统搭建分析流程，然后在一系列特定的应用界面下完成仿真分析各阶段的任务。本章首先介绍与结构分析有关的 Workbench 系统以及流程的搭建方法，然后介绍相关几个应用界面的作用和操作要点。

2.1　Workbench 中的结构分析系统概述

在 Workbench 环境中进行结构分析，首先要利用各种系统（Systems）搭建分析的流程，这些系统包括 Analysis Systems、Component Systems、Custom Systems 等类型，都可以在 Workbench 的 Toolbox 中找到。

下面简单介绍与结构分析有关的系统。

2.1.1　Workbench 结构分析的标准系统模板

Analysis Systems 是 Workbench 预先定义的一系列标准分析系统，包含有各种结构分析、热分析等多学科的分析系统模板，如图 2-1 所示，这些系统模板的列表位于 Toolbox 最上面的一组，结构分析中常用的各种系统模板及其作用见表 2-1。

表 2-1　结构分析常用 Workbench 分析系统及其作用

分析系统名称	作用
Static Structural	静力学分析，计算结构的变形、应力、应变等
Eigenvalue Buckling	线性屈曲分析，计算屈曲失稳临界力及模式，需要与静力分析系统配合使用
Modal	模态分析，计算结构的固有振动频率及振型
Harmonic Response	谐响应分析，计算结构在简谐荷载作用下的响应幅值及相位
Transient Structural	瞬态分析，计算结构在任意瞬态作用下的响应时间历程
Response Spectrum	响应谱分析，计算结构在响应谱作用下的最大响应
Random Vibration	随机振动分析，计算结构在随机荷载作用下的响应
Rigid Dynamics	刚体动力分析，计算机动系统的运动及受力
Explicit Dynamics	显式动力学分析
Steady-State Thermal	稳态热传导分析，计算稳态的温度场
Transient Thermal	瞬态热传导分析，计算瞬态温度场
Topology Optimization	拓扑优化分析

第 2 章　Workbench 结构分析系统、流程以及应用界面

图 2-1　Workbench 常用分析系统

在 Workbench 的 Project Schematic 视图中,结构分析类型的各分析系统如图 2-2 所示,这些分析系统的 Model 单元格以下对应的程序组件即 Mechanical。

在 Workbench 的 Project Schematic 视图中,稳态以及瞬态热传导类型的分析系统如图 2-3 所示。

以上分析系统均可从 Workbench 界面左侧的 ToolBox 中的 Analysis Systems 中调用。在应用以上这些系统时,只需用鼠标左键选择所需的系统并将其拖至右侧 Project Schematic 中适当的位置即可,通过系统模板搭建分析流程的具体方法及应用举例详见本章第 2.2 节。

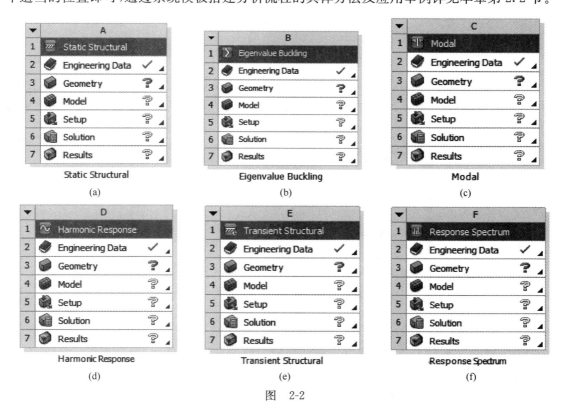

图　2-2

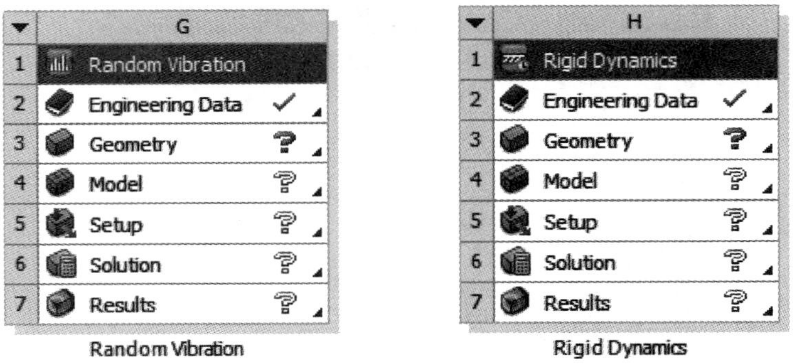

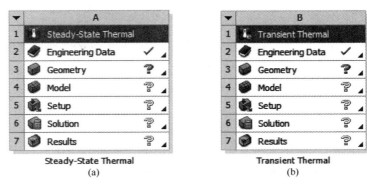

图 2-2　结构类型的分析系统

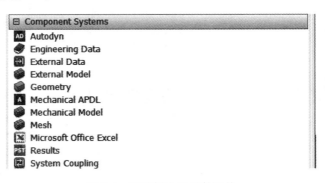

图 2-3　热传导类型的分析系统

2.1.2　组件系统

在 Workbench 的 Toolbox 中，位于 Component Systems 下方的是组件系统列表，如图 2-4 所示。所谓组件，就是其组合起来可以形成满足一定分析需要的系统。在结构分析中，常用的组件及其作用描述见表 2-2。

图 2-4　工具箱中的组件系统

这些组件系统通常可单独使用来完成一项特定的仿真任务，例如：通过 Engineering Data 组件可以指定材料，通过 Geometry 组件创建几何模型，通过 External Data 组件导入变化的分布压力或厚度等数据。组件系统也可以相互组合形成分析流程，完成复杂的仿真任务。

表 2-2 结构分析常用组件及其作用

组件系统名称	作 用 描 述
Engineering Data	定义材料及参数、自定义材料库
External Data	导入外部数据，如分布压力、变厚度板的厚度
External Model	导入外部有限元模型，如 CDB 文件
Geometry	创建或导入几何
Mechanical APDL	在 Mechanical APDL 中编辑模型或查看结果
Mechanical Model	建立 Mechanical 分析模型
Mesh	导入几何并进行网格划分
System Coupling	耦合场分析数据传递，如 FSI 分析

2.1.3 用户定制系统

用户定制系统（Custom Systems）位于 Workbench 工具箱的组件系统的下面，是一些预先定义好的分析系统或流程，其列表如图 2-5 所示。

图 2-5 工具箱中的用户定制系统

如果用户在 Project Schematic 中搭建了一个复杂的分析流程，且后续还会用到这一流程时，可在 Project Schematic 区域中的空白位置单击鼠标右键，在鼠标右键菜单中选择 Add to Custom，将此流程添加到 ToolBox 的 Custom Systems 中，如图 2-6(a)所示，这时弹出 Add Project Template 对话框，如图 2-6(b)所示，在其中填写一个 Name，比如图中填写的是 my_system，这时在左侧工具箱的 Custom Systems 中就会出现用户自定义的流程 my_system，如图 2-6(c)所示，此流程能够像其他用户流程一样被直接调用。

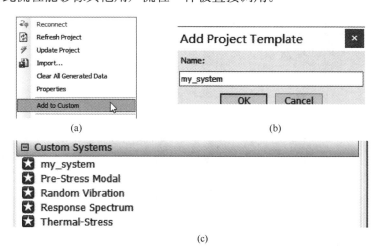

图 2-6 添加新的用户定制系统

2.2 搭建分析流程

在 Workbench 中进行有限元分析,首先要在 Project Schematic 中搭建分析流程。流程通常由系统和组件所组成。

2.2.1 分析流程中仅包含独立系统的情况

如果分析流程中仅包括独立的分析系统,那么直接从 Workbench 的 Toolbox 中调用现成的分析系统(Analysis System)即可。下面介绍相关的操作方法及技巧。

1. 创建分析系统

在 ANSYS Workbench 中,可以采用如下几种方法创建新的独立分析系统:

(1) 鼠标双击

在工具箱的 Analysis Systems 中双击需要添加的系统模板,即可在 Project Schematic 中创建独立的系统。

(2) 鼠标拖动

用户在工具箱的 Analysis Systems 列表中选中所需的分析系统模板,按住鼠标左键将其拖至 Project Schematic 区域中的绿色虚线框中,在拖放过程中,项目图解窗口中绿色线框区域代表可以拖放到的目标位置,当鼠标移动至其中一处时,线框由绿色变成红色且会出现拖放至此的文字说明,如图 2-7 所示,出现"Create standalone system"红色字样时,释放鼠标左键即可创建独立的系统。也可以根据分析需要,将新的系统拖放至已存在项目的上、下、左、右位置形成独立的系统。

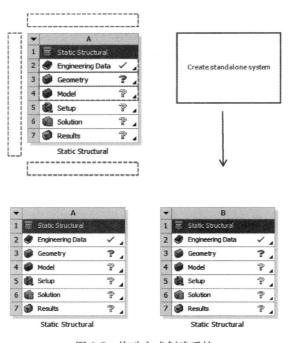

图 2-7 拖动方式创建系统

（3）快捷菜单

在 Project Schematic 区域中的空白位置处单击鼠标右键，在弹出的快捷菜单中选择 New Analysis Systems、New Component Systems …，在其中选择需要分析系统模板即可创建新的独立系统，如图 2-8 所示。

单一的分析系统实际上也构成了一个完整的仿真流程，这个流程中包括了材料定义（Engineering Data）、几何（Geometry）、有限元模型（Model）、分析设置（Setup）、求解（Solution）以及结果（Results）等组件。根据 Project Schematic 的流程规则，上方组件需要在下方组件操作之前预先完成。由于在结构分析系统中 Geometry 组件都是位于 Model 上方，因此几何模型（Geometry 单元格）需要在有限元模型（Model 单元格）之前更新完成。当然，如果在分析之后重新修改几何也是允许的，只是几何修改之后，下面的单元格也就需要随之刷新（Refresh）。

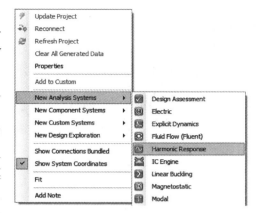

图 2-8 快捷菜单方式创建分析系统

2. 定义及修改系统名称

当一个分析系统（Analysis Systems）或组件（Component Systems）被添加到 Project Schematic 中时，其下方的名字区高亮度显示缺省的名称，这时可以直接修改为想要的名称，如图 2-9 所示，用系统名称来区分不同的工况。

图 2-9 用分析系统名称来区分不同的工况

用户后续还可以对分析系统或组件系统的名称进行修改，具体方式是：选中待修改名称的系统的标题栏，在鼠标右键菜单中选择 Rename，在系统名字区域输入新的系统名称即可。图 2-10 为修改的流体分析系统名称，用于区分不同的湍流模型。

图 2-10 修改流体分析系统名称

3. 给系统或组件添加注释

用户可以为 Project Schematic 中的每一个分析系统添加注释，这些注释可以与系统的名称结合起来,向用户提供相关的分析项目信息的提示。添加注释的方法是:在一个分析系统的标题栏中按下鼠标右键,在鼠标右键菜单中选择 Add Note,在弹出的文本编辑框中填写注释文本内容。添加注释后的系统标题栏右上角会出现一个绿色的三角形,点此三角形即显示带有注释内容的文本编辑框,如图 2-11 所示。

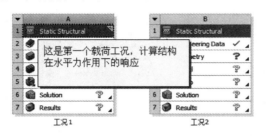

图 2-11 分析系统的注释

4. 分析系统的复制

通过鼠标右键菜单的 Duplicate 选项,可以快速复制一个系统,复制结果取决于进行 Duplicate 操作时鼠标点击的位置。如果鼠标右键单击系统标题单元格然后选择 Duplicate,会生成一个新的独立系统,但是原系统的结果不被复制。比如,在图 2-12 中右键单击 A1 单元格选择 Duplicate,会复制出一个新的系统 B。

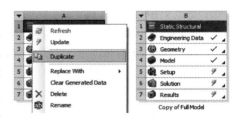

图 2-12 复制独立系统

5. 系统的移动、删除、替换

鼠标左键单击系统的标题单元格,可将该系统拖放到项目图解窗口中以绿色线框显示的新位置。

鼠标右键单击系统标题单元格,在弹出的快捷菜单中选择 Delete 可删除系统。

鼠标右键单击系统标题单元格,在弹出的菜单中选择 Replace With…可替换当前系统,比如可以将静力分析系统(Static Structural)替换为模态分析系统(Modal)。

2.2.2 建立系统间有关联的分析流程

当分析的流程中包含不止一个系统时,更常见的情形是各个系统之间存在数据的关联。关联通常包括数据的共享和数据的传递两种形式。建立系统间有关联的分析流程可通过如下几种方式:

1. 鼠标拖动或鼠标右键菜单

当项目图解区域中已存在分析系统时,通过鼠标拖动,将新的系统拖放至已存在系统的某个单元格上时,新的分析系统与当前系统之间将建立关联,形成具有数据(比如模型、网格、载荷等)共享及传递的分析流程。用户也可以在已存在系统单元格上单击鼠标右键,通过选择 Transfer Data from New…或 Transfer Data to New…创建上游或下游分析系统,这样同样可以形成数据上存在关联的系统。

在图 2-13 所示的分析系统中,A2→B2、A3→B3、A4→B4 之间的连线端部为一个实心的方块,代表这些单元格之间的数据是共享的;A6→B5 之间的连线端部为实心的圆点,代表两者之间是数据传递关系。

第 2 章　Workbench 结构分析系统、流程以及应用界面

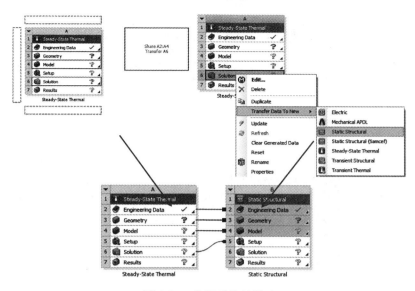

图 2-13　分析系统的搭建

下面再来看一个例子，如图 2-14 所示，此系统的搭建次序为：

Step 1：左侧工具箱中选择 Geometry 组件，拖至右侧的 Project Schematic 视图区域。

Step 2：左侧工具箱中选择 Fluid Flow(Fluent)分析系统，拖至 Project Schematic 视图区域的 A2 单元格。

Step 3：左侧工具箱中选择 Static Structural 分析系统，拖至 Project Schematic 视图区域的 B5 单元格。

Step 4：左侧工具箱中选择 Modal 分析系统，拖至 Project Schematic 视图区域的 C6 单元格。

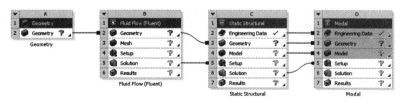

图 2-14　多系统分析项目

ANSYS Workbench 项目分析的工作流程可以概括为从上到下、从左到右，也就是说，上面单元格组件设置或操作完成后才能进行下面单元格的设置或操作，左侧分析系统或组件设置或操作完成后才能将数据传递至右侧的分析系统，右侧的系统或组件才能开始工作。比如，在图 2-14 中的 B Fluid Flow(Fluent)系统中，只有定义好了左边的 Geometry 组件 A，才能进行 Mesh 的设置，因为后者会用到前者的输入信息；而只有完成了 C Static Structural 的分析，才能将计算数据传递至 D Modal，进而完成预应力模态的计算。

2. 由 Custom Systems 调用

在工具箱的 Custom Systems 中包含有一些常用的系统关联组合流程或用户定制的流程，用鼠标左键双击可直接调用这些流程到 Project Schematic 中，如图 2-15 所示。

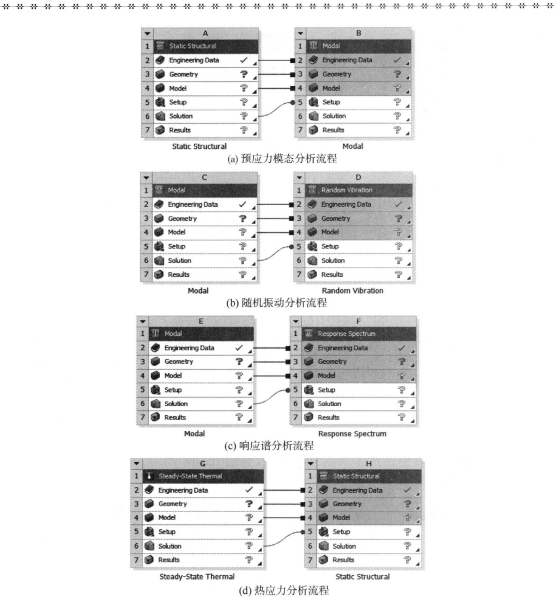

图 2-15 Custom Systems 的分析流程示例

3. 系统的复制

通过系统复制操作也可以创建有数据共享的系统。用鼠标右键单击系统的某一单元格,然后选择 Duplicate 时,该单元格以上的内容将会被共享到新的系统中。如图 2-16 所示,右键单击 A4 Model 单元格选择 Duplicate,生成的 B 系统会与 A 系统共享 Engineering Data 和 Geometry。

系统复制的另一个用处是处理多个工况。创建一个静力分析系统 A,随后在其 Setup 单元格鼠标右键菜单中选择 Duplicate,如图 2-17(a)所示,这样复制的系统 Model 单元格及以上均与系统 A 共享;在系统 B 的 Setup 单元重复此操作,复制形成系统 C,如图 2-17(b)所示。这样,系统 A、B、C 共享模型,可分别分析三个不同的工况,随后可以在 Mechanical 组件中采用 Solution Combination 进行工况效应的组合。

第 2 章 Workbench 结构分析系统、流程以及应用界面

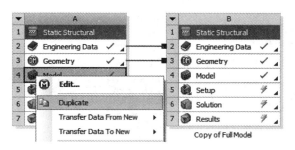

图 2-16 复制关联系统

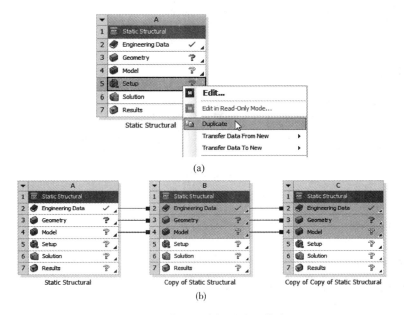

图 2-17 多工况分析的流程搭建

2.3 结构分析中常用的应用界面简介

分析流程搭建好以后,具体的工作需要借助于一系列应用组件来实现。在分析流程的各个系统的单元格中依次进入相应的组件应用界面,完成相对应的仿真任务。比如:在 Engineering Data 应用界面下定义材料模型及参数;在 Geometry 组件应用界面下创建或编辑几何模型;在 Mechanical 应用界面下进行结构分析的前处理、加载、求解以及后处理操作。本节将介绍在 Workbench 结构分析中常用的几个组件的应用界面及操作技巧。

2.3.1 Engineering Data 组件及其使用

Engineering Data 组件的作用是为 Workbench 分析项目中的结构分析系统定义材料数据。一般结构分析系统中均包含一个 Engineering Data 组件单元格,双击此单元格即可进入 Engineering Data 界面,如图 2-18 所示。

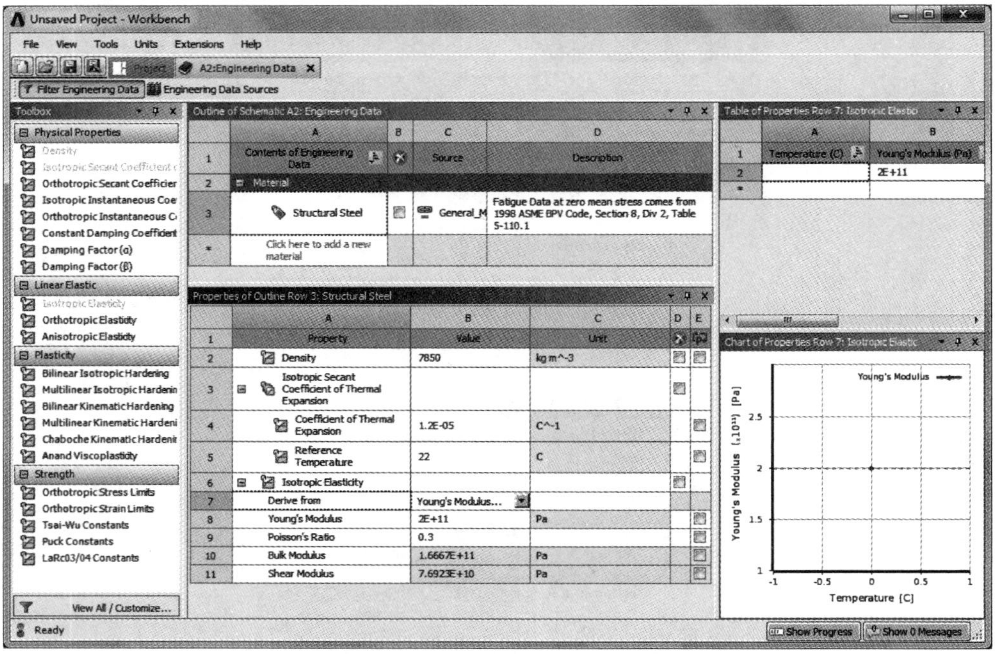

图 2-18　Engineering Data 界面

1. Engineering Data 界面

Engineering Data 工程材料数据界面由上方的菜单栏、工具栏以及五个功能区组成。五个功能区分别为：

（1）Toolbox 区域

此区域位于界面的左侧，提供了 Workbench 支持的材料模型及参数类型，如物性参数类型、线弹性材料、塑性材料等。

（2）Engineering Data Outline 区域

此区域列出了当前分析系统中定义的材料名称。

（3）Outline Properties 区域

此区域显示 Engineering Data Outline 区域中所选择的材料模型的各种参数，如密度、各种材料模型的参数等。

（4）Properties 表格区域

此区域通过表格显示 Engineering Data Outline 区域选择的材料在 Outline Properties 区域所选择的材料特性数据。

（5）Properties 图示区域

此区域通过曲线图形显示 Engineering Data Outline 区域选择的材料在 Outline Properties 区域所选择的材料特性数据。

2. 调用材料库中的数据

调用材料库中的材料数据时，单击工具条中的 Engineering Data Source 按钮，可以打开 Engineering Data Source 面板。面板中列出了一些程序自带的材料库，每个材料库中又包含若干种材料。利用程序已有材料库可以添加材料到当前分析项目中，基本步骤如下：

第 2 章　Workbench 结构分析系统、流程以及应用界面

(1)选择材料库

单击 Engineering Data Sources 面板中的某个材料库(比如 General Materials),如图 2-19 所示。需要注意的是,如果在✎下的"□"勾选上了"√",该材料库内的材料可被编辑,此时保存材料的话,原材料将会被覆盖。

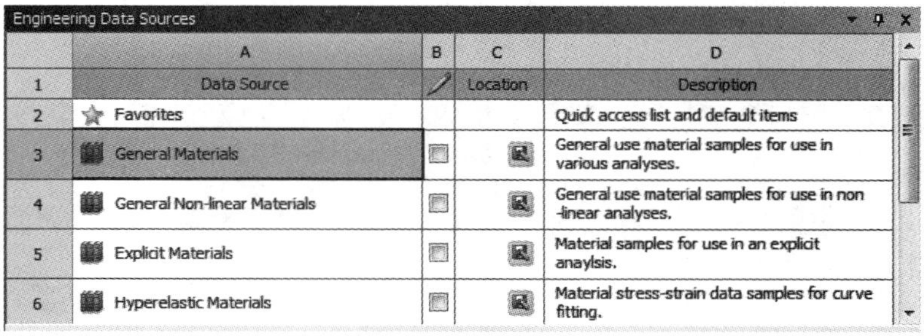

图 2-19　Engineering Data Sources 面板

(2)添加材料库中的材料

在 Outline 面板中单击目标材料右方的⊕,此时会出现一个📘标识,表明该材料已被成功添加至 Engineering Data(比如 Cooper Alloy),如图 2-20 所示。

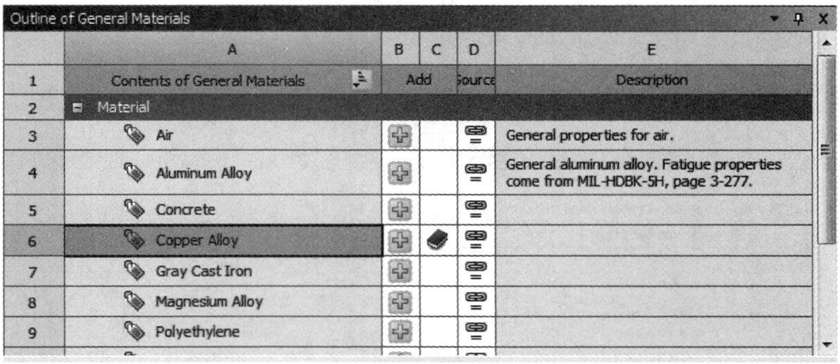

图 2-20　添加材料至 Engineering Data

(3)关闭材料库

单击 Engineering Data Source 按钮📚返回 Engineering Data,此时在 Outline 面板中列出了新添加的 Cooper Alloy 材料,如图 2-21 所示。如有必要可以鼠标右键单击 Cooper Alloy 材料,在弹出的快捷菜单中选择 Default Solid Material For Model,将其作为默认材料。

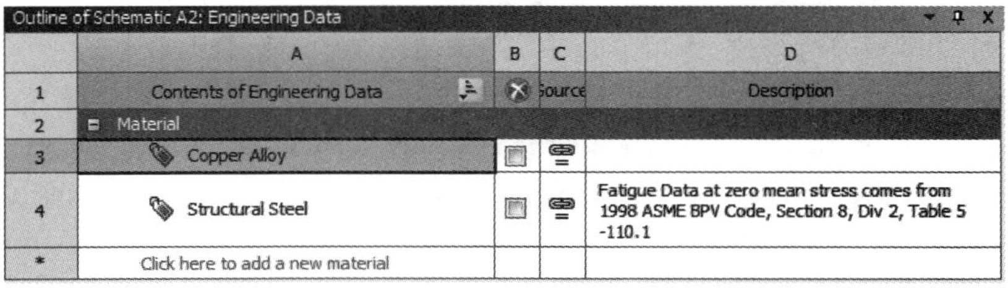

图 2-21　成功添加材料后的 Engineering Data

3. 自定义材料及材料库

(1) 自定义材料

使用 Engineering Data 界面创建用户定义材料类型和数据的基本步骤如下：

① 指定新材料的名称

单击 Outline 面板中 Click here to add a new material 区域，输入材料名称，比如可以输入 my material，创建一个名为 my material 的新材料类型，如图 2-22 所示。

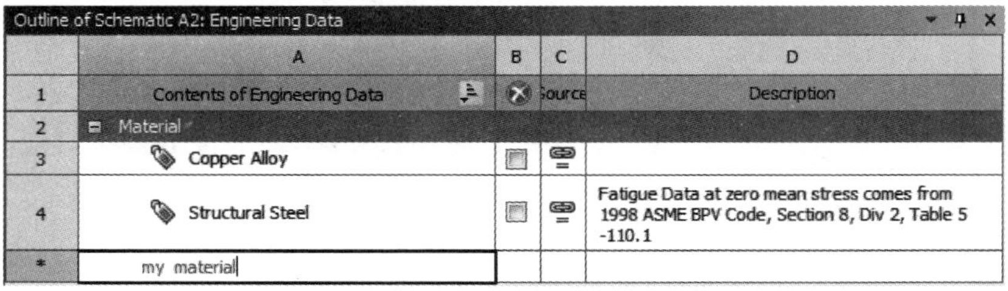

图 2-22 定义新材料名称 my material

② 为新材料指定属性

在左侧 Toolbox 中双击 Density、Constant Damping Coefficient、Isotropic Elasticity 等项目（按需添加），此时 Properties 面板中列出了上述几项材料属性，黄色表示欠输入，如图 2-23 所示。

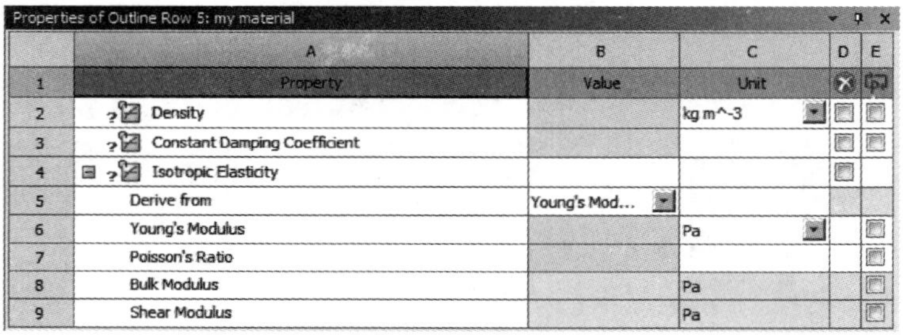

图 2-23 参数有待定义的 Properties 面板

另一种添加材料属性的方式：从 Toolbox 中用鼠标左键拖动相关属性至 Properties 区域的 A1 Property 单元格中或上述定义的新材料名称上释放。

③ 定义材料参数

输入材料的各属性值，完成材料属性定义，如图 2-24 所示。当材料属性单位不合适时，可以单击 Unit 列中的 ▼ 进行修改，也可通过主菜单中的 Unit 进行修改。

在 Outline 面板中用鼠标选中用户定义材料（如 my material），单击主菜单 File→Export Engineering Data…，在弹出的窗口中设定好目录，输入文件名 my material，单击保存，如图 2-25 所示。保存的材料可以通过 File→Import Engineering Data 操作导入新的分析系统中。

(2) 自定义材料库

在 Engineering Data 中，用户除了可以自定义材料外，还可以创建属于自己的材料库。和使用程序自有材料库一样，用户可以从自有材料库中快速选择所需材料用于结构。创建自定

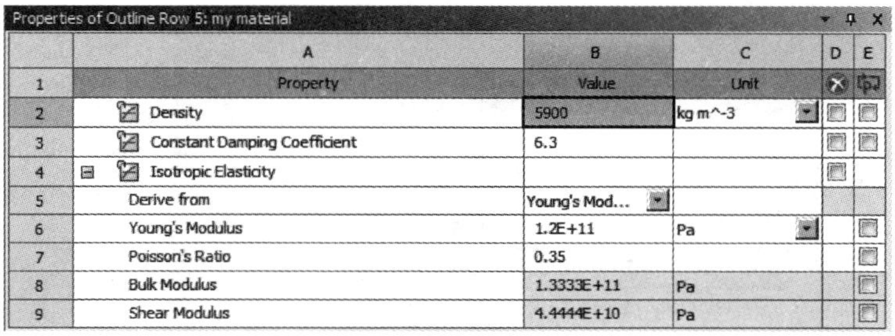

图 2-24 材料参数列表

图 2-25 保存材料

义材料库的基本步骤如下：

①打开 Engineering Data Source 面板

单击工具条中的 Engineering Data Source 按钮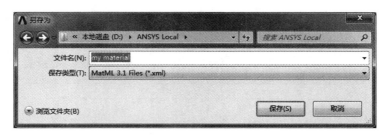，打开 Engineering Data Source 面板，在 Click here to add a new library 位置处输入 my material library，创建名为 my material library 的材料库，如图 2-26 所示。

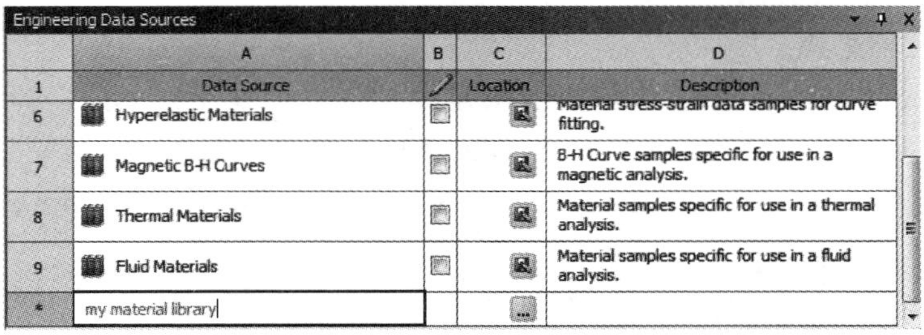

图 2-26 创建材料库

②定义材料库名称

输入材料库名称后单击 Enter 键，在弹出的对话框中设定好保存路径，输入文件名 my material library，单击保存，此时该材料库为可编辑状态（材料库名称右侧 B 列 中的"□"勾选上了"√"），如图 2-27 所示。

③为定义的材料库添加材料

参照自定义材料的方法，在 Outline of my material library 面板中添加自定义材料（比如 material_1、material_2），添加完成后取消√，退出材料库编辑模式，在弹出的对话框中单击"是"保存更改，如图 2-28 所示。

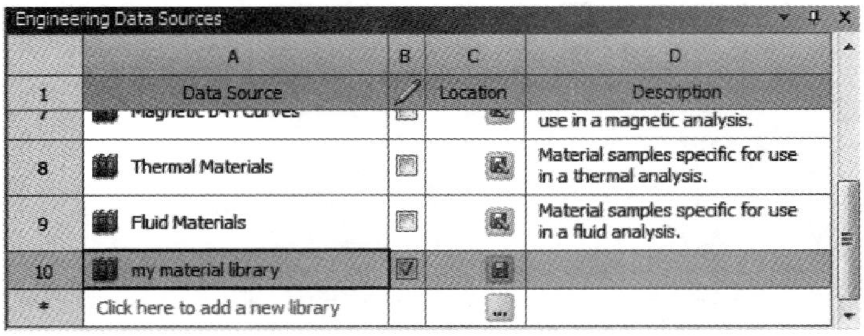

图 2-27 材料库

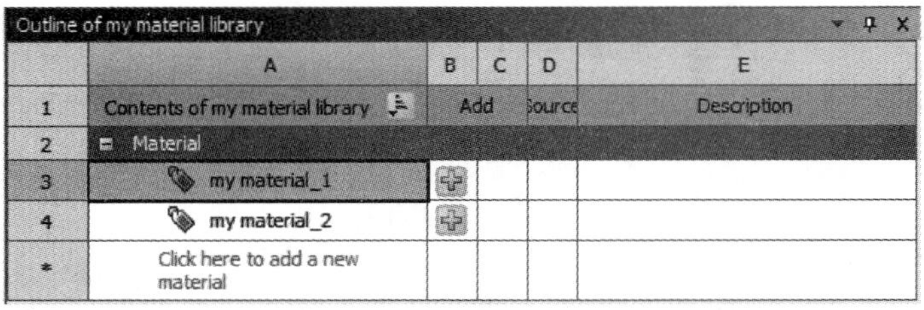

图 2-28 在材料库添加材料

至此,用户材料库创建完毕,再次打开 Workbench 进入 Engineering Data 后即可看到该材料库,单击用户材料库的材料名称右方的 按钮,即可将此库中的材料添加到当前分析项目中使用。

2.3.2 Geometry 组件

本节介绍 Geometry 组件相关的设置及 SCDM 和 DM 几何准备工具的有关重要概念。

1. Geometry 组件的设置选项

(1)几何的三种来源

在 Workbench 中,Geometry 组件用于创建或导入几何模型。如图 2-29 所示,在分析系统的 Geometry 单元格或独立 Geometry 组件的鼠标右键菜单中,均可选择三种几何模型的来源,即 New SpaceClaim Geometry、New DesignModeler Geometry 以及 Import Geometry。

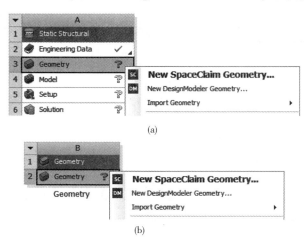

图 2-29 几何的三种来源

选择上述鼠标右键菜单之一,即可通过几何工具 SCDM 或 DM 创建几何或直接导入外部几何(Import Geometry)。选择通过 SCDM 或 DM 创建几何模型时,将启动 SCDM 或 DM 界面,在各自的界面下进行建模操作。

(2)几何的编辑与替换

当 Geometry 组件单元格中已有几何模型时,其右侧显示一个绿色的√,这种状态下仍然可以通过 Geometry 单元格的鼠标右键菜单选项编辑或替换几何模型。

如图 2-30 所示,Edit Geometry in DesignModeler 或 Edit Geometry in SpaceClaim 选项可用于选择 DM 或 SCDM 进行几何模型的编辑修改,Replace Geometry 选项则可以用于导入一个新的几何模型以替换既有的几何模型。

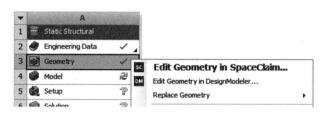

图 2-30 几何编辑与替换

选择通过 SCDM 或 DM 编辑几何选项时,同样将启动 SCDM 或 DM 界面,在各自的界面下进行模型的编辑操作。

(3)Geometry 组件的选项设置

通过勾选菜单项 View→Properties,选中 Geometry 组件单元格时,可以显示 Geometry 组件的相关属性,如图 2-31 所示。这些属性主要包括 Basic Geometry Options 和 Advanced Geometry Options 两大部分,在一些情况下需要对几何属性进行设置。

①Basic Geometry Options

在 Basic Geometry Options 部分控制是否可以导入 Solid Bodies、Surface Bodies、Line Bodies 以及 Parameters、Named Selections 和 Material Properties 等。一般情况下,材料特性可在 Engineering Data 中创建而不推荐在 CAD 系统中指定。

②Advanced Geometry Options

Advanced Geometry Options 部分用于指定分析类型、相关性、智能导入以及针对特定 CAD 系统的导入选项等。Analysis Type 选项用于指定分析类型,对于平面应力、平面应变以及轴对称的结构或热分析问题选择 2D,其他分析选 3D,注意在导入或创建几何模型之前需要预先设置好。Smart CAD Update(智能导入)选项用于加速几何导入速度,对没有改变的部件不重新导入。Compare Parts On Update 选项用于控制不改变的部件是否重新划分网格,此选项打开时如果在 Mechanical 中执行更新模型的操作,对于没有改变的体,在 Update 过程中无需重新划分网格。

对于在 SCDM 或 DM 中直接创建几何模型并导入 Mechanical 前处理器的情形,上述的选项仅保留分析类型(Analysis Type)及 Compare Parts On Update 两个选项,其他选项将被隐藏。

2. SCDM 应用界面及基本概念与术语

SCDM 组件可用于直接创建几何,也可对导入的外部几何文件进行编辑和修复,这些操

	A	B
1	Property	Value
2	☐ General	
5	☐ Notes	
7	☐ Used Licenses	
9	☐ Basic Geometry Options	
10	Solid Bodies	☑
11	Surface Bodies	☑
12	Line Bodies	☑
13	Parameters	Independent
14	Parameter Key	ANS;DS
15	Attributes	☐
16	Named Selections	☐
17	Material Properties	☐
18	☐ Advanced Geometry Options	
19	Analysis Type	3D
20	Use Associativity	☑
21	Import Coordinate Systems	☐
22	Import Work Points	☐
23	Reader Mode Saves Updated File	☐
24	Import Using Instances	☑
25	Smart CAD Update	☐
26	Compare Parts On Update	No
27	Enclosure and Symmetry Processing	☑
28	Decompose Disjoint Geometry	☑
29	Mixed Import Resolution	None

图 2-31　Geometry 设置选项

作包括简化和修复三维实体模型、抽取梁或中面等。可以通过开始菜单独立启动 SCDM，不过一般是推荐通过 Workbench 的 Geometry 组件来启动 SCDM。SCDM 启动后的应用界面如图 2-32 所示。SCDM 应用界面主要包括文件菜单、工具栏、结构/图层/选择…面板、选项面板、设计窗口等部分。

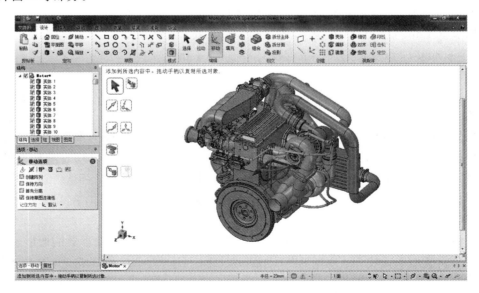

图 2-32　ANSYS SCDM 图形界面

下面介绍关于 SCDM 的一些基本概念和术语。

(1) 三种工作模式

SCDM 为用户提供了三种设计模式,即草图模式(快捷键"K")、剖面模式(快捷键"X")和三维模式(快捷键"D")。三种模式可以通过单击如图 2-33 所示的模式工具栏中的相应模式工具或使用快捷键进行切换。

在三种不同的操作模式下,用户可进行如下操作:

图 2-33 模式工具栏

① 草图模式:该模式会显示草图栅格,用户可以使用草图工具绘制草图。

② 剖面模式:该模式允许用户通过对横截面中实体和曲面的边和顶点进行操作来编辑实体和曲面,对实体来说,拉动直线相当于拉动表面,拉动顶点则相当于拉动边。

③ 三维模式:该模式允许用户直接处理三维空间中的对象。

三种模式下的建模状态如图 2-34 所示。

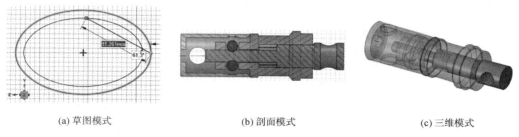

图 2-34 SCDM 的三种工作模式

(2) 对象与组件

ANSYS SCDM 可以识别的任何内容都可作为它的操作对象,二维对象包括点和线,三维对象包括顶点、边、表面、曲面、实体、布局、平面、轴和参考轴系等。部分对象类型示例如图 2-35 所示,这些对象大多数可通过"编辑"工具栏中的建模工具进行创建。

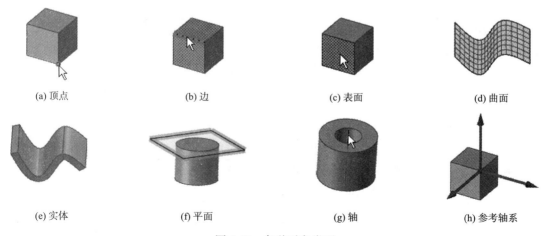

图 2-35 各种对象类型

在 ANSYS SCDM 中,通常所说的体是指实体或曲线。多个体可以组成一个组件,也可以称为"零件",每个组件中还可以包含任意数目的子组件,组件和子组件的这种分层结构可以视为一个"装配体"。

组件在结构面板中的项目树中显示,树中的所有对象都包括在一个保存设计时由程序自动创建的顶级组件中,如图 2-36 中的"设计 1"。子组件需要用户创建,且一旦被创建后顶级组件的图标将会发生改变以表明其为装配体。

ANSYS SCDM 提供了三种方法用于创建组件:

① 右键单击任意组件,在快捷菜单中选择"新建组件"即可创建包含于该组件的新组件。

② 右键单击一个对象,在快捷菜单中选择"移到新部件"即可在当前激活组件中创建一个新组件,并将对象放进这个新组件。

③ Ctrl+多个对象,在右键快捷菜单中选择"将这二者全部移到新部件中"即可在当前激活组件中创建多个新组件,并将对象分别放入相应的新组件中,如图 2-37 所示。

在 SCDM 中,多体部件之间需要定义共享拓扑选项。如图 2-38 所示,模型中包含三个实体,项目树和属性分别如图 2-39(a)以及图 2-39(b)所示,其属性中的 Shared Topology 在右侧下拉列表中有 4 个选项,其作用见表 2-3。

  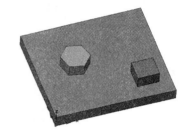

图 2-36　SCDM 的部件列表　　图 2-37　创建组件　　图 2-38　几何模型

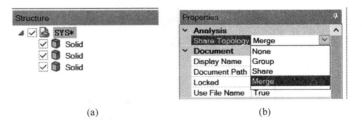

(a) (b)

图 2-39　共享拓扑设置

表 2-3　SCDM 中的 Shared Topology 选项

选项	作用
None	在几何模型导入 ANSYS Workbench 时不进行任何处理
Merge	在几何模型导入 ANSYS Workbench 时合并实体和表面并修剪掉体外的面
Share	在几何模型导入 ANSYS Workbench 时合并并做印记面形成共享拓扑的多体部件
Group	在几何模型导入 ANSYS Workbench 时仅对部件分组但不进行合并或面边的共享操作

选择 Merge 或 Share 选项时,共享拓扑发生作用,在几何模型被导入 Mechanical 组件中划分网格时,多体部件的各个体之间形成共享节点。对于上面的模型,在 SCDM 中如果选择了 Merge 或 Share 选项,导入 Mechanical 划分网格后如图 2-40(a)所示,交界面存在共享节

点；如果选择 None 或 Group 选项，划分网格后如图 2-40(b)所示，交界面上的网格不共享节点。

(a) 共享节点　　　　　　　　(b) 不共享节点

图 2-40　不同共享拓扑选项的网格划分结果

(3) 模型的导入与导出

SCDM 中可以很方便地导入和导出各种格式的几何模型。

在模型的导入方面，主要存在两种情况，即直接打开模型、导入模型至当前设计。利用菜单文件→打开，可以打开已有的几何模型文件，可导入的模型格式不仅限于 SCDM 的自有格式 .scdoc，还支持多种格式类型的导入，可导入的格式类型如图 2-41(a)所示。

利用文件菜单下的"另存为"按钮，用户可以对当前的设计内容进行保存和导出。ANSYS SCDM 支持多种导出格式，用户可根据需要自行选择，可导出的格式类型如图 2-41(b)所示。

```
SpaceClaim 文件 (*.scdoc)                    SpaceClaim 文件 (*.scdoc)
ACIS (*.sat;*.sab;*.asat;*.asab)             ACIS 二进制 (*.sab)
AMF (*.amf)                                  ACIS 文本 (*.sat)
ANSYS (*.agdb;*.pmdb;*.meshdat;*.mechdat;*.dsdb;*  AMF (*.amf)
ANSYS Electronics Database (*.def)           ANSYS Modeler网格 (*.amm)
AutoCAD (*.dwg;*.dxf)                        ANSYS 中性格式 (*.anf)
CATIA V4 (*.model;*.exp)                     AutoCAD (*.dwg)
CATIA V5 (*.CATPart;*.CATProduct;*.cgr)      AutoCAD (*.dxf)
CATIA V6 (*.3dxml)                           CATIA V5 零件 (*.CATPart)
CREO 参数 (*.prt*;*.xpr*;*.asm*;*.xas*)     CATIA V5 组件 (*.CATProduct)
DesignSpark (*.rsdoc)                        Fluent 网格 (*.msh)
ECAD (*.idf;*.idb;*.emn)                     Fluent 网格化刻面化几何体 (*.tgf)
Fluent 网格 (*.tgf;*.msh)                    FM 数据库 (*.fmd)
ICEM CFD (*.tin)                             GLTF (*.glb)
IGES (*.igs;*.iges)                          Icepak 项目 (*.icepakmodel)
Inventor (*.ipt;*.iam)                       IGES (*.igs;*.iges)
JT Open (*.jt)                               JT Open 几何体 (*.jt)
NX (*.prt)                                   JT Open 刻面 (*.jt)
OBJ (*.obj)                                  Luxion KeyShot (*.bip)
OpenVDB (*.vdb)                              OBJ (*.obj)
OSDM (*.pkg;*.bdl;*.ses;*.sda;*.sdp;*.sdac;*.sdpc)  OpenVDB (*.vdb)
Other ECAD (*.anf;*.tgz;*.xml;*.cvg;*.gds;*.sf;*.strm)  Parasolid 二进制 (*.x_b;*.xmt_bin)
Parasolid (*.x_t;*.xmt_txt;*.x_b;*.xmt_bin)  Parasolid 文本 (*.x_t;*.xmt_txt)
PDF (*.pdf)                                  PDF 几何体 (*.pdf)
PLM XML (*.plmxml;*.xml)                     PDF 刻面 (*.pdf)
PLY (*.ply)                                  PLM XML (*.plmxml;*.xml)
QIF (*.QIF)                                  PLY (*.ply)
Rhino (*.3dm)                                POV-Ray (*.pov)
SketchUp (*.skp)                             QIF (*.QIF)
Solid Edge (*.par;*.psm;*.asm)               Rhino (*.3dm)
```

(a) 可导入格式　　　　　　　　(b) 可导出格式

图 2-41　ANSYS SCDM 支持的导入、导出文件格式类型

ANSYS SCDM 所具备的丰富的几何接口使得它可以对不同来源(格式)的模型进行操作。从设计角度来说，设计工程师可以自由引用不同格式的模型，在 ANSYS SCDM 中对其进行装配组合、编辑、修复，从而形成新的设计，大大增强了设计的灵活性；从仿真角度来说，

CAE 工程师再也无需对用户提供的各种格式的模型进行转化,缩短了模型处理时间,提升了前处理的效率。

3. DM 界面及基本概念与术语

DM 是 Workbench 中的另一个几何建模及处理工具,其功能可概括为创建实体几何模型、创建概念模型(面体、线体几何模型)、几何模型的编辑修复三个方面。实际上,DM 的功能很多与 SCDM 是一致的,只是操作方式不同。下面介绍 DM 的一些基本概念和术语。

(1)操作模式、工作平面与草图

DM 包括草图模式和 3D 模式两种操作模式。一般来说,3D 特征的创建都需要基于草图,而草图在创建前需要指定草图所在的平面。

DM 中在缺省情况下包括三个基本平面,即 XYPlane、YZPlane、ZXPlane,用户可以根据需要建立新的平面,其方法是通过 Create→New Plane 菜单或通过工具栏上的新建平面按钮 ✱。平面创建完成后,选择所需创建草图的平面,然后切换至 Sketching 模式创建草图。还有一种快捷方式,是选择 3D 实体模型的表面(平面),然后直接切换至 Sketching 模式并在此表面所在的平面内创建草图,操作所在的平面可以自动创建。

Sketching 工具箱包含了基本的 2D 几何特征、几何约束以及尺寸标注功能,操作均比较直观,这里不再详细介绍相关内容,感兴趣的读者可参考后续各章中的相关例题或 DM 手册。

(2)体的类型与状态

DM 中可以创建三种不同类型的体:

线体(Line Body)——由边线组成,没有面和体,有截面信息,如图 2-42(a)所示。

面体(Surface Body)——由表面组成,没有体,有厚度信息,如图 2-42(b)所示。

实体(Solid Body)——由表面和体组成,如图 2-42(c)所示。

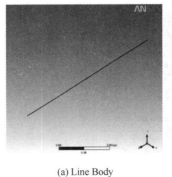
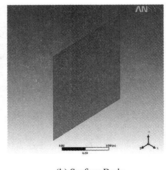
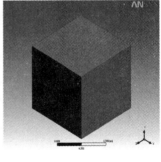

(a) Line Body   (b) Surface Body   (c) Solid Body

图 2-42　DM 中体的类型

DM 中的体有两种状态,即激活的(Active)或冻结的(Frozen)。激活体会和其他体在有接触或交叠的部分自动合并,而冻结体则会保持独立。引入冻结体有以下两个好处:一是有助于网格划分,对多个拓扑简单的几何体进行离散比对大型的复杂的模型离散更加高效;二是便于实施与求解相关的设置,比如施加边界条件、指定不同体的物料属性等。

下面以拉伸操作为例说明激活体与冻结体的区别:

①生成大圆柱体后,以 Add Material 方式拉伸小圆面,生成的小圆柱体与大圆柱体合并成一体,如图 2-43 所示。

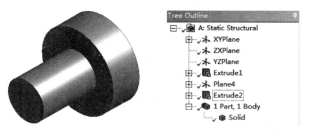

图 2-43　Add Material 生成激活体

②如果以 Add Frozen 选项来拉伸小圆面，则生成的小圆柱体未与大圆柱体合并，共有两个实体，如图 2-44 所示。

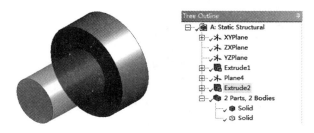

图 2-44　Add Frozen 生成冻结体

区别于上面的激活和冻结状态，DM 中的体可以是可视的(Visible)、隐藏的(Hidden)以及被抑制的(Suppressed)。当一个体被抑制后，它将不能被传递至 Mechanical 应用中用于分析，也不能被导出为其他格式的文件。

（3）单体与多体部件

默认情况下，DM 会将每一个体自动放入一个零件中，也就是所谓的单体部件。部件之间的网格划分是分别进行的，在体的交界面上网格不连续。

用户也可以在图形窗口中选中需要共享拓扑的体，然后利用右键快捷菜单或 Tool 菜单下的"Form New Part"来创建多体部件，即一个部件中包含多个体。在网格划分时，相邻体之间会根据"Shared Topology Method"的设定方式来处理交界面网格，比如网格连续。

下面以一个简单的例子来介绍单体部件与多体部件之间的区别。

情况一：1 Part，1 Body，一个部件中包含一个体，网格划分对象是一个实体，不存在体与体的交界面问题，如图 2-45 所示。

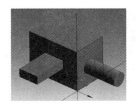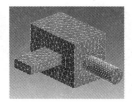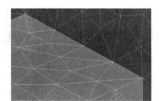

图 2-45　1 Part，1 Body 网格划分

情况二：3 Parts，3 Bodies，三个部件三个体，每个部件单独划分网格，相邻体交界面处不作处理，各体之间网格不连续，如图 2-46 所示。

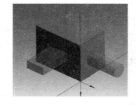 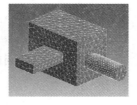 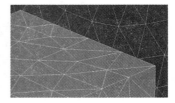

图 2-46　3 Parts，3 Bodies 网格划分

情况三：1 Part，3 Bodies，一个部件三个体，部件内体之间在交界面上网格连续，如图 2-47 所示。

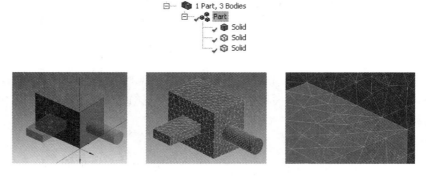

图 2-47　1 Part，3 Bodies 网格划分

当需要修改多体部件中体的组成时，可以在项目树中单击 Part，利用其鼠标右键菜单中的"Explode Part"解除多体部件，然后根据需要重新生成新的多体部件。

当多个体构成多体部件时，体与体之间会发生共享拓扑行为。一般情况下，各个体在相互接触的区域会形成连续的网格，无需在导入 Mechanical 后通过建立接触对来构建各体之间的关联。图 2-48(a) 中的两个面体分属于两个部件，网格分别划分，交界线上网格不连续，在 Mechanical 中需要通过创建接触对来建立两个面体之间的关联，然后进行后续分析工作；而图 2-48(b) 中的两个面体同属于一个部件，在交界线上发生了共享拓扑行为，在导入到 Mechanical 后划分的网格连续，交界线上网格共享，无需创建接触即可进行后续分析工作。分析时，通常建议（不绝对）采用多体部件保证体与体之间网格连续的方式建立关联，不建议采用接触方式。

多体部件形成后，在 DM 中并不会立即共享拓扑，只有模型被导出 DM 或添加"Share Topology"工具条后，部件内各体之间才会发生共享拓扑行为。常见的共享拓方法选项（Shared Topology Method）有以下几种：

①Edge Joints

Edge Joints 能够将 DM 检测到的成对边合并到一起。它可以在创建 Surfaces From

第 2 章 Workbench 结构分析系统、流程以及应用界面

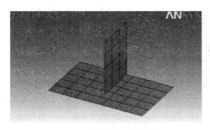
(a) 未发生拓扑共享

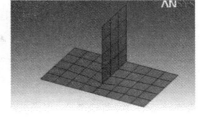
(b) 发生拓扑共享

图 2-48 共享拓扑

Edges 和 Lines From Edges 特征时自动生成,也可以通过 Joint 特征生成。

② Automatic

Automatic 法利用通用布尔操作技术使多体部件内各体之间共享拓扑,当模型导出 DM 时各体之间的所有公用区域都会被共享处理。

③ Imprints

严格地说,Imprints 法并没有使得部件内各体之间共享拓扑,而只是生成了印记面,经常被用于需要精确定义接触区域的情形。

④ None

None 法没有实质上的共享拓扑,也没有印记面生成,仅仅起到了归类的作用。利用该法可以重新组织模型结构,比如可以将需要相同网格划分方法的所有体形成多体部件,以便于在 Mechanical 中施加网格划分控制。

共享拓扑方法会随着部件内体的类型以及分析类型而有所不同,部件类型与可用的共享拓扑选项见表 2-4。

多体部件的共享拓扑方法可以在多体部件的 Details 属性栏中进行设置,如图 2-49 所示,图中所示多体部件全由面体组成,从中可以看出其共享拓扑方法有 Edge Joints,Automatic,Imprints,None 四种。

表 2-4 部件类型与共享拓扑方法

部件类型	共享拓扑方法
线体和线体	Edge Joints
线体和面体	Edge Joints
面体和面体	Edge Joints,Automatic,Imprints,None
实体和实体	Automatic,Imprints,None
面体和实体	Automatic,Imprints,None

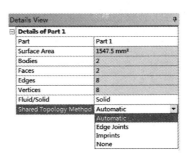

图 2-49 多体部件的 Details 设置

2.3.3 Mechanical 组件简介

几何准备工作完成后,Geometry 组件右侧显示绿色的√(表示几何定义已经完成),这时双击 Model 单元格,即可启动 Mechanical 组件应用界面。

1. 界面组成与内在操作逻辑

Mechanical 应用界面主要包括顶部的工具条带,左侧的 Outline 项目树面板、Details 属性

面板、图形控制工具条、图形显示窗口、Graph/Tabular Data 面板、底部状态提示栏等部分,如图 2-50 所示。

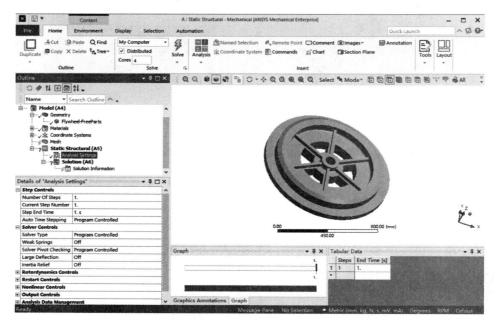

图 2-50　Mechanical 应用界面

在 Mechanical 应用界面中,左侧的 Project 树是整个界面操作的关键,其各个分支中包含了所有的模型信息和求解信息。Project 树中常见的目录分支及其包含的内容见表 2-5。

表 2-5　Mechanical 组件常用的分支

分　　支	分支包含的内容
Model	模型分支,包含模型信息及相关分支
Construction Geometry	构造几何分支,包含 Path、Surface、Solid 等类型
Geometry	几何分支,包含所有的几何体分支、质量点
Coordinate Systems	坐标系分支
Named Selections	命名集合分支
Connections	连接关系分支,包含接触、运动副以及各种连接关系分支
Mesh	网格分支,包含各种网格
Environment	分析环境分支,包含分析类型所需的边界条件、荷载以及 Analysis Settings 和 Solution 等子分支
Analysis Settings	分析选项设置分支
Solution	求解及后处理分支,包含 Solution Information 及待求解项目分支
Solution Information	求解信息分支,包含求解输出文本、监控曲线、残差等

Mechanical 界面的操作过程可以概括为:在 Project 树中添加不同的分支,并在各个分支对象的 Details View 中设置相关参数和选项,完成各个分支的信息指定。Solution 分支下的计算结果后处理项目需要进行求解才能完全确定。当 Project 树中全部的分支都完成后(分支

对象前面显示一个绿色的√标志),整个结构分析过程也就完成了。

Mechanical 应用界面的其他部分都围绕着 Project 树的操作这一关键问题,提供各种辅助性功能。在图形显示区域可以显示几何模型、接触关系、网格、边界条件、荷载、计算结果等。Graph 面板用于显示 Mechanical 的荷载在各载荷步之间变化的历史曲线,或显示后处理变量的历程曲线等;如果当前显示区域为计算结果图形,则此面板中出现 Animation 工具条,用于动画播放的控制;切换至 Messages 标签,则显示计算过程输出的信息。Tabular Data 是一个多用途的表格面板,可以用于列出荷载—时间历程数据、自振频率列表、计算结果项目时间历程数据等。

对于复杂的分析项目,Project 树中的目录(分支)数量可能会十分庞大。Mechanical 提供对象搜索功能以便用户能够快速找到所需的分支,其方法是:按下 Home 标签栏的 Find 按钮 Q Find,或者 F3 快捷键,打开如图 2-51 所示的"Find In Tree"对话框,在文本框中输入要查找的字段,然后通过 Find 按钮在 Project 树查找名称中包含有输入字段的分支对象,如果有多个目标对象,则多次按下 Find 按钮,这时搜索到的目标对象分支会逐个被高亮度显示。

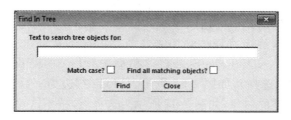

图 2-51 对象搜索对话框

2. 对象选择模式

在 Mechanical 操作过程中,很多场合需要借助于对象(如点、线、面、体、节点、单元等)的选择,比如在指定接触时需要选择接触位置的表面,施加边界条件和载荷时需要选择施加的位置等。

对象的选择通常有 Single Selection 和 Box Selection 两种选择模式,并可以按住鼠标右键再按鼠标左键来切换。在 Single Selection 模式下按住 Ctrl 键,依次用鼠标左键点选,可选择多个对象。对于节点的选择,通过此种鼠标切换方式可以在 Single Section、Box Selection、Box Volume、Lasso、Lasso Volume 等选择模式之间切换。

在 Single Selection 选择模式下,在鼠标左键的点击处会出现一个十字叉,即 blip,其作用一方面是在可见几何对象做标识,另一方面是用于描绘一个与屏幕相垂直的射线,这一射线会穿透所有在可见几何对象背后隐藏的几何对象,比如面。用按住 Ctrl 键的方式选择多个对象时,blip 将位于最后一个所选择的对象上。单击图形显示区域的任意空白处,将清空目前选择的对象,但是当前的 blip 还是保持其最后所在的位置。当清空选择后,按住 Ctrl 键,用鼠标在图形显示区域的任意空白处单击,即可清除之前的 blip 位置。对于显示区域有重叠的对象,要选择后面被挡住的对象时,可使用图像显示区域的选择方块,这些方块是基于当前选择的 blip 位置而显示的。根据方块颜色选择到同色的对象,如图 2-52 所示。在图形显示区域左下角的选择方块,用于选择当前视图方向被挡住的面对象。

Graphics 工具条也可以用于设置图形操作和选择模式,默认显示如图 2-53 所示。

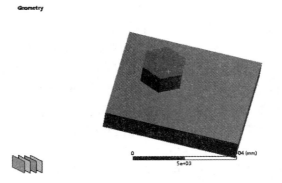

图 2-52　blip 以及选择方块

图 2-53　Graphics Toolbar

Graphics 工具条左侧的几个按钮用于视图操纵控制,可实现视图的平移、缩放、旋转等。Graphics 工具条 Select 区域为选择控制功能选项,Mode 为选择方式,包括 Single Select(单选)、Box Select(框选)、Box Volume Select(体积框选)、Lasso Select(套索选择)以及 Lasso Volume Select(套索体积选择),如图 2-54 所示。Mode 右边为一系列选择类型过滤按钮,用于控制选择某一特定类型的对象,如图 2-55 所示为选择点,按下这一按钮就只能选择点,而选择不到线、面、体。Extend 菜单用于扩展选择,用于选择与当前选择面相邻的表面等。

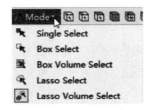

图 2-54　选择模式

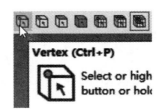

图 2-55　选择过滤按钮

此外,Select By 菜单用于逻辑选择(基于节点和单元号、基于位置、基于尺寸规则等),Convert 菜单则用于将所选对象类型转换为与之相关联的其他类型,比如将体选择转换为体的所有表面选择。Select By 和 Convert 选项分别如图 2-56 和图 2-57 所示,注意:可用的 Convert 选项与当前选择的对象类型有关。

图 2-56　Select By 选项

图 2-57　Convert 选项

用户也可以通过快捷键进行选择类型的过滤，相关快捷键见表 2-6。

表 2-6　选择类型快捷键

选 择 类 型	快　捷　键
Vertex(顶点)	Ctrl+P
Edge(边)	Ctrl+E
Face(面)	Ctrl+F
Body(体)	Ctrl+B
Node(节点)	Ctrl+N
Element Face(单元的表面)	Ctrl+K
Element(单元)	Ctrl+L
Extend(扩展选择)	Shift+F2

除了标准的按钮外，用户还可以使用自定义菜单在 Graphics Toolbar 中添加或删除命令按钮，自定义菜单通过 Graphics Toolbar 右上角的向下三角箭头弹出，如图 2-58 所示，单击 Graphics 菜单右侧三角形按钮，可弹出功能按钮列表，在其中勾选的按钮即出现在工具条上。

图 2-58　Graphics Toolbar 定制按钮菜单

第 3 章 结构分析通用前处理技术

结构分析前处理阶段的任务是创建结构分析的有限元模型,主要工作内容包括几何体特征指定、部件之间连接关系指定以及网格划分等。本章介绍在 Workbench 中通过 Mechanical 应用界面来进行结构分析前处理的实现方法以及关键性操作要点。

3.1 几何模型的导入与相关定义

几何模型创建完成后,双击分析系统中的 Model 单元格,将启动 Mechanical 应用界面,几何模型也被随之导入 Mechanical 界面中。前已述及,Mechanical 界面的操作以 Project 树的各个分支为关键逻辑,而前处理的第一个分支就是 Geometry 分支。

1. 几何体及其属性设置

Geometry 分支为模型的几何分支,导入 Mechanical 中的所有几何体都在 Geometry 分支下以一个子分支的形式列出。Mechanical 中可以导入的几何体包括线体(Line Body)、面体(Surface Body)、实体(Solid)三类,如图 3-1 所示。线体用于模拟框架,面体用于模拟板壳,实体用于模拟一般 2D 或 3D 结构。2D 结构的典型代表是平面应力、平面应变以及轴对称结构,在导入之前需要在 Workbench 项目分析流程中指定 Geometry 组件的属性为 2D。

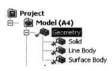

图 3-1 Geometry 分支下的几何体分支

选择 Geometry 分支时,通过 Home 工具栏 Tools 工具组中的 Worksheet 按钮切换到工作表视图,可以显示模型中所有几何体的详细信息列表,列表中包含的信息有:几何体的名称、材料、体积、质量、划分节点数、单元数、状态、非线性选项、刚柔特性、转动惯量等,如图 3-2 所示。

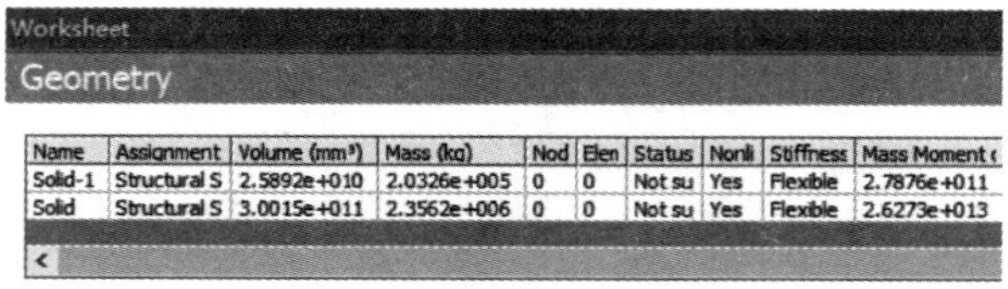

图 3-2 几何体详细信息工作表视图

在 Geometry 分支下,选择每一个导入的几何体子分支,在其 Details View 中可以为其指定体的显示颜色、透明度、刚柔特性(刚体不变形、柔性体能发生变形)、材料类型、参考温度等。在每一个体的 Details View 列表中还给出了此几何体的统计信息,如体积、质量、质心坐标位置、各方向的转动惯量。如果进行了网格划分,还能列出这个体所包含的单元数、节点数以及网格质量指标等。

第 3 章 结构分析通用前处理技术

几何体的材料属性是在 Engineering Data 中定义的,具体方法在第 2 章中已经介绍过。如需要指定新的材料类型,可在材料属性 Material 中选择 Assignment 材料列表右侧的三角形箭头,在弹出菜单选项中选择"New Material…",如图 3-3 所示,打开 Engineering Data 界面定义新的材料类型及其参数。如果需要对已有的材料模型参数进行修改,比如要修改图中的 Structural Steel 的参数,可选择"Edit Structural Steel…",打开 Engineering Data 界面进行参数修改。修改完毕后返回 Workbench 环境。但是要特别注意,修改了 Engineering Data 的材料数据后,回到 Mechanical 界面时,需通过 File→Refresh All Data 菜单进行刷新操作,把这些材料模型方面的变化传递给 Mechanical 应用。

图 3-3 选择新材料或编辑材料参数

除了上述通用属性之外,对于在 Geometry 中没有指定厚度的面体,还需要在 Mechanical 中指定其厚度或截面属性,支持多层复合材料壳截面,即 Layered Section,可以为其每一层指定材料属性、厚度及材料角度。

完成属性定义的几何体分支左侧会出现绿色√,表示几何体的信息已经完整。对于定义不完整的几何体分支,则显示一个"?",表示其缺少某些属性。

2. 添加质量点、分布质量和表面涂层

如果模型中省略了一些零件,而希望以等效质量替代时,可以在 Geometry 分支下指定质量点(Point Mass)、分布质量(Distributed Mass),还可以指定表面涂层(Surface Coating),这些项目可通过 Geometry 分支鼠标右键菜单 Insert 来添加,如图 3-4 所示。

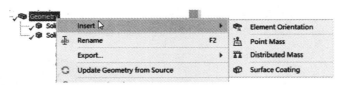

图 3-4 添加质量和表面涂层

(1)添加集中质量点(Point Mass)

集中质量点用于简化模型中的某个或某些实体。添加方法是在 Geometry 分支鼠标右键菜单中选择 Insert→Point Mass。添加 Point Mass 对象后,根据 Applied By 选项,有以下两种质量点定义方式:

①方式一:Remote Attachment

选择 Remote Attachment 选项定义集中质量点时,Details 选项如图 3-5 所示。

Geometry 选项用于选择质量点作用的几何对象,在选择了几何对象时,会自动计算几何对象的形心位置并根据 Coordinate System 选项所指定的坐标系显示此形心的 X、Y、Z 坐标,后续质量点将定义在此形心处,也可以修改此坐标值并在指定的其他位置定义质点。

Mass 和 Mass Moment of Inertia X/Y/Z 分别用于指定质量的数值及关于三个坐标轴的转动惯量数值。

Behavior 选项用于指定与质量点相关联的 Remote Point 的行为；Pinball Region 用于定义 Remote Point 的作用影响范围。质量点和 Remote Point 的坐标是一致的,质量点通过 Remote Point 生成的 MPC(即多点约束方程)与作用的几何对象发生关联。

也可以由用户首先选择某个几何对象,然后在图形显示窗口中用鼠标右键菜单选择 Insert→Point Mass,这时形成的 Point Mass 对象的 Details 中 Geometry 域以及 Coordinate X、Y、Z 就是预先定义好的。

图 3-5 Remote Attachment 定义集中质量点

②方式二:Direct Attachment

通过 Direct Attachment 方式定义质量点时,直接选择点来定义集中质量,这样定义的质量点的选项如图 3-6 所示。在图 3-6 中,Geometry 域选择了一个 Vertex,基于此 Vertex 指定质量点的位置,然后直接定义质量值以及转动惯量数值即可。

如图 3-7 所示,通过实体上的一个顶点(Vertex)定义了一个 500 kg 的集中质量点。

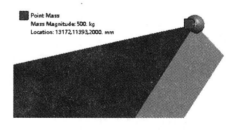

图 3-6 基于直接指定方式定义集中质量点   图 3-7 通过 Vertex 定义集中质量点

(2)定义分布质量(Distributed Mass)

Distributed Mass 的作用是在模型的表面上或边上添加附加的分布质量,这些附加的质量可以模拟模型中均匀分布且可简化为恒荷载的那部分质量,比如非结构涂层、抗震计算的等效均布荷载等。

添加分布质量时,可在 Geometry 分支的鼠标右键菜单中选择 Insert→Distributed Mass,在 Geometry 分支下添加 Distributed Mass 分支。在 Distributed Mass 分支的 Details 选项中,Geometry 选项用于选择分布质量所在的表面,而 Scoping Method 则是选择方式,可以是 Geometry Selection(直接几何选择),也可以是 Named Selection(通过集合选择)。如果用户首先在图形显示窗口中选择一个面,然后在图形窗口的鼠标右键菜单中选择 Insert→

Distributed Mass，这时也会在 Geometry 分支下添加 Distributed Mass 分支，此分支的 Details 显示 Geometry 选项中已经选择了几何对象。

分布质量的数值可以通过两种方式指定，图 3-8 所示的方式是通过 Total Mass（即总质量）来指定分布质量，而图 3-9 所示的方式为通过 Mass Per Unit Area（即单位面积上的质量）来指定分布质量。

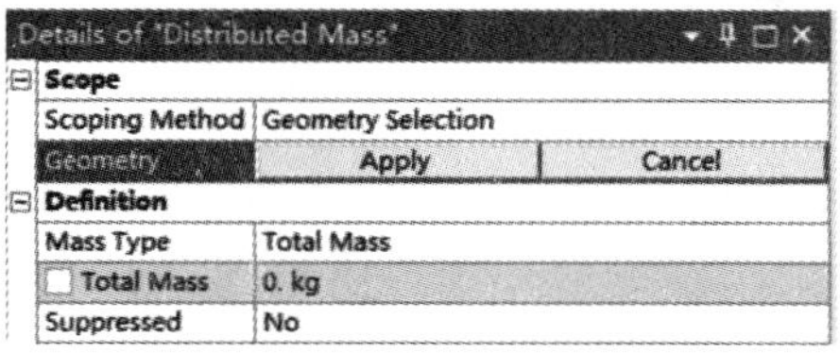

图 3-8　总质量方式定义分布质量 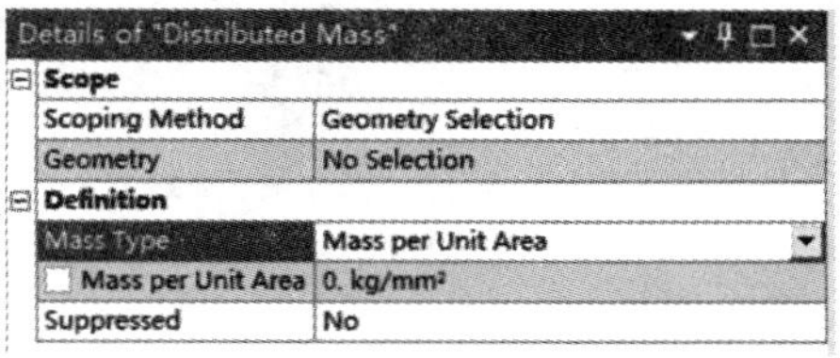　　　图 3-9　单位面积质量方式定义分布质量

（3）添加表面涂层

表面涂层（Surface Coating）仅能用于实体的表面。添加方法是在 Geometry 分支的鼠标右键菜单中选择 Insert→Surface Coating，其设置选项如图 3-10 所示，其中 Geometry 选项为涂层的表面，Stiffness 选项可以是仅计算应力、仅薄膜以及薄膜与弯曲，Material 为涂层材料（需要在 Engineering Data 中定义），Thickness 为涂层的厚度。

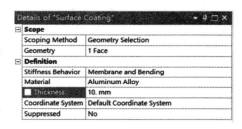

图 3-10　表面涂层选项

3.2　装配接触与连接关系的定义

本节介绍模型中部件或体之间接触与连接方式的定义方法。

当 Geometry 分支下包含多个体（或部件）时，需要在 Project 树的 Connections 分支下指定模型各体（或部件）之间的连接关系，较为常见的连接关系包括 Contact（接触关系）、Joint（运动副）、Spot Weld（焊点）、Spring（弹簧）、Beam（梁）等。

1. 接触

（1）接触定义方法

在 Mechanical 中可以进行接触连接关系的自动识别，也可进行手工的接触对指定。自动识别通常是在模型导入过程中自动完成的，Connections 分支下出现 Contacts 子分支，Contacts 子分支下列出识别到的接触对（或称为接触区域，Contact Region）。一个接触对包含界面两侧的 Contact 以及 Target 表面，这些表面在选择了接触对分支时会分别以红色和蓝色显示，红色为 Contact 一侧表面，而蓝色为 Target 一侧表面，如图 3-11 所示，与当前所选择的接触对无关的体（部件）采用半透明的方式显示。

如果选择部分或全部手工指定接触关系（接触对），可选择 Connection 分支，弹出鼠标右键菜单，鼠标停放在 Insert 右键菜单上，此时会弹出二级菜单，如图 3-12 所示，这些菜单项目可用于部件之间连接关系的指定。

如果在模型导入过程中设置为不自动识别接触对，或需要选择一部分体之后自动形成这

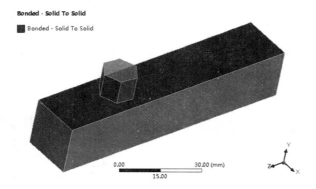

图 3-11 接触对示意图(红蓝面)

图 3-12 Connection 分支鼠标右键菜单

些所选择体之间的接触区域,则可在以上鼠标右键菜单中选择"Create Automatic Connections",这时还可以自动识别接触关系并形成接触区域分支,这些接触区域会出现在 Project 树中,用户在每一个接触的 Details View 中确认或修改接触的类型及属性即可。

如果需要手工方式定义接触,可以通过上述鼠标右键菜单的"Insert→Manual Contact Region",在 Connection 分支下即可加入新的接触区域子分支,但此时用户需要在 Details 中为每一个新指定的接触对手工选择接触面和目标面,然后再指定其 Details 属性。

对于任意一个接触对(Contact Region),可在工具栏上点击 Body View 按钮,观察接触面两侧的体。如图 3-13 所示,图(a)为接触面一侧的体,图(b)为目标面一侧的体。分体的观察方式有助于用户更有效地检查连接关系是否正确定义。

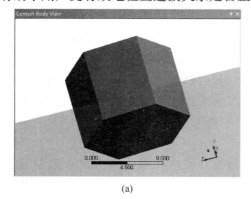
(a)

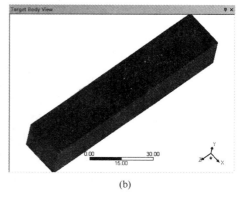
(b)

图 3-13 Body View 视图

定义接触后，还可以用图形窗口中的 Go To 鼠标右键菜单检查接触，如图 3-14 所示，这里包含了一系列实用检查工具，比如其中的"Go To Bodies Without Contacts in Tree"选项，可以探测到与其他体都没有接触的体。如果模型中存在这样的体，在计算中会出现问题，需要检查接触是否定义完整。

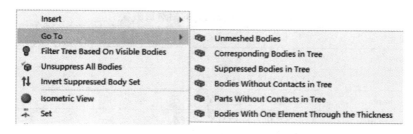

图 3-14　通过 Go To 菜单检查可能的接触问题

(2) 基本接触选项设置

关于接触的具体选项，本章仅介绍最基本的一些选项，包括 Contact 和 Target 选项、接触 Type 选项以及 Behavior 选项。与非线性接触有关的高级设置选项，请参考本书第 9 章的相关内容。

① Contact 和 Target 选项

Contact 和 Target 选项分别列出了 Contact Region 的接触面（红色）以及目标面（蓝色），在定义接触时要注意 Contact 以及 Target 两侧都不一定是单一表面，两侧也不需要有相等的表面数。

② Type 选项

Type 选项即接触的类型，在 Mechanical 应用中可选类型包括 Bonded、No Separation、Frictionless、Frictional、Rough 五种，各种接触类型的法向以及切向的力学行为见表 3-1。

表 3-1　不同类型接触的力学行为

接触的类型	法向力学行为	切向力学行为
Bonded	绑定	绑定
No separation	不分离	可滑动
Frictionless	可分离也可以接触	可滑动且无摩擦
Frictional	可分离也可以接触	可以有摩擦地滑动
Rough	可分离也可以接触	不允许滑动

③ Behavior 选项

Behavior 选项用于控制接触的计算行为，可以选择 Program Controlled（程序控制）、Asymmetric（不对称接触）、Symmetric（对称接触）以及 Auto Asymmetric（自动非对称接触）。所谓的不对称接触，即一侧为接触面（Contact），而另一侧为目标面（Target）。对于对称接触，则是接触的两侧表面互为接触面以及目标面，相当于在一个接触部位指定了两个接触对。由此可见，对称接触比非对称接触将花费更多的计算时间，当然计算精度也较高。

2. Joint 连接

Joint 是体—体（Body-Body）或体—地（Body-Ground）之间的一种常见连接，常用于指定运动副。

(1) Joint 类型

ANSYS 提供的 Joint 类型及被约束的相对自由度见表 3-2。Mechanical 可以像接触一样自动探测生成 Fixed(固定)及 Revolute Joint(圆柱铰链类型),也可以选择手工形成 Joint。每一个 Joint 都是在其参考坐标系下定义的。

表 3-2　Joint 及约束的相对自由度

Joint 类型	约束的相对运动自由度
Fixed Joint	All
Revolute Joint	UX,UY,UZ,ROTX,ROTY
Cylindrical Joint	UX,UY,ROTX,ROTY
Translational Joint	UY,UZ,ROTX,ROTY,ROTZ
Slot Joint	UY,UZ
Universal Joint	UX,UY,UZ,ROTY
Spherical Joint	UX,UY,UZ
Planar Joint	UZ,ROTX,ROTY
Bushing Joint	None
General Joint	Fix All,Free X,Free Y,Free Z,Free All
Point on Curve Joint	UY,UZ,ROTX,ROTY,ROTZ

(2) 自动探测 Joints

选择通过自动探测方式形成 Joint 时,可以按如下步骤进行操作:

①在 Project 树中选择 Connections 分支,鼠标右键菜单中选择 Insert→Connection Group,在 Connections 分支下添加 Connection Group 分支。

②在 Project 树中选择添加的 Connection Group,在其 Details 设置中指定 Connection Type 为 Joint,如图 3-15 所示。

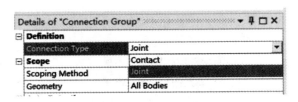

图 3-15　设置 Connection Group 类型为 Joint

③设置 Scoping Method 选项,即几何选择方式,缺省为 Geometry Selection。在图形窗口中选择所需指定 Joint 的体,在 Geometry 选项中单击 Apply 按钮确认所选择的体。

④在 Details 设置的 Auto Detection 中,为探测 Fixed Joints 和 Revolute Joints 选项选择 Yes 或 No,如果选择了 Yes 将探测对应类型的 Joint,如果都选择 Yes 将先探测圆柱铰链(Revolute Joints)。

⑤在 Connection Group 分支鼠标右键菜单中选择 Create Automatic Connections,探测可能存在的 Joint 连接,探测到 Joint 之后,Connection Group 对象自动更名为 Joints,探测到的 Joint 将会出现在 Joints 分支之下。

第 3 章 结构分析通用前处理技术

⑥对于每一个探测到的 Joint 对象,可以为其设置 Details 属性,对于 Revolute 类型的 Joint,可以设置其扭转刚度/阻尼等属性,如图 3-16 所示。有的情况下可能还需要对 Joint 的 Reference 和 Mobile 坐标系进行设置。

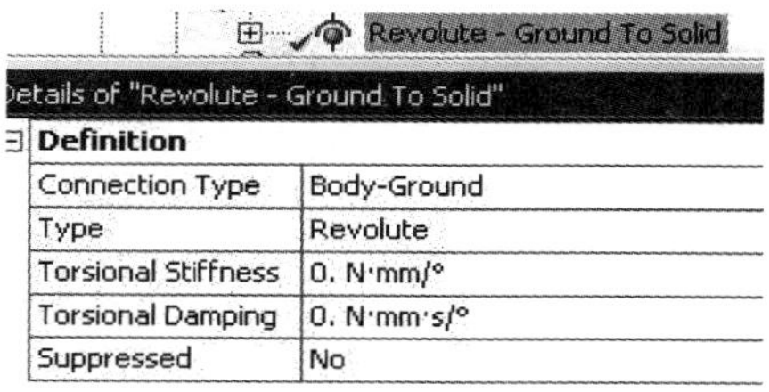

通过 Connection 上下文标签栏 Views Group 的 Body Views 按钮,可以在分别的视图中查看 Joint 所连接的两个体,如图 3-17 所示,图例显示了关于相对坐标系的 Joint 自由度,未约束的自由度是蓝色的,约束的自由度为灰色。

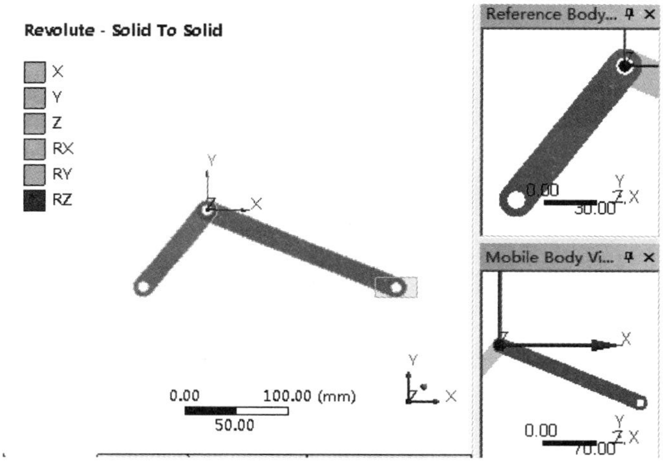

图 3-16 Revolute Joint 的属性

图 3-17 Joint 的 Body View 显示

定义 Joint 以后,可以用工具栏上的 Configure 工具来配置 Joint。Configure 工具位于 Connection 上下文标签栏的 Joint 工具组,如图 3-18 所示。通过 Configure 工具可以配置 Joint 的初始状态。在 Project 树中选择需要配置的 Joint 对象,按下 Configure 按钮可进入配置模式。

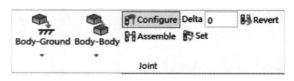

图 3-18 Joint 工具

(3) 手动定义 Joints

选择手工方式定义 Joints 时,可以按照如下步骤进行操作:

①在 Project 树中选择 Connections 分支,并从 Connections 工具栏(Context)中选择 Body-Ground 或 Body-Body 选项,然后在下拉菜单中选择所要指定的 Joint 类型,如图 3-19 所示。Mechanical 将自动创建一个 Joints 分支,在 Joints 分支下包含一个新创建的 Joint 分支。

②选择新添加的 Joint 分支,在其 Details 中指定相关选项和参数。对于常见的 Revolute Joint 类型,可分别指定其 Reference 表面和 Mobile 表面,再指定其他相关的参数。

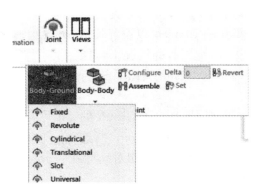

图 3-19 手工定义 Joint

③在 Joint 分支下包含一个 Reference Coordinate System 的分支,选择 Reference Coordinate System 分支,在其 Details 中设置坐标系的原点和方位。坐标系的原点可以通过选择几何表面的中心来指定,方位可用缺省值,也可以通过工具栏的 Transform 进行变换,如图 3-20 所示。

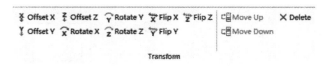

图 3-20 Joint 的参考坐标系变换工具

④与前面介绍的自动探测 Joint 相同,可通过分体视图和 Configure 工具对 Joint 的位置进行配置和观察。

⑤手工方式指定的 Joint,建议进行冗余度检查,得到运动自由度数。具体方法:在 Connection 分支的鼠标右键菜单中选择 Redundancy Analysis,如图 3-21 所示,在屏幕中间底部出现的 Data View 中单击闪电按钮执行冗余分析,如图 3-22 所示。分析完成后,会在 Data View 中显示 Number of free degrees of freedom 的数值。

图 3-21 冗余度检查

图 3-22 冗余度检查数据视图

3. 弹簧、梁与焊点连接

对于其他类型连接关系的指定,如 Spot Weld、Spring、Beam 等,则通常采用手工方式指定,其操作流程通常是:首先在 Connection 分支下添加这些连接类型分支,然后定义其 Details 选项和参数。定义完成后,也可以通过 Body View 进行直观地检查。

(1)Spring 连接

Spring 即弹簧,利用弹簧可以连接 Body 和 Body 或者连接 Body 和 Ground。弹簧可以是

轴向弹簧,也可以是转动弹簧。弹簧定义的具体操作步骤如下:

①确认 Connections 分支。定义 Spring 时,首先要确认存在 Connections 分支。当模型中多于一个体的时候,Project 树中的 Connections 分支总是出现的,但是当模型中仅有一个体时,Project 树中不出现 Connections 分支,这时就需要添加,操作方法为:选择 Model 分支,在 Model 的鼠标右键菜单中选择 Insert→Connections,添加 Connections 分支。

②选择 Connections 分支,在 Connections 分支的鼠标右键菜单中选择 Insert→Spring,一个名称为"Longitudinal-No Selection To No Selection"的 Spring 对象出现。

③定义弹簧类型属性。打开 Spring 对象的 Details 面板,如图 3-23 所示。Type 选项用于定义弹簧的类型,有 Longitudinal 和 Torsional 两种,即轴向受力弹簧和扭转弹簧。

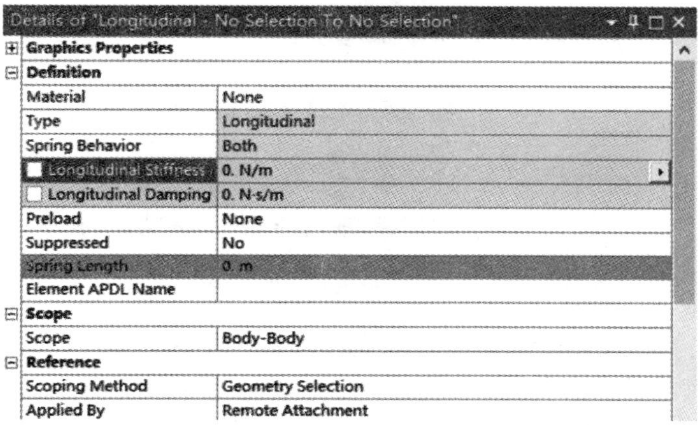

图 3-23 弹簧的属性

④设置弹簧行为选项。在 Spring 对象的 Details 面板中,设置 Spring Behavior 选项。在 Rigid Dynamics 和 Explicit Dynamics 分析系统中,Behavior 提供 Both、Compression Only(仅受压)或 Tension Only(仅受拉)三个选项。当选择 Tension Only 时,弹簧的受力特性如图 3-24(a)所示;当选择 Compression Only 时,弹簧的受力特性如图 3-24(b)所示。

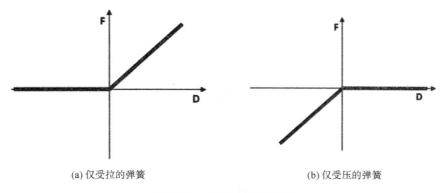

(a) 仅受拉的弹簧   (b) 仅受压的弹簧

图 3-24 单方向受力弹簧

⑤设置弹簧刚度和阻尼。在 Spring 对象的 Details 中设置弹簧的刚度系数 Longitudinal Stiffness 和阻尼系数 Longitudinal Damping。

⑥设置弹簧的预载。如图 3-23 所示,在 Spring 对象的 Details 中设置 Preload 选项,缺省

为 None,即不考虑预载荷。如弹簧中存在预载,则选择 Load 选项或 Free Length 选项,指定 Load 或 Free Length 数值。

⑦定义弹簧连接的特性。通过 Scope 选项定义弹簧连接的特性。Scope 选项可选 Body-Body 或 Body-Ground。如果是通过工具栏上的 Spring→Body-Ground 或 Spring→Body-Body 选项添加的 Spring 对象,则 Scope 选项无需指定。

⑧定义弹簧的两端。Reference 与 Mobile 选项表示弹簧的两端连接的对象,分 Direct Attachment 以及 Remote Attachment 两种情况。对于 Direct Attachment 情况,可以选择两个点,然后在 Connections 工具栏中选择 Spring→Body-Body,这时 Applied By 选项缺省为 Direct Attachment,Reference 和 Mobile 被指定为选择的端点,如图 3-25 所示。

图 3-25　直接定义弹簧的端点

对于 Remote Attachment 情况,需要定义 Reference 以及 Mobile。一般可以在 Reference 和 Mobile 的 Scope 中选择一个面,Reference XYZ Coordinate 中会列出所选择面的中心坐标,如图 3-26 所示。采用 Remote Attachment 方式时,实际上建立了 Remote Point 和多点约束方程,因此还允许设置关于 Remote Point 的一些选项,如 Behavior 选项、Pinball Region 选项等,这些选项的具体意义将在下一章边界条件中进行介绍。

图 3-26　Remote Attachment 方式定义弹簧的端点

如果是 Body-Ground 类型的 Spring,其 Reference 被假设为地面位置,这时仅需要指定 Mobile,而 Reference 仅需要指定坐标位置,如图 3-27 所示。

(2) Beam 连接

在模型中还可以通过 Beam 连接体和体(Body-Body)或连接体和地(Body-Ground)。Beam 的本质就是梁,而梁具有抗弯刚度,可以承受力矩作用。在 Mechanical 中的 Beam 为圆形截面的梁。建立 Beam 连接的步骤如下:

①选择 Connections 分支,在鼠标右键菜单中选择 Insert→Beam,在 Connections 分支下添加一个 Beam 分支。

第 3 章 结构分析通用前处理技术

Scope	
Scope	Body-Ground
Reference	
Coordinate System	Global Coordinate System
Reference X Coordinate	0.25 m
Reference Y Coordinate	2.5 m
Reference Z Coordinate	0. m

图 3-27 接地弹簧的端点定义

②为 Beam 指定 Details 属性。图 3-28 所示是一个典型的 Beam 连接的 Details 视图。Cross Section 缺省为 Circular，无法修改。Radius 为 Beam 的截面半径。Material 为 Beam 的材料，可以选择在 Engineering Data 中指定的材料模型。Beam 连接的 Scope、Reference 以及 Mobile 的意义与前面介绍过的弹簧完全相同。当 Scope 为 Body-Ground 时，地面为 Reference。

Details of "Circular - Ground To Solid"	
⊞ **Graphics Properties**	
⊟ **Definition**	
Material	Structural Steel
Cross Section	Circular
Radius	1.5e-002 m
Suppressed	No
Beam Length	0.1 m
Element APDL Name	
⊟ **Scope**	
Scope	Body-Ground
⊞ **Reference**	
⊞ **Mobile**	

图 3-28 Beam 连接的属性

(3) Spot Weld 连接

Spot Weld 连接即点焊连接，是通过在点与点之间建立体之间的一种连接。一个 Spot Weld 实质上就是在点与点之间建立梁。在 DM 和 SCDM 都能创建 Spot Weld，然后被导入 Mechanical 组件中。在 Mechanical 界面中也可以创建 Spot Weld，其方法与 Beam 类似。首先在 Connections 分支的鼠标右键菜单中选择 Insert→Spot Weld，添加 Weld 对象并设置其 Details 选项，如图 3-29 所示。在 Spot Weld 的选项中，Contact 和 Target 分别为建立焊点的两个点(Vertex)。图 3-30 所示为指定了一系列焊点后的显示效果。

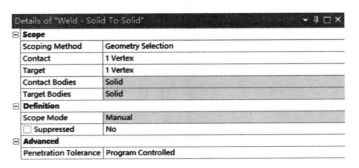

图 3-29 点焊的属性

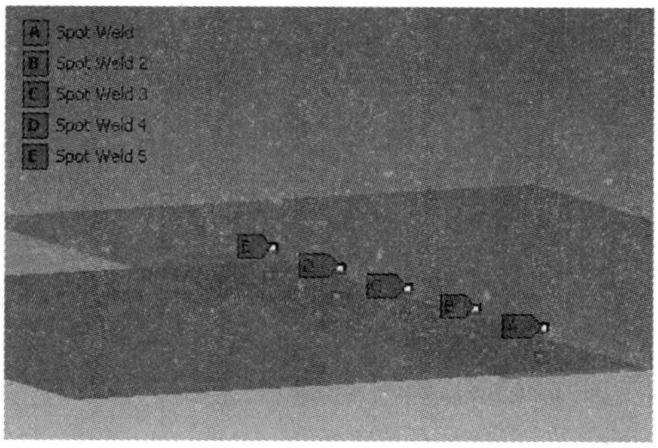

图 3-30　指定的 Spot Weld 示例

3.3　网格划分

网格划分是前处理的重要环节。在 Mechanical 界面中，网格划分通过 Project 树的 Mesh 分支来实现。一般来说，首先要设置网格控制选项，然后再进行网格划分。网格控制选项通常又包括总体控制和局部控制两大类。

1. 网格总体控制

网格划分的总体控制选项通过 Mesh 分支的 Details 选项进行设置，如图 3-31 所示。常用的总体控制包括 Defaults、Sizing、Quality、Advanced 等。Quality 为网格质量评价信息。Inflation 选项多用于 CFD 边界层的网格控制，在结构分析中较少使用。Statistics 为网格统计信息，如节点总数、单元总数等。

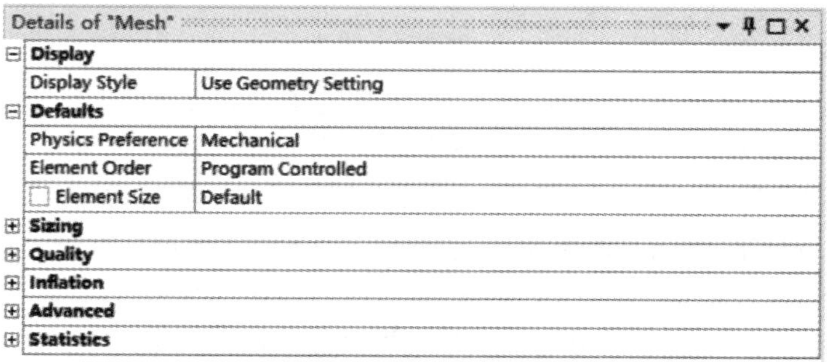

图 3-31　Mesh 分支的 Details

下面对 Defaults、Sizing 及 Advanced 等总体选项进行简要的介绍。

(1) Defaults 总体控制选项

如图 3-32 所示，Defaults 选项是一些针对体网格划分的缺省选项。其中 Element Order 用于控制单元的阶数（旧版本中为 Element Midside Nodes 选项），可以选择 Program Controlled、Linear 或 Quadratic。对于实体结构通常会自动选择二次的 SOLID186 和 SOLID187 单元。Element Size 用于设置缺省的总体网格尺寸，直接定义一个尺寸数值即可。Mechanical 旧版本中是通过 Relevance 选项设置总体网格相对尺寸的，新版本中已经不再采用。

第 3 章 结构分析通用前处理技术

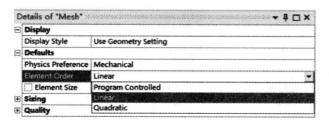

图 3-32　Defaults 总体选项

(2) Sizing 总体控制选项

如图 3-33 所示，Sizing 部分提供了关于网格尺寸的总体尺寸控制选项，具体选项与 Use Adaptive Sizing 设置有关。当 Use Adaptive Sizing 设置为 Yes(缺省)时的尺寸选项如图 3-33(a)所示，当 Use Adaptive Sizing 设置为 No 时的尺寸选项如图 3-33(b)所示。

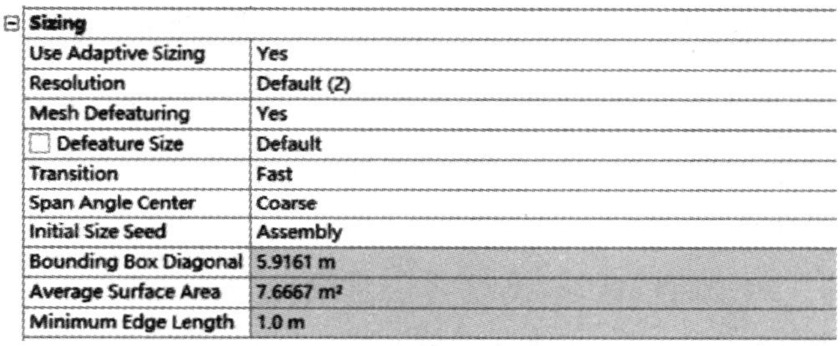

(a) Use Adaptive Sizing 设置为 Yes 的 Sizing 选项

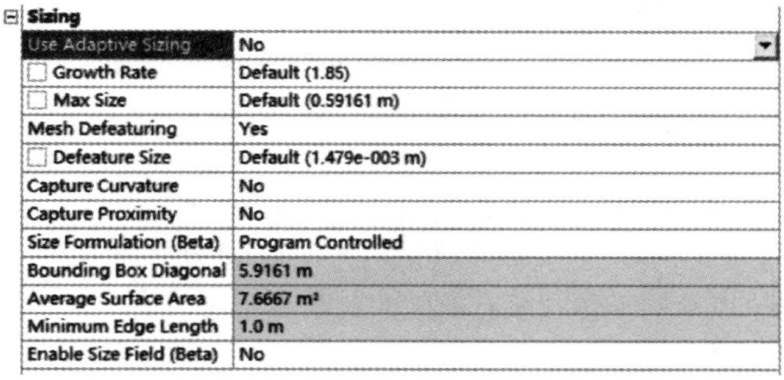

(b) Use Adaptive Sizing 设置为 No 的 Sizing 选项

图 3-33　Sizing 部分包含的选项

关于 Sizing 总体控制选项，下面作简单的说明。

① Use Adaptive Sizing 选项

此选项用于控制自适应尺寸选项，缺省为 Yes。

② Resolution 选项

当 Use Adaptive Sizing 选项设为 Yes 时出现此选项，在 0～7 范围内选择，由 0 至 7 网格越来越密。对结构分析，其缺省值为 2。

③ Growth Rate 和 Max Size 选项

当 Use Adaptive Sizing 选项设为 No 时出现这两个选项。Growth Rate 表示相邻两层单元的边长增长率，比如设置为 1.2 意味着相邻层单元边长增大 20%。Max Size 为最大单元尺寸,可使用缺省值或用户指定的值。

④Mesh Defeaturing 和 Defeature Size 选项

Mesh Defeaturing 选项用于设置细节特征的消除,缺省为 Yes 且需要指定 Defeature Size 值。Mechanical 会基于指定的 Defeature Size 值自动消除几何模型中的细节特征。Defeature Size 值为一个正数,用户可以指定具体的数值。基于网格划分的特征清除支持的网格划分方法包括:3D 实体划分的 Patch Conforming Tetrahedron、Patch Independent Tetrahedron、MultiZone、Thin Sweep、Hex Dominant 以及表面网格划分的 Quad Dominant、All Triangles、MultiZone Quad/Tri 等。对于 Patch Independent Tetrahedron、MultiZone 和 MultiZone Quad/Tri 划分方法,在这里指定的 Defeature Size 将会填充到方法局部控制选项中,如果后续修改了局部控制,则局部控制将改写此处指定的总体 Defeature Size。

⑤Transition 选项

Transition 选项仅当 Use Adaptive Sizing 选项设为 Yes 时才出现,用于影响临近单元的尺寸过渡速率,可选择 Slow 或 Fast,设为 Slow 将形成光滑过渡的网格,而设为 Fast 则尺寸过渡较为突然。

⑥Span Angle Center 选项

Span Angle Center 选项仅当 Use Adaptive Sizing 选项设为 Yes 时才出现,用于设置使用 Adaptive Size Function 时基于曲率的细化目标。对于曲线区域,网格将沿曲率再分直到单个单元跨过这个角度。Coarse 选项一个单元最大跨过角度为 90°,Medium 选项一个单元最大跨过角度为 75°,Fine 选项一个单元跨过最大角度为 36°。这里单元跨越的角度是指法向角度的改变量,图 3-34 所示的 α 就是此角度。

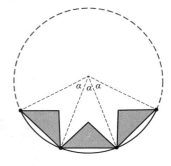

图 3-34　法向角度改变量示意图

⑦Initial Size Seed 选项

仅当 Use Adaptive Sizing 选项设为 Yes 时才出现,此选项用于控制各部件的初始网格尺寸播种,可选择 Assembly 或 Part 选项,其中缺省选项为 Assembly。Assembly 表示基于包含所有部件的对角线范围;Part 表示基于单一部件范围,通常可能会导致更精细的网格。

⑧Capture Curvature 选项

Capture Curvature 选项为曲率捕捉选项,仅当 Use Adaptive Sizing 选项设为 No 时才出现。当 Capture Curvature 选项设置为 Yes 时,可指定 Curvature Min Size 和 Curvature Normal Angle 参数,如图 3-35 所示。Curvature Min Size 为曲率附近的最小尺寸,Curvature Normal Angle 为单元法向的最大跨角,网格将细化有曲率的区域直至单个单元跨过此角度,其意义与 Span Angle Center 中的法向角度改变量相同。当 Curvature Min Size 的数值过小时,可以用 Curvature Normal Angle 来限制沿着曲线的单元数。

Capture Curvature	Yes
☐ Curvature Min Size	Default (2.958e-003 m)
☐ Curvature Normal Angle	Default (70.395°)

图 3-35　Capture Curvature 选项

⑨Capture Proximity 选项

Capture Proximity 选项为邻近距离捕捉选项,仅当 Use Adaptive Sizing 选项设为 No 时才出现。当 Capture Proximity 选项设置为 Yes 时,可指定 Proximity Min Size 和 Num Cells Across Gap 参数,如图 3-36 所示。Proximity Min Size 为间隙附近的最小单元尺寸,Num Cells Across Gap 指定在狭窄的间隙中的单元数。Proximity Size Function Sources 选项则决定面和边之间的哪个区域是 Proximity Size Function 起作用的区域,可指定边(Edges)、面(Faces)或面和边(Faces and Edges)。指定为 Edges 时,仅边之间的狭窄面区域的网格被细化;而指定为 Faces 时,仅距离相近的表面之间的体积被细化。

图 3-36　Proximity 选项

(3) Advanced 总体控制选项

Advanced 部分提供了一些高级总体控制选项,如图 3-37 所示。下面介绍此部分涉及的具体选项。

图 3-37　Advanced 部分包含的选项

①Number of CPUs for Parallel Part Meshing

此选项用于设置并行部件分网使用的处理器个数,可选择 0～256 之间的数值。

②Straight Sided Elements

Straight Sided Elements 选项用于指定单元为直边,可选择 Yes 或 No,此选项可影响二次单元(Element Order 设为 Quadratic 时)中间节点的放置。如图 3-38(a)所示,设置此选项为 Yes,所形成的二次单元均具有直边;如图 3-38(b)所示,设置此选项为 No,则形成的单元均具有曲边。

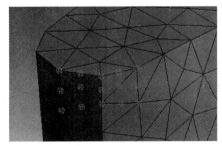

(a) Straight Sided Elements设置为Yes

(b) Straight Sided Elements设置为No

图 3-38　单元直边设置对二次单元的影响

③Rigid Body Behavior

此选项用于指定刚体的网格划分选项,如果 Geometry 分支下没有被设置为刚性的体,则此选项为不可编辑状态。选择 Dimensionally Reduced 时仅形成表面接触网格,选择 Full Mesh 时形成全部的网格,缺省为 Dimensionally Reduced,除非 Physics Preference 选项被设置为 Explicit。

④Triangle Surface Mesher

此选项控制决定 Patch Conforming 划分方法将使用哪一种三角形面网格划分策略。可选择的选项包括 Program Controlled 以及 Advancing Front。一般来说,Advancing Front 算法可提供更平滑的尺寸变化和更好的 skewness 以及 orthogonal quality 指标。

⑤Topology Checking

此选项控制决定在 Patch Independent 划分方法后续是否执行拓扑检查。选择 No(缺省)时,Patch Independent 方法在划分过程中试图捕捉到受保护的拓扑并进行印记,但当网格尺寸过粗或由于受到限制不能捕捉特征时,跳过拓扑检查。选择 Yes 时,网格划分后运行拓扑检查以确保网格与受保护拓扑的正确关联,如果网格不能与拓扑特征正确关联会报错。支持拓扑检查的网格划分方法包括 3D 的 Patch Independent Tetra、MultiZone 以及 2D 的 MultiZone Quad/Tri、Quadrilateral Dominant、Triangles。

⑥Pinch

此选项用于在网格中忽略小的几何特征,以便在这些特征周围生成质量更好的单元。指定了 Pinch 控制后,满足准则的小特征将被"挤"掉。可以选择自动创建 Pinch,也可手工指定要挤掉的对象。Pinch Tolerance 选项用于指定 Pinch 操作的容差(小于此容差的小特征将被清除),需指定一个大于 0 的数值。当 Generate Pinch on Refresh 选项设置为 Yes 且几何模型有变化的情况下,执行 Refresh 操作会重新生成 Pinch 控制。Use Sheet Thickness for Pinch 选项仅当模型包含壳体时才出现,如图 3-39 所示。此选项用于决定 Pinch 操作是基于一个指定的 Pinch Tolerance 还是基于壳体的厚度。此选项打开时,Pinch 操作使用的容差为壳体厚度的 1/2。

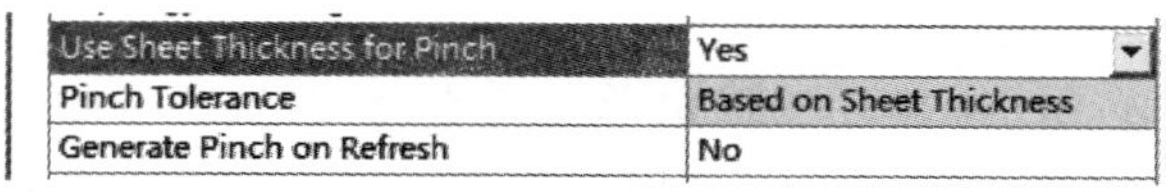

Use Sheet Thickness for Pinch	Yes
Pinch Tolerance	Based on Sheet Thickness
Generate Pinch on Refresh	No

图 3-39　Use Sheet Thickness for Pinch 选项

2. 网格局部控制

网格局部控制主要包括网格划分方法控制以及局部尺寸控制,这些控制可以通过 Mesh 分支的鼠标右键菜单 Insert 来添加,如图 3-40 所示。

(1)网格划分方法

网格划分方法(Method)是最常用的局部控制选项,在 Mesh 分支的右键菜单中选择 Insert→Method,可在 Mesh 分支下添加网格划分方法控制分支,此分支的缺省名称为"Automatic Method",即自动网格划分,这时 Mechanical 缺省采用 Automatic 方法划分网格,此方法试图对可扫略划分的体进行扫略(Sweep)划分,而对不能扫略的体采用四面体划分(Patch Conforming 方法)。在 Automatic Method 网格划分方法的 Details 中,首先选择几何

第 3 章 结构分析通用前处理技术

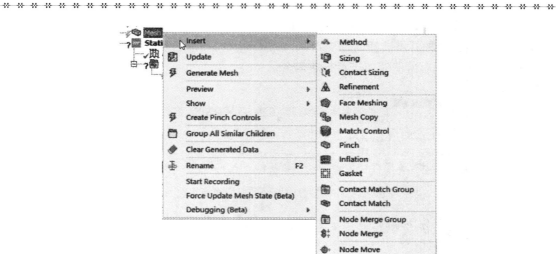

图 3-40 Mesh 分支右键菜单

对象并在 Geometry 选项中单击 Apply, 在 Method 选项的下拉列表中选择网格划分方法, 如图 3-41 所示。如果选择了其他网格划分方法, Method 分支的名称随之改变。

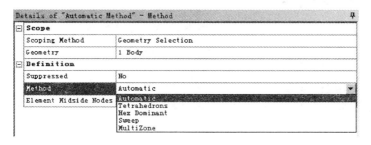

图 3-41 网格划分的方法选项

Mechanical 中提供了 5 种适合于结构分析的网格划分方法, 每一种划分方法 (Method) 及其技术简介见表 3-3。

表 3-3 实体网格划分方法及其简介

网格划分方法	技 术 简 介
Automatic Method	自动划分方法, 缺省方法, 首先进行 Sweep 划分, 不能 Sweep 划分的采用 Patch Conforming 四面体划分
Tetrahedrons Patch Conforming	片相关四面体划分方法, 该方法划分时模型表面的细节特征会影响网格
Tetrahedrons Patch Independent	片独立四面体划分方法, 该方法划分时模型表面的细节特征会被忽略
Hex Dominant	六面体为主的网格划分
Sweep	扫略网格划分, 需要自动或手动指定扫略的源面和目标面
MultiZone	多区域划分, 自动切分复杂几何为多个相对简单的部分, 然后基于 ICEM CFD Hexa 方法划分各部分

上述各种划分方法的具体选项均比较直观, 这里不再逐一讲解, 下面仅针对 Sweep 划分方法作简单的说明。

Sweep 方法的 Src/Trg Selection 选项用于选择源面以及目标面,可通过下拉列表选择,如图 3-42 所示,有 5 种可供选择的选项,其中 Automatic Thin(自动薄壁扫略)和 Manual Thin(手工薄壁扫略)用于对薄壁实体进行扫略划分。

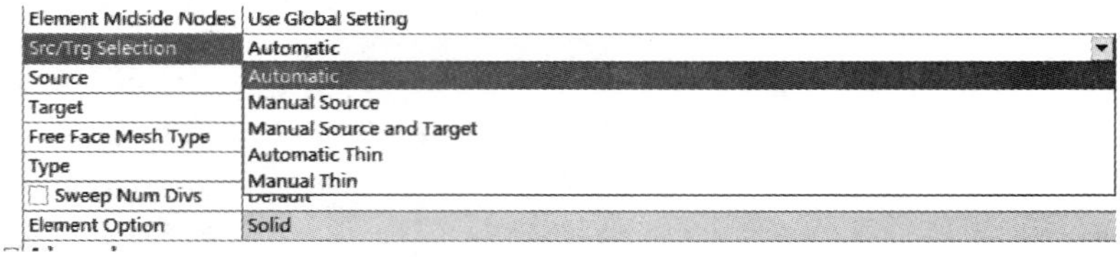

图 3-42 扫略划分的源面和目标面指定选项

选择薄壁扫略划分选项时,需指定 Element Option 附加选项,如图 3-43 所示,这个附加选项用于选择生成体单元(Solid)还是实体壳单元(Solid Shell)。实体壳单元可以用于模拟变厚度壳体,是一种很实用的单元。

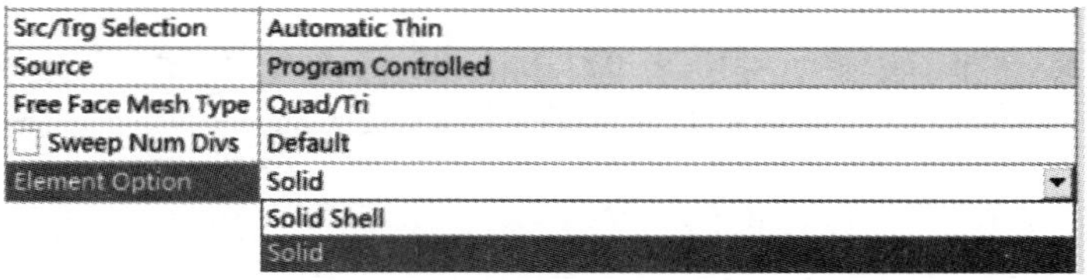

图 3-43 薄壁扫略的单元类型选项

(2)局部尺寸控制

局部的尺寸控制选项包括针对几何对象的尺寸控制、接触区域的网格尺寸控制以及局部加密控制。

①几何对象尺寸

在 Mesh 分支的鼠标右键菜单中选择 Insert→Sizing,在 Mesh 分支下添加 Sizing 分支。Sizing 分支用于对几何对象的网格划分尺寸进行控制。在 Sizing 分支的 Details 中选择不同的几何对象类型,Sizing 分支会根据所选择的对象类型自动改变名称,例如:Vertex Sizing、Edge Sizing、Face Sizing、Body Sizing。

对各种 Sizing 控制,根据其 Type 选项的不同,有两种不同的设置方式。如图 3-44 所示,选择 Type 为 Element Size 时,可直接指定单元尺寸 Element Size。如图 3-45 所示,选择 Type 为 Sphere of Influence(影响球)时,通过定义影响球的球心(指定坐标系,其原点作为球心)及其半径,再指定影响球内的 Element Size,这时尺寸控制仅作用于影响球的半径范围内。此外,无论何种 Type 类型,Behavior 选项选择 Hard 将比 Soft 采用更加严格的尺寸控制。

为说明单元尺寸控制的范围,对一个边长为 10 的立方体用两种方案进行了网格划分。图 3-46 所示为设置了 Body Sizing 为 0.25 的情况下得到的立方体的网格,图 3-47 所示为仅仅在其一个顶点为中心的影响球范围内设置了 Body Sizing 为 0.25 情况下得到的网格,划分方法均为 Tetra。由此可见,利用影响球可以仅在关注的区域内细分单元,而不用在全域上细分。

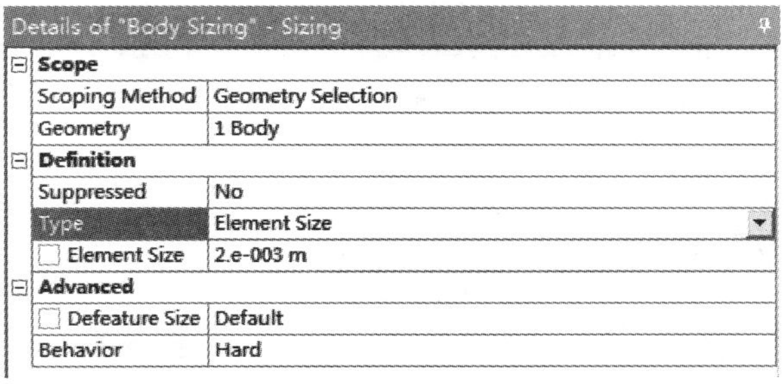

图 3-44　Element Size 尺寸

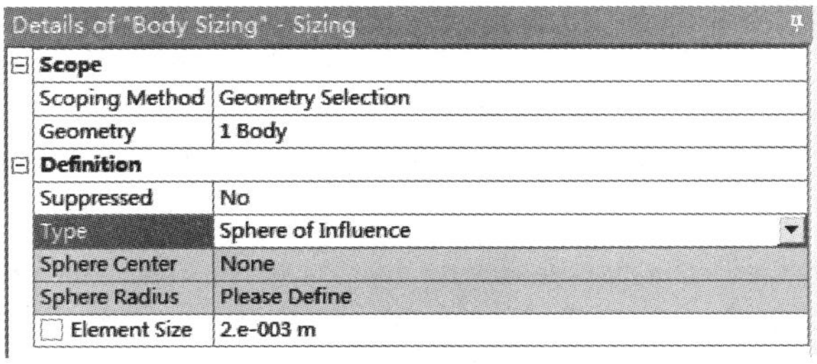

图 3-45　影响球控制尺寸

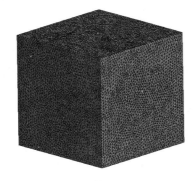

图 3-46　设置了总体 Body Sizing 的网格

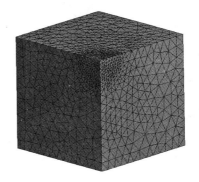

图 3-47　影响球范围内设置 Sizing 的网格

②接触区域网格尺寸 Contact Sizing

在 Mesh 分支的鼠标右键菜单中选择 Insert→Contact Sizing，或拖拉一个 Contact Region 分支到 Mesh 分支上，都将在 Mesh 分支下形成一个 Contact Sizing 分支，此分支用于在接触区域两侧表面形成相对一致尺寸的单元。Contact Sizing 可以通过 Element Size 方式或 Relevance 方式控制接触区域的网格尺寸，其 Details 如图 3-48 所示。选择 Element Size 方式时需要指定一个具体的单元尺寸数值，而选择 Relevance 方式时则通过指定 Relevance 值设置一个接触区域的相对单元尺寸，Relevance 数值在 −100～100 之间变化，越接近 −100 网格越粗，反之越接近 100 则网格越细。

③Refinement

在 Mesh 分支的右键菜单中选择 Insert→Refinement，在 Mesh 分支添加 Refinement 分支，可以用于网格加密设置。Refinement 的 Details 如图 3-49 所示，Scope 部分的 Geometry

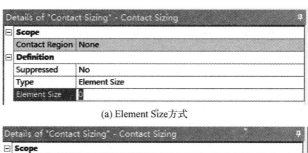

(a) Element Size方式

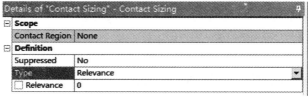

(b) Relevance方式

图 3-48　Contact Sizing 两种设置方法

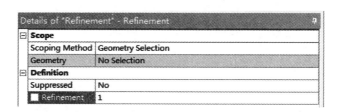

图 3-49　Refinement 的选项

选项用于选择需要加密的局部几何对象，Definition 部分的 Refinement 选项用于指定最大加密次数，可选择 1～3 之间。

（3）其他的局部控制

通过 Mesh 分支的鼠标右键菜单，还可以添加其他的局部控制选项，下面对这些控制选项作简单的介绍。

①Face Meshing Control

选择 Mesh 分支的右键菜单 Insert→Face Meshing，可以在 Mesh 分支下加入 Face Meshing 分支，此分支用于生成面上的映射网格，改善表面网格的质量。Face Meshing 支持的网格划分方法包括 3D 的 Sweep、Patch Conforming Tetrahedron、Hex Dominant、MultiZone 以及 2D 的 Quadrilateral Dominant、Triangles 和 MultiZone Quad/Tri。图 3-50 所示的不规则形状实体，采用 Hex Dominant 方法划分网格，图 3-50（a）为各侧立面及圆柱体侧面采用表面映射网格，而图 3-50（b）为表面未加任何控制。显然，添加了 Face Meshing Control 的网格质量更好。

②Match Control

Match Control 选项用于匹配两个或多个面上的网格，支持使用 Match Control 的网格划分方法包括 3D 的 Sweep、Patch Conforming、MultiZone 以及 2D 的 Quad Dominant 和 All Triangles。使用 Match Control 时，选择 Mesh 分支，在其右键菜单中选择 Insert→Match Control，在 Mesh 分支下添加一个 Match Control 分支，然后在其 Details 中进行相关选项的

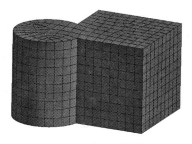
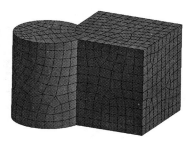

(a) 表面映射网格　　　　　　　　(b) 自由网格

图 3-50　表面映射网格与自由网格的对比

设置。根据 Details 中 Transformation 选项的不同，有 Cyclic 和 Arbitrary 两种类型的匹配控制选项，其 Details 如图 3-51 所示。

图 3-51　Match Control 选项设置

a. Cyclic 类型的选项设置

对于 Scoping Method 为 Geometry Selection 需指定 High 和 Low 的几何对象，对于 Scoping Method 为 Named Selection 需指定 High Boundary 和 Low Boundary。Transformation 选项选择为 Cyclic，在 Axis of Rotation 选择一个坐标系，其 z 轴与几何旋转轴一致。

b. Arbitrary 类型的选项设置

对于 Scoping Method 为 Geometry Selection 需指定 High 和 Low 的几何对象，对于 Scoping Method 为 Named Selection 需指定 High Boundary 和 Low Boundary。Transformation 选项选择为 Arbitrary，High Coordinate System 和 Low Coordinate System 分别选择对应于 High 和 Low 边界的局部坐标系。

③Pinch Control

除总体控制中的自动 Pinch 控制外，还可通过 Mesh 分支的鼠标右键菜单中 Insert→Pinch 添加 Pinch 分支，进行局部 Pinch 控制。在 Pinch 分支的 Details 需要定义 Master Geometry（保留的几何）和 Slave Geometry（被简化的特征），被选择的 Master Geometry 和 Slave Geometry 分别显示为红色和蓝色，如果需要可改变 Tolerance（缺省值为总体的 Pinch Tolerance）。

3. 网格划分与网格质量的评价

(1) 网格划分的准备

网格划分之前，如果几何模型中有一些碎面没有处理，会严重影响网格质量，甚至导致网格划分失败。对于这种情况，可以通过创建虚拟拓扑来改进网格质量。如图 3-52(a)所示，在模型中存在一个细长条，可以按照如下操作步骤添加虚拟拓扑消除细长条的影响：

①选择 Model 分支，在其鼠标右键菜单中选择 Insert→Virtual Topology，在 Model 分支下添加一个 Virtual Topology 分支。

②在图形窗口选择多个需要添加虚拟拓扑合并的表面，然后在鼠标右键菜单中选择 Insert→Virtual Cell，这样所选择的多个表面就形成了虚拟拓扑意义上的一个面，如图 3-52(b)所示。

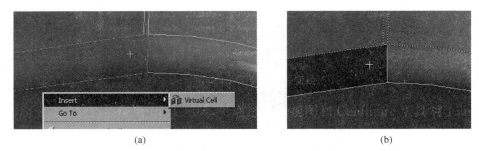

图 3-52　形成的虚拟拓扑面

形成虚拟拓扑后，网格划分时将忽略原来几何模型中的小面，按照虚拟拓扑的整体进行网格划分。

(2) 网格划分

网格划分选项设置完成后，通过 Mesh 分支右键菜单 Generate Mesh 即可形成网格，如图 3-53 所示。对于形状复杂的体，在正式划分网格前可通过 Mesh 分支右键菜单 Preview→Surface Mesh 预览表面网格。

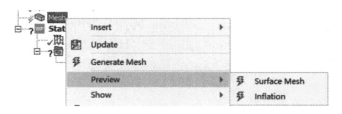

图 3-53　Mesh 右键菜单

在一些较新的版本中，对于包含多个体的大型结构，还可以选择其中的部分体，通过在图形区域的鼠标右键菜单 Generate Mesh On Selected Bodies，在所选择体上形成网格。或者通

第 3 章　结构分析通用前处理技术

过右键菜单 Preview Surface Mesh On Selected Bodies 预览表面网格。划分网格后，如对网格不满意，可通过右键菜单 Clear Mesh On Selected Bodies 清除所选择体上的网格，如图 3-54 所示。

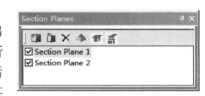

图 3-54　图形区域的右键菜单

（3）网格观察与质量评价

网格划分完成后，可以通过 Mesh 分支的 Statistics 统计信息查看单元数、节点数，通过切面显示内部网格情况，还可以通过 Mesh Metric 功能来评价网格质量。

①Statistics 信息

Mesh 分支 Details 中的 Statistics 部分则给出了网格的节点和单元统计信息，包含 Nodes 和 Elements。Nodes 提供了一个模型中节点总数的只读标识。如果模型包含有多个部件或体，可以在 Geometry 分支下选择某个部件或体，这个部件或体对应 Details 中 Statistics 部分也会出现一个 Nodes 选项，此处将显示这个被选择对象上包含的节点数。Elements 则提供了一个模型中单元总数的只读标识。如果模型包含有多个部件或体，可以在 Geometry 分支下选择某个部件或体，这个部件或体对应 Details 中 Statistics 部分也会出现一个 Elements 选项，此处将显示这个被选择对象上包含的单元数。

②切面查看内部网格

选择 Home 工具栏上的 Section Plane 切面按钮，会弹出 Section Plane 管理窗口，用于创建和管理切面，如图 3-55 所示。切面在建模过程中可以用于观察内部的网格形状，在后处理过程中则可以观察内部的变量分布情况。图 3-56 为某零件的整体表面网格及切面显示的内部网格情况。

图 3-55　Section Planes 管理窗口

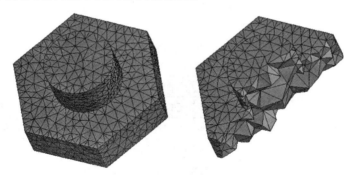

图 3-56　零件网格及切面显示内部网格

③Quality 部分

Mesh 分支 Details 中的 Quality 部分用于评价网格质量。对于线性结构分析，可选择 Error Limits 选项为 Standard Mechanical，非线性分析中选择 Aggressive Mechanical，如图 3-57 所示。Aggressive Mechanical 选项采用了比 Standard Mechanical 更为严格的 Error Limit 限值，可以得到高质量的网格，但通常也会导致生成更多数量的单元、更多的划分失败次数以及更多的网格划分时间。

Quality 部分的 Mesh Metric 选项可用于查看网格的评价指标信息，可供选择的网格质量评价指标有 Element Quality、Aspect Ratio、Jacobian Ratio、Warping Factor、Parallel

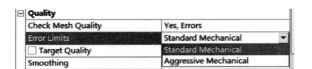

图 3-57 网格质量控制选项

Deviation、Maximum Corner Angle、Skewness、Orthogonal Quality、Characteristic Length 等。在 Mesh Metric 项目列表中，可选择以上各种指标之一进行统计显示，如图 3-58(a)所示。在 Mesh Metric 选项列表中选择 None，则会关闭 Mesh Metric 面板以及网格质量分析功能。对于其中任何一个指标，比如选择 Jacobian Ratio(MAPDL)，可统计此指标的最大值、最小值、平均值以及标准差，如图 3-58(b)所示。

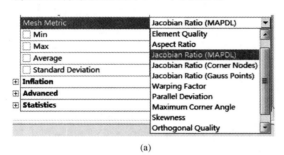

图 3-58 Mesh Metric 选项列表

各种网格评价指标及其在网格质量评价中的作用汇总见表 3-4。

表 3-4 ANSYS Mesh Metrics 的类型与描述

Mesh Metrics	描 述
Element Quality	基于总体积和单元边长平方、立方和的比值的单元综合质量评价指标，介于 0～1 之间
Aspect Ratio Calculation for Triangles	三角形单元的纵横比指标，等边三角形为 1，越大单元质量越差
Aspect Ratio Calculation for Quadrilaterals	四边形单元的纵横比指标，正方形为 1，越大单元形状越差
Jacobian Ratio	Jacobian 比质量指标，此比值越大，等参单元的变换计算越不稳定
Warping Factor	单元扭曲因子，此因子越大表面单元翘曲程度越高
Parallel Deviation	平行偏差，此指标越高单元质量越差
Maximum Corner Angle	相邻边的最大角度，接近 180°会形成质量较差的退化单元
Skewness	单元偏斜度指标，是基本的单元质量指标，此值在 0～0.25 时单元质量最优，在 0.25～0.5 时单元质量较好，建议不超过 0.75
Orthogonal Quality	范围是 0～1 之间，其中 0 为最差，1 为最优

对于每一种所选择的评价指标，还可显示分区间的单元分布情况，可以在 Graph 区域的 Mesh Metrics 面板中显示各种形状单元的数值分布情况柱状图，直观地给出网格质量的统计信息，单击条形图的每一个条带，可以在图形区域中显示出落入此条带范围的单元。图 3-59 所示为一个模型中单元的 Skewness 值分布情况，其中包含四面体单元 Tet10、六面体单元 Hex20、楔形体单元 Wed15 以及金字塔锥体单元 Pyr13 的统计信息。

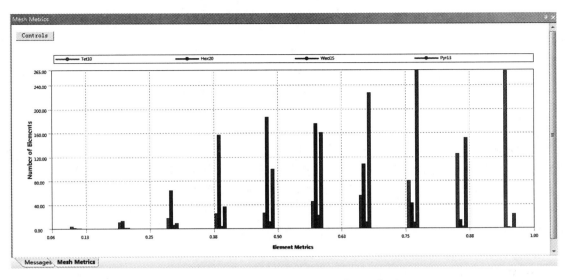

图 3-59　Mesh Metrics 面板的统计柱状条图

点击柱状图中的某一个柱条，可在模型中显示对应偏斜率范围单元的位置分布情况。如图 3-60 所示，图(a)显示 Skewness 为 0.5 附近 Hex20 单元的分布情况，图(b)显示 Skewness 为 0.75 附近的 Pyr13 单元的分布情况。

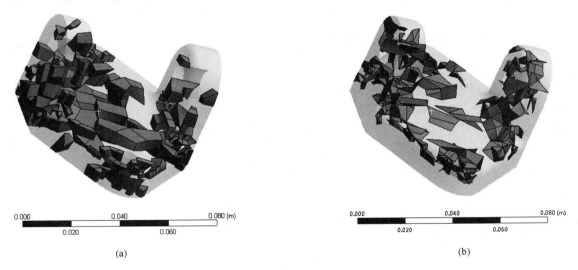

图 3-60　基于指标统计的单元分布位置

这些统计指标对评价网格划分质量有很大帮助。如果网格质量较差，还可通过改善几何质量、添加 Virtual Topology、添加 Pinch 控制、通过 Sizing 减小网格尺寸或添加 Refinement 加密网格等手段重新划分网格以提高网格的质量。

第 4 章 结构静力学分析

结构静力分析是最常用的结构分析类型。本章系统介绍结构静力分析的载荷步设置、载荷及边界条件、计算结果的后处理方法,包括单载荷步静力分析、多载荷步及多工况静力分析、边界条件与载荷类型的解释、后处理及实用工具箱、典型工程案例等专题内容。

4.1 静力分析的求解过程组织与分析设置

在 Workbench 中,静力分析可分为单步(单工况)分析、多工况分析以及多步分析三种类型。这里所说的步,即 ANSYS 中的载荷步。要特别注意的是,尽管可以认为单工况分析等同于单载荷步分析,但是单工况不一定等于结构只受一个载荷的作用;另外也不能把多步分析与多工况分析相混淆。多工况分析可以使用多个载荷步,也可以分为多个不同的分析,各自采用单载荷步,而多步分析则一定是在一个分析中包含多个载荷步。本节将介绍静力分析的求解组织与分析系统,以及这三种静力分析在设置上的差别。

4.1.1 静力分析系统与求解过程的组织

1. 静力分析系统

无论是单步分析还是多步分析,都需要借助于 Static Structural 结构静力分析系统。在 Workbench 左侧工具箱中,选择 Static Structural 结构静力分析系统模板,用鼠标左键将其拖放至右侧 Project Schematic 窗口中,如图 4-1 所示。

图 4-1 静力分析系统

静力分析系统自上而下依次包含了 Engineering Data、Geometry、Model、Setup、Solution、Results 等组件,其中,Engineering Data 用于定义结构静力分析所需的材料性能参数;Geometry 为几何组件,用于创建、导入或编辑处理几何模型,可直接导入外部几何文件,或选择在 SCDM(或 DM)中编辑或创建几何;Model 部分为创建有限元分析模型;Setup 部分用于问题的物理定义;Solution 部分用于求解;Results 部分用于后处理。Model、Setup、Solution 以及 Results 部分的操作都是在同一个应用界面 Mechanical 下进行的。

2. 求解过程的组织

ANSYS 静力分析(实际上其他分析类型也一样)的求解过程是通过载荷步来组织的,下面介绍一下载荷步的概念、静力分析求解组织过程以及静力分析中"时间"的意义。

(1)载荷步的意义

载荷步是 ANSYS 结构分析中的一个重要概念。所谓一个载荷步,通俗的解释就是一个施加特定荷载设置得到解的求解步骤。一个完整的载荷步定义包括约束条件和载荷的定义以及载荷步选项的设置等内容。载荷步还可以根据求解的需要再细分为若干个载荷子步。

第4章 结构静力学分析

(2) 静力分析求解过程的组织

ANSYS中的求解过程通过载荷步来实现组织,也就是说,整个求解过程可以划分为一个或多个载荷步。对于只包含一个载荷步的分析称为单步分析,而包含多个载荷步的分析称为多步分析。

对于结构静力分析,可以包含单个载荷步,也可以包含多个载荷步。单个载荷步的分析可以理解为一种单一载荷工况下的静力分析过程。对于多工况分析,实际上每一个工况的分析也是单载荷步分析,在 Workbench 中,通常通过复制分析系统的方式用 Mechanical 应用下的 Solution Combination 功能实现多工况分析及工况组合。由此可见,多工况分析的实质是多个单载荷步分析,而不是多步分析。

多步分析的作用是划分不同的加载阶段,通常用于非线性静力分析和动力分析中,每一个载荷步又可以细分为多个载荷子步。对于线性分析而言,载荷步不需要细分为子步。对于非线性问题,载荷是逐级施加的,采用增量加载,如果要施加的荷载总量作为一个载荷步来求解,则每一级加载就是一个子步,每个子步通常还包含多次的平衡迭代,每一次平衡迭代即相当于一次线性静力求解,更详细的内容参考本书第9章。

(3) 静力分析中"时间"的意义

每一个载荷步在静力分析中,载荷步结束的"时间"仅表示加载的次序而没有实际意义。对于非线性的静力分析,载荷步结束的"时间"可以指定为要施加的载荷总量,这样的"时间"可以直观地指示出当前加载所达到的数值;如果非线性分析的载荷步"时间"设为1,则"时间"表示当前增量加载达到目标荷载的百分数。还有一点需要注意,就是非线性分析中,如果以表格方式定义整个载荷—"时间"数据,那么整个求解过程将仅包含一个载荷步,但是根据求解过程的需要,还是要设置必要数量的载荷子步,一方面是为了准确"捕捉"载荷历程数据,另一方面也是非线性求解过程的需要。

载荷步可以被进一步细分为多个子步,每个子步结束的"时间"按照子步占载荷步的比例来计算。对静态分析,尽管"时间"没有实际意义,但是对于多步分析来说,"时间"总是单调增加的,就像在瞬态动力分析中的真实时间一样,不能"倒流"。

4.1.2 单步分析与多步分析的载荷步设置

在 Mechanical 应用界面下,通过 Project 树的 Analysis Settings 分支完成载荷步的定义及分析选项的设置。除了载荷步控制选项,Analysis Settings 中还涉及求解器控制、重启动控制、非线性控制、输出控制、分析数据管理等类型的选项设置,这些选项中有些是与载荷步相关的,即每一个载荷步都需要分别进行设置,有些则是与载荷步无关的,即对于所有载荷步来说是相同的。本节只介绍其中的载荷步控制选项,即 Analysis Settings 中的 Step Controls 选项,如图 4-2 所示。Analysis Settings 中的其他分析选项将在下面一节中介绍。

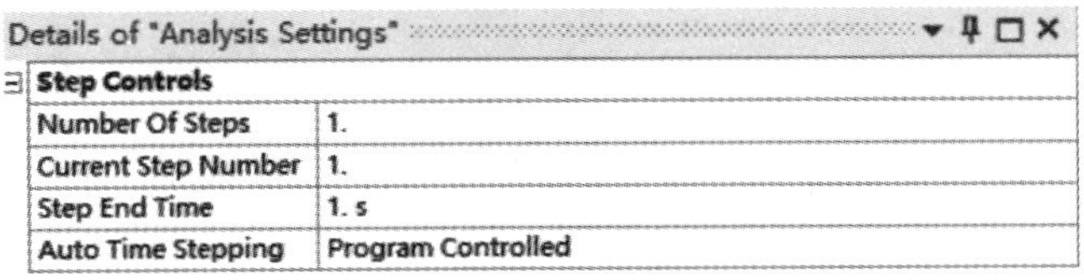

Details of "Analysis Settings"	
Step Controls	
Number Of Steps	1.
Current Step Number	1.
Step End Time	1. s
Auto Time Stepping	Program Controlled

图 4-2 载荷步控制选项

1. 载荷步数与当前载荷步

(1)设置载荷步数

分析的过程被划分为几个阶段,也就是划分为多少个载荷步,可通过 Step Controls 中的 Number Of Steps 来设置。缺省情况下,静力分析中是单载荷步分析,也就是 Number Of Steps 缺省值为 1,这种情况下,整个求解过程不再被分割,仅包含 1 步,在 Graph 区域和 Tabular 区域的显示如图 4-3 所示。

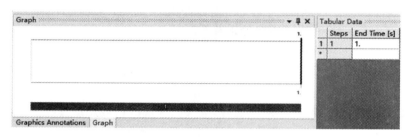

图 4-3 单步分析时的时间条

当 Number Of Steps 大于 1 时,就成为多载荷步分析(简称多步分析)。如果设置 Number Of Steps 为 2,如图 4-4(a)所示,则整个分析过程被分割为 2 个载荷步,在 Graph 区域和 Tabular 区域的显示如图 4-4(b)所示。

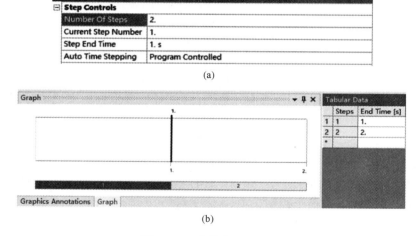

图 4-4 两个载荷步的情形

在静力分析中,载荷步个数的设置通常与载荷的"历程"相关,如图 4-5 所示的 Pressure 荷载,根据其变化情况,设置了 4 个载荷步。

(2)激活当前载荷步

当静力分析中存在多个载荷步时,可以分别为每一个载荷步设置相关的分析选项,在设置这些选项之前,首先要选择要设置的载荷步,或者说选择哪一个载荷步作为当前载荷步。可以通过以下三种方式来选择当前载荷步:

①方法 1:直接设置 Current Step Number

在 Analysis Settings 中直接输入当前载荷步数值,按 Enter 键,可以选择并激活所指定的

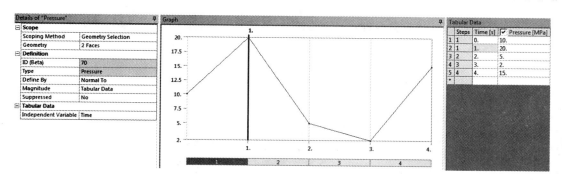

图 4-5　与载荷变化历程相关的载荷步设置

载荷步,在 Graph 区域和 Tabular 区域,所选择的载荷步也将被高亮度显示。

②方法 2:通过 Graph 面板

在 Graph 面板中,单击要激活的载荷步所在范围内的任意位置,在 Analysis Settings 中 Current Step Number 自动更新为所选择的载荷步号,在 Tabular 区域中所选择的载荷步也将被同步高亮度显示。

③方法 3:通过 Tabular 面板

在 Tabular 面板的载荷步信息列表中,单击要激活的载荷步所在的行,在 Analysis Settings 中 Current Step Number 自动更新为所选择的载荷步号,在 Graph 面板中所选择的载荷步范围也将被同步高亮度显示。

以上三种方法是等效的,选择哪一种都可以。实际上,Current Step Number、Graph 面板中被高亮度显示的载荷步和 Tabular 列表中被高亮度显示的载荷步所在行,这三者之间是同步关联的,只要改变其中一个位置,其他两个位置都会随之同步更新。

有的情况下,可能需要同时对多个载荷步进行统一的分析选项设置,比如子步数或非线性分析选项等,这时可以在 Graph 面板中按住 Ctrl 键同时点击需要设置的载荷步所在范围内的任意时间点位置,则所选的载荷步在 Graph 面板中被同时高亮度显示。

例如,在一个分析中,假设共 3 个载荷步,如果后面 2 个载荷步通过 Ctrl 键同时被选中,则显示效果如图 4-6(a)所示,被选中的载荷步 2 和载荷步 3 被同时高亮度显示,而这时在 Current Step Number 中显示为 Multi Step,如图 4-6(b)所示。如果有多个连续的载荷步需要选择时,可在 Graph 面板中首先选择第一个载荷步,按住 Shift 键,再选择最后一个载荷步,前后两个载荷步之间的所有载荷步将被同时选中。

如果需要选中所有的载荷步进行设置,可在 Graph 面板中单击鼠标右键,在右键菜单中选择 Select All Steps,如图 4-7 所示。

(3)插入和删除载荷步

在 Graph 面板中,可以用鼠标左键单击求解过程的任意时间点位置,如图 4-8(a)所示。然后在鼠标右键菜单中选择 Insert Step,在所选择的时间点处插入一个新的载荷步,如图 4-8(b)所示。

如果由于误操作而插入了不希望出现的载荷步,则可通过在 Graph 面板的鼠标右键菜单中选择 Delete Step,删除不需要的载荷步。

2. 载荷步的结束时间

Step End Time 选项用于指定载荷步的结束时间,即载荷步的跨度范围。单一载荷步分

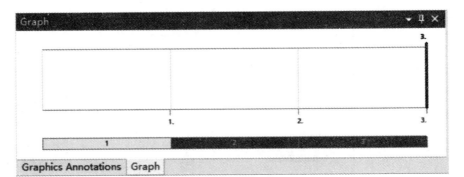

图 4-6 同时选择多个载荷步

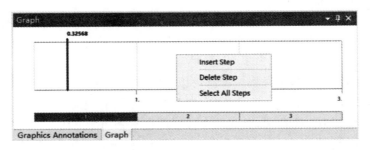

图 4-7 Graph 面板的右键菜单

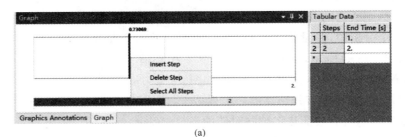

图 4-8 插入载荷步

析中，缺省的载荷步结束时间为1。当分析中存在多个载荷步时，每一个载荷步结束的时间（Step End Time）就需要分别指定。对于多步静力分析而言，各个载荷步缺省的载荷步结束时间等于其载荷步数，即载荷步1结束时间为1，载荷步 N 结束时间为 N。对于在 Graph 面板中选择时间点插入的载荷步，其 Step End Time 自动被设置为插入的时间点，比如图4-8中插入的载荷步2，其 Step End Time 就等于插入时间点 0.73069 s，如图4-9所示。注意，在静力分析中，尽管这些时间点被赋予时间单位，比如秒(s)，但是并不具有实际意义。

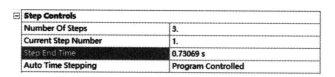

图 4-9　插入载荷步的结束时间

3. 自动时间步设置

Auto Time Stepping 即自动时间步选项，通常用于非线性分析中，主要作用是为每一个载荷步设置自动的子步细分范围，这个范围的设置是针对当前所选中的载荷步(Current Step Number)。Auto Time Stepping 包含三个选项，即程序控制、On 以及 Off，如图4-10所示。

图 4-10　自动时间步选项

（1）Program Controlled

Program Controlled（即程序控制）是 Auto Time Stepping 的缺省选项，程序将基于分析类型来设置载荷步及子步，相关设置见表4-1。

表 4-1　程序控制自动时间步选项缺省值

分析类型	初始子步数 (Initial Substeps)	最小子步数 (Minimum Substeps)	最大子步数 (Maximum Substeps)
静力分析（线性）	1	1	1
静力分析（非线性）	1	1	10
稳态热分析（线性）	1	1	10
稳态热分析（非线性）	1	1	10
瞬态热分析	100	10	1000

（2）打开自动时间步

当 Auto Time Stepping 设为 On 时，打开自动时间步。可以基于子步数或基于时间两种不同的方法设置自动时间步选项。

① 基于子步数

在 Defined By 中选择 Substeps 时，通过设置初始子步数(Initial Substeps)、最小子步数(Minimum Substeps)以及最大子步数(Maximum Substeps)三个值来设置自动时间步长的变化范围，如图4-11所示。

图 4-11 基于子步数设置自动时间步

② 基于时间

在 Defined By 中选择 Time 时，通过设置初始时间步（Initial Time Step）、最小时间步（Minimum Time Step）以及最大时间步（Maximum Time Step）三个值来设置自动时间步长的变化范围，如图 4-12 所示。

图 4-12 基于时间来设置自动时间步

实际上，以上两种方式本质上是一致的，子步数就等于载荷步结束时间除以时间步长值。

对于多步分析，每一个载荷步可以分别设置载荷步结束时间和自动时间步选项。如图 4-13 所示，分析过程包含 3 个载荷步，图 4-13(a)、(b)、(c)分别为载荷步 1、载荷步 2、载荷步 3 的设置情况。三个载荷步均采用了自动时间步，且均通过 Substeps 来定义，Initial（初始）、Minimum（最小）以及 Maximum（最大）Substeps 都采用了 1、1 以及 10，其意义为：各载荷步初始均采用 1 个子步，实际子步数在 1 和 10 之间由程序来自动选择；或者说，每个载荷步最多细分为 10 个子步，最少仅 1 个子步。

(a) LS1　　　　　　　　　　(b) LS2　　　　　　　　　　(c) LS3

图 4-13 三个载荷步的控制设置

(3) 关闭自动时间步

当 Auto Time Stepping 设为 Off 时，关闭自动时间步。

在 Mechanical 中，载荷步的时间跨度能够用图表的方式直观地显示出来。对于上面的示例,载荷步的直观图示如图 4-14 中的 Graph 区域所示。从图中可以清楚地看到,此分析包含 3 个载荷步,当前载荷步(高亮度显示的时间区段)为第 3 载荷步,在图示的右侧 Tabular Data 中还有各载荷步 End Time 的表格信息,列出各载荷步的时间段。如果在一个分析中定义了多个载荷,在此载荷步直观图示中还能显示出各个载荷随时间的变化历程或函数曲线关系。

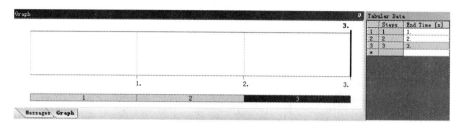

图 4-14 载荷步的直观显示

4.1.3 静力分析的分析选项设置

在 Mechanical 应用界面下,静力分析的求解选项设置通过 Project 树的 Analysis Settings 分支来实现,此分支的 Details 设置选项如图 4-15 所示。

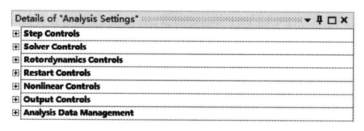

图 4-15 Analysis Settings 设置选项列表

在 Analysis Settings 中,涉及的分析选项中包括 Step Controls、Solver Controls、Rotor dynamics Controls、Restart Controls、Nonlinear Controls、Output Controls、Analysis Data Management 等,其中,Step Controls 在前面一节已经进行了介绍。尽管其他的选项中,有的与静力分析无关,但本节还是对列表中所有选项作了简要的介绍。在后续相关章节中,还会对一些选项(如非线性选项)作更详细的介绍。

(1) Step Controls

Step Controls 即载荷步选项,前面一节已经介绍过了,此处不再重复。

(2) Solver Controls

Solver Controls 即求解器控制选项,如图 4-16 所示。

Solver Controls 中涉及的主要选项包括:

① Solver Type

Solver Type 选项用于指定求解器的类型,可选择 Direct(直接求解器)或 Iterative(迭代求解器)。直接求解器适用范围较广。对于大型纯实体单元模型,推荐使用迭代求解器。

② Weak Springs

Weak Springs 选项为弱弹簧开关选项,可选择 Off 或 On。弱弹簧用于在模型中没有刚度

Solver Controls	
Solver Type	Program Controlled
Weak Springs	Off
Solver Pivot Checking	Program Controlled
Large Deflection	Off
Inertia Relief	Off

图 4-16 求解器控制选项

的方向添加刚度很低的弹簧，以稳定求解。

③Solver Pivot Checking

即求解器主对角元检测选项，可选项包括 Program Controlled、Warning、Error、Off。

④Large Deflection

此选项为几何非线性开关，可选择 Off 或 On，选择 On 时计算刚度矩阵计入几何非线性因素。

⑤Inertia Relief

此选项为惯性解除开关，可选择 Off 或 On。惯性解除分析可用于计算与施加载荷反向平衡的加速度。

（3）Rotordynamics Controls

Rotordynamics Controls 为转子动力学控制选项，如图 4-17 所示。这一部分仅包含一个选项，即 Coriolis Effect，缺省为 Off。设置为 On 时包含柯氏效应。

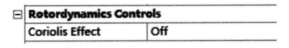

Rotordynamics Controls	
Coriolis Effect	Off

图 4-17 转子动力学选项

（4）Restart Controls

Restart Controls 为分析的重启动控制选项。重启动控制主要用于提供重启动点选项及文件保留选项，如图 4-18 所示。Generate Restart Points 选项用于指定形成重启动点的方法，选择 Off 表示不产生重启动点，选择 Manual 时表示人工指定，可选择 Load Step 和 Substep 域为 Last，表示仅产生在最后一个载荷步最后一个子步处的重启动点，用户也可以选择 Load Step 域为 All，然后选择 Substep，可以为 Last（最后一个子步）、All（所有子步）、Specified Recurrence Rate（指定各载荷步的第几个子步）以及 Equally Spaced Points（每隔几个子步）。Retain Files After Full Solve 选项用于指定在完成求解后是否保留重启动文件。

Restart Controls	
Generate Restart Points	Manual
Load Step	Last
Substep	Last
Retain Files After Full Solve	No
Combine Restart Files	Program Controlled

图 4-18 重启动控制选项

（5）Nonlinear Controls

Nonlinear Controls 部分是分析的非线性控制选项，用于非线性分析，如图 4-19 所示。

第 4 章 结构静力学分析

Nonlinear Controls	
Newton-Raphson Option	Program Controlled
Force Convergence	Program Controlled
Moment Convergence	Program Controlled
Displacement Convergence	Program Controlled
Rotation Convergence	Program Controlled
Line Search	Program Controlled
Stabilization	Program Controlled

图 4-19 非线性控制选项

Force Convergence、Moment Convergence、Displacement Convergence、Rotation Convergence 域分别用于指定非线性分析的力收敛准则、力矩收敛准则、位移收敛准则以及转动收敛准则。通常采用程序控制"Program Controlled"即可,也可手动定义各种收敛准则。Line Search 选项用于指定线性搜索的选项开关,可选择 On 或 Off,缺省为程序自动控制。Stabilization 选项用于指定非线性稳定性开关,缺省为 Off,可选择 Constant(阻尼系数在载荷步中保持不变)或者 Reduce(阻尼系数线性渐减,载荷步结束时减到 0)。

关于非线性分析选项的详细介绍,参考本书第 9 章。

(6) Output Controls

Output Controls 为分析的输出控制选项,用于设置计算结果的输出及文件选项,如图 4-20 所示。

Output Controls	
Stress	Yes
Surface Stress	No
Back Stress	No
Strain	Yes
Contact Data	Yes
Nonlinear Data	No
Nodal Forces	No
Contact Miscellaneous	No
General Miscellaneous	No
Store Results At	All Time Points
Cache Results in Memory (Beta)	Never
Combine Distributed Result Files (Beta)	Program Controlled
Result File Compression	Program Controlled

图 4-20 输出控制选项

对于静力分析,比较常用的输出项目包括:

① Stress

此选项用于指定是否输出单元的节点应力结果到结果文件,缺省为 Yes。

② Strain

此选项用于指定是否输出单元的弹性应变结果到结果文件,缺省为 Yes。

③ Nodal Forces

此选项用于指定是否输出单元节点力结果到结果文件,缺省为 No;如选择 Yes,则输出所有节点的节点力。如果要通过 Command 对象使用 Mechanical APDL 的 NFORCE 命令、FSUM 命令,此选项须设置为 Yes。

④ Contact Miscellaneous

此选项用于控制接触结果的输出,当计算接触反力时需要选择 Yes,缺省为 No。

⑤General Miscellaneous

此选项用于控制单元结果的输出，当需要 SMISC/NMISC 单元结果时（详见 ANSYS 单元手册中各单元的输出项目描述），可将此选项设置为 Yes，缺省为 No。

⑥Store Results At

此选项用于指定结果文件保存的"时间"点，缺省为 All Time Points。对于大型模型的非线性分析或瞬态分析，可以选择保持等间隔的时间点上的结果，以减小结果文件规模。

(7) Analysis Data Management

Analysis Data Management 即分析数据管理，这些选项用于指定 ANSYS 结构分析文件及单位系统等相关的计算数据设置，如图 4-21 所示。

Analysis Data Management	
Solver Files Directory	D:\model\model_files\dp0\SYS\MECH\
Future Analysis	None
Scratch Solver Files Directory	
Save MAPDL db	No
Contact Summary	Program Controlled
Delete Unneeded Files	Yes
Nonlinear Solution	No
Solver Units	Active System
Solver Unit System	nmm

图 4-21 分析数据管理选项

可用的选项包括：

①Solver Files Directory

Solver Files Directory 域用于指定求解文件的路径信息，通常由 Workbench 根据 Project 文件保存路径自动指定。通过 Project Tree 的 Solution 分支的右键菜单，选择"Open Solver Files Directory"菜单项，即可打开求解目录，如图 4-22 所示。

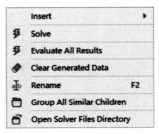

图 4-22 打开求解目录

②Future Analysis

Future Analysis 域用于指定分析结果是否会用于后续分析作为载荷或初始条件，缺省为 None；对于静力分析，其结果可用于后续的特征值屈曲分析或预应力模态分析，此时显示为 Prestressed Analysis 选项。

③Scratch Solver Files Directory

Scratch Solver Files Directory 选项在计算过程中会显示临时文件读写路径。

④Save MAPDL db

Save MAPDL db 选项用于指定 Mechanical 计算时是否保存 Mechanical APDL 数据库文件（db 文件），缺省为 No。

⑤Delete Unneeded Files

Delete Unneeded Files 选项用于指定是否删除不需要的文件，缺省为 Yes。如果用户希望保存所有的文件则选择 No。

⑥Nonlinear Solution

Nonlinear Solution 选项是分析是否包含非线性因素的指示选项，如果存在非线性则显示为 Yes，否则为 No。

⑦Solver Units

Solver Units 选项用于选择求解器单位,建议选择当前活动单位制系统(Active Units 选项)即可。如果选择 Manual 选项,则在 Solver Units System 选项的下拉列表中选择所需的求解单位系统。

4.2 边界条件与载荷

边界条件和载荷是结构分析中十分重要的问题,施加边界条件和载荷的总体指导思想是与结构的实际受力状况一致。本节围绕结构分析中各种常见的边界条件以及载荷类型,对其意义以及施加方法进行介绍。

4.2.1 结构分析的边界条件类型

边界条件的施加要符合结构的实际受约束的状况。表 4-2 中列出了 Mechanical 中常用的约束类型并对其作用进行了描述,这些边界条件均可通过 Static Structural 分支的右键菜单施加。

表 4-2 Mechanical 中的结构分析边界类型

约束类型名称	作 用 描 述
Fixed Support	固定支座约束
Displacement	固定方向位移,零位移与固定等效,非零则为强迫位移
Remote Displacement	远端点位移约束,约束施加到远端点,可以是平动或转动
Frictionless Support	光滑法向约束
Compression Only Support	仅受压的支撑
Cylindrical Support	圆柱面边界条件
Elastic Support	弹性面支撑
Constraint Equation	约束方程,用于把模型的不同部分通过自由度约束方程联系起来

下面对表 4-2 中各边界条件类型及其选项进行介绍。

(1)Fixed Support

Fixed Support 即固定支座,在此边界条件上各个节点的所有自由度都为 0。固定支座的作用方式(Scoping Method)可以为选择几何对象(Geometry Selection)或直接指定命名选择集合(Named Selection)。图 4-23 所示为一个典型 Fixed Support 的细节属性列表。

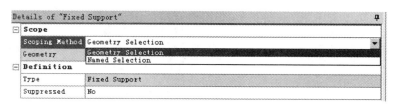

图 4-23 固定支座的属性

(2)Displacement

Displacement 支座类型用于指定所选择方向的位移自由度,可以是 0,也可以不是 0。

Displacement 支座的作用方式（Scoping Method）可以为选择几何对象（Geometry Selection）或直接指定命名选择集合（Named Selection）。图 4-24 所示为此边界条件的细节属性列表。Displacement 位移约束经常会通过分量方式指定。对于分量方式，需要定义分量所依赖的坐标系 Coordinate System。

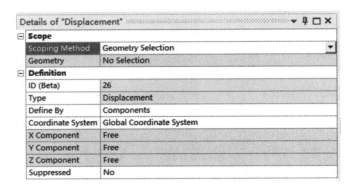

图 4-24　Displacement 边界条件的属性

(3) Remote Displacement

Remote Displacement 即远程位移约束条件，可用于约束特定远程点上的位移，同时约束点与模型上的作用部位（模型上的特定线和面）之间建立约束方程相联系，被约束位置可以在结构上，也可以在结构外。远程位移约束的作用部位可以通过 Geometry Selection（选择几何对象）或 Named Selection（命名选择集合）来指定，其属性如图 4-25(a) 所示。可选择指定其 Behavior 为 Deformable 或 Rigid。通过 Advanced 下的 Pinball Region，可指定一个形成有关 MPC 约束方程的半径范围。图 4-25(b) 所示为求解后作用部位与远程点之间建立的约束方程显示。

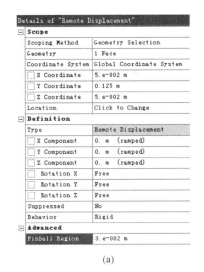

(a)

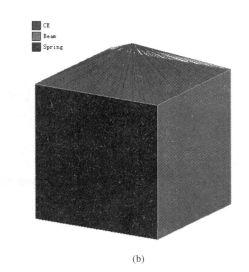

(b)

图 4-25　施加远端位移约束

(4) Frictionless Support

Frictionless Support 即光滑面边界条件,可以用于固定作用面的法向位移,其作用范围可以选择几何模型中的面(Geometry Selection)或基于表面的命名选择集合(Named Selection),其属性如图 4-26 所示。

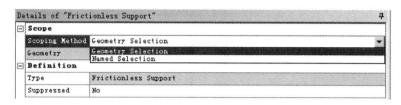

图 4-26　光滑面边界条件

(5) Compression Only Support

Compression Only Support 为仅受压表面边界条件,可用于约束作用接触面,本质上是一个非线性边界,计算时需要非线性迭代,其作用范围可以选择几何模型中的面(Geometry Selection)或基于表面的命名选择集合(Named Selection),其属性如图 4-27 所示。

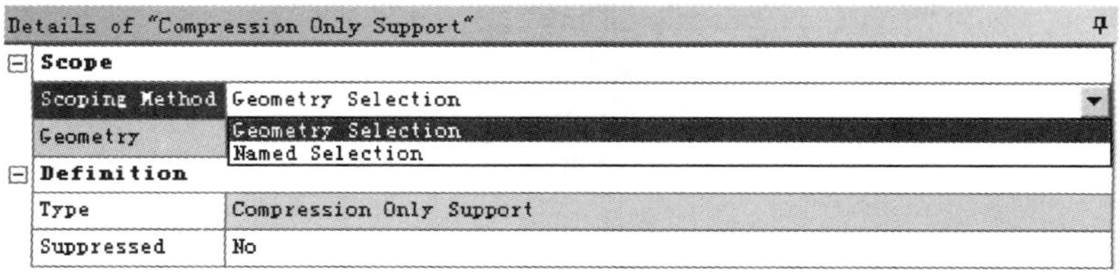

图 4-27　仅受压表面边界条件

(6) Cylindrical Support

Cylindrical Support 即圆柱面位移边界条件,可以用于固定圆柱面的径向、轴向及切向三个位移分量中的一个、两个或三个,其作用范围可以选择几何模型中的面(Geometry Selection)或基于表面的命名选择集合(Named Selection)。注意此边界条件只能施加到圆柱面上,其属性如图 4-28 所示。

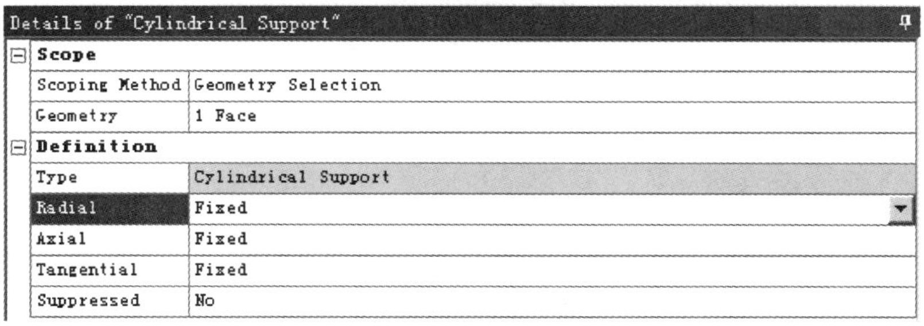

图 4-28　圆柱面位移边界条件

(7) Elastic Support

Elastic Support 即弹性表面边界条件,可用于模拟弹性地基。Elastic Support 的属性如图 4-29 所示,其作用范围可以选择几何模型中的面(Geometry Selection)或基于表面的命名选择集合(Named Selection),还需要为其指定 Foundation Stiffness(基床刚度),其物理意义为单位面积上的刚度,在国际单位制中基床刚度的单位为 N/m^3。

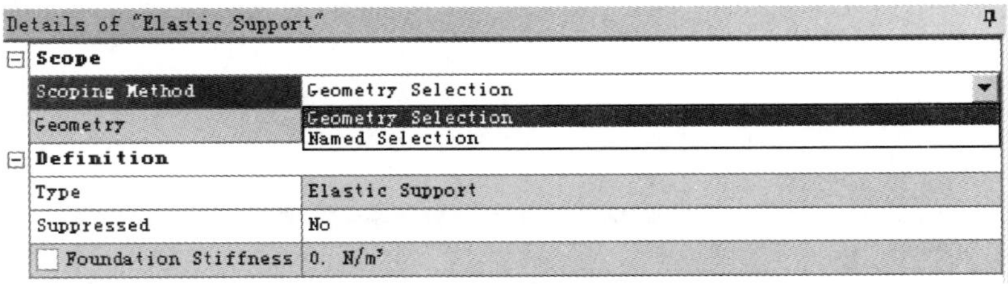

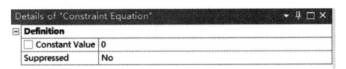

图 4-29　弹性表面边界条件

(8)Constraint Equation

Constraint Equation 即自由度约束方程,可通过 Static Structural 分支右键菜单 Insert→Constraint Equation 添加到 Project 树中,其 Details 设置如图 4-30 所示,其中 Constant Value 为约束方程的常数项。

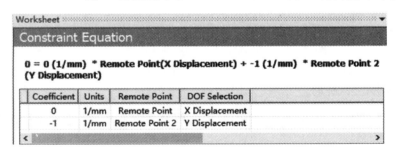

图 4-30　约束方程的 Details

选择添加的 Constraint Equation 分支后,右侧切换至 Worksheet 视图。在 Worksheet 中通过鼠标右键 Add 来添加行,每一行选择一个 Remote Point 以及此远程点的一个自由度方向,比如设置 Remote Point 的 X 自由度等于 Remote Point 2 的 Y 自由度,如图 4-31 所示。

图 4-31　约束方程的定义

4.2.2　结构分析的载荷类型

载荷的施加也需要符合结构的实际受力状况。在 Mechanical 中可以施加的载荷类型,从作用对象来看,可以分为两大类,即施加于几何对象(点、线、面、体)上的载荷类型以及施加于有限元模型(节点、单元)上的载荷类型。下面对这些载荷类型进行介绍。

1. 施加于几何对象上的载荷类型

Mechanical 中可以施加于几何模型上的载荷类型及其特性描述见表 4-3,这些载荷类型均可通过 Project 树 Static Structural 分支的右键菜单 Insert 施加。载荷按照作用位置来看,

Acceleration、Standard Earth Gravity、Rotational Velocity 是作用在体积上的荷载，属于体积力；Pressure、Hydrostatic Pressure 为作用在表面上的分布荷载，Line Pressure 为施加在线体（梁）上的分布荷载；Bearing Load、Bolt Pretension 只能作用于螺栓杆的圆柱表面；Force、Remote Force、Moment 可以施加到 Beam 或 Shell 单元的节点上作为集中荷载，也可作为分布力的合力施加到面上或边上。

表 4-3 施加于几何对象上的载荷类型

载荷类型名称	载 荷 特 性 描 述
Acceleration	通过加速度施加惯性力
Standard Earth Gravity	施加结构的重力（以重力加速度的形式）
Rotational Velocity	施加转动速度惯性荷载
Pressure	施加表面力，可以沿着表面法向，也可其他方向
Hydrostatic Pressure	施加静水压力（与液体深度成正比）
Force	施加力，可分配至线或面上
Remote Force	施加模型的体外力，可分配至线或面上
Bearing Load	施加螺栓或轴承荷载，不接触的一侧不受力
Bolt Pretension	施加螺栓预紧力
Moment	施加力矩荷载，可作用于面、边、点上
Line Pressure	在线上施加分布荷载，其单位为力/长度

下面简单介绍常用载荷类型及其相关的属性参数。

(1) Acceleration

这一载荷类型用于施加加速度，可通过向量方式或分量方式指定。图 4-32 所示为通过分量（Define By Components）方法来指定，X、Y、Z 各加速度分量右端的三角形箭头弹出的菜单中可选择定义方式。常用载荷定义方式有 Constant（常量、缺省值）、Tabular（表格形式）、Function（函数形式）。在函数形式加载前，通过 Units 菜单选择角度单位是 Radians（弧度）或 Degrees（角度），函数表达式中时间变量为 time。注意加速度方向与惯性力方向相反，因此施加 X 轴正向的加速度将导致 X 轴负向的惯性力作用。

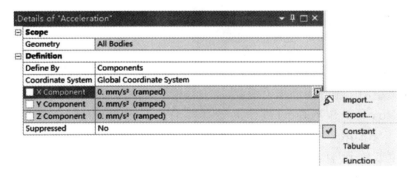

图 4-32 分量方式施加加速度

(2) Standard Earth Gravity

这一载荷类型用于施加标准地球重力载荷，重力加速度的数值无需指定，程序根据选择的单位制自动计算,比如在 kg-mm-s 单位制下,重力加速度的数值自动计算为 9806.6 mm/s²,重力加速度方向缺省为－Z Direction,即沿 Z 轴负方向,如图 4-33 所示。可以根据实际情况在列表中选择重力方向,要注意重力方向与实际受力方向一致,而不是像一般的加速度那样与惯性力方向相反。

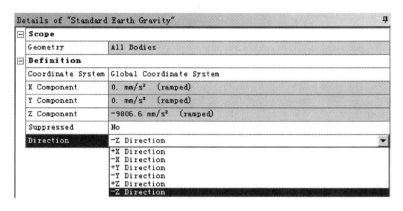

图 4-33　标准地球重力

(3) Rotational Velocity

这一载荷类型用于施加转速,是惯性载荷的一种。可以按向量方式或分量方式来定义转动速度,如采用向量方式,需要选择 Axis 并输入合转速;如采用分量方式,则需要指定各分量的值。转速载荷类型的 Details 属性如图 4-34 所示,可以作用在几何对象上或命名集合上。在 Mechanical 界面右下角的单位工具栏,可单击鼠标左键或右键,打开单位设置菜单,在其中选择转速的单位为 rad/s 或 RPM,如图 4-35 所示。

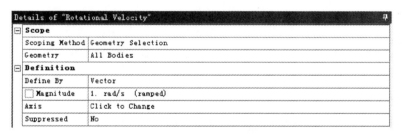 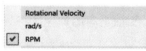

图 4-34　施加旋转速度　　　　　　　　图 4-35　转速的单位选择

(4) Pressure

这一载荷类型用于施加表面压力荷载,压力载荷的属性列表如图 4-36 所示。压力可作用于几何对象(Geometry Selection)或命名选择集合(Named Selection)上,可通过 Vector、Component 或 Normal to 三种方式施加。选择 Vector、Component 方式时,可以定义与作用表面成任意角度或甚至与所施加的表面相平行的表面力,如图 4-37 所示。

(5) Hydrostatic Pressure

这一载荷类型用于施加静压液体荷载,可以作用于几何对象(Geometry Selection)或命名选择集合(Named Selection)上,其 Details 属性如图 4-38(a)所示,需要定义液体的密度、重力加速度以及自由液面位置坐标。图 4-38(b)所示为按照等值线显示的静水压力载荷在所施加

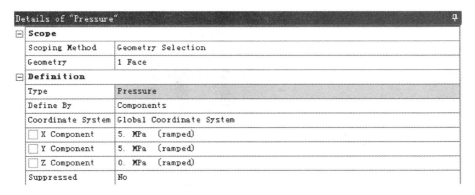

图 4-36　施加 Pressure

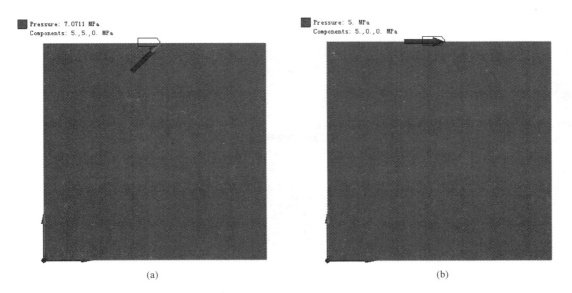

图 4-37　与表面成角度或平行的 Pressure 表面力

表面的分布。

(6) Force

这一载荷类型用于施加力,可以是集中力,也可以是分布力的合力,单位为 N,Force 的属性如图 4-39 所示。Force 可以作用于几何对象(Geometry Selection)或命名选择集合(Named Selection)上,可通过向量方式或分量方式来定义。被定义到几何模型的线或面上时,Mechanical 会自动进行分配。通过向量方式定义 Force 时,需要指定其施加的方向和合力;如果采用分量方式,需要在 Details 中的 Coordinate System 选项中指定一个局部坐标系。

(7) Remote Force

这一载荷类型用于施加远程力,作用点可以在结构上,也可以在结构以外。Remote Force 的属性如图 4-40 所示,可作用于几何对象(Geometry Selection)或命名选择集合(Named Selection)上,其实质是在作用范围与远程点之间建立约束方程。X、Y、Z Coordinate 即远程点的坐标。可以通过分量方式(Component)或向量方式(Vector)定义。Behavior 为行为选项,可选择 Deformable 或 Rigid。Pinball Region 选项用于指定约束方程影响范围,缺省为 All,可

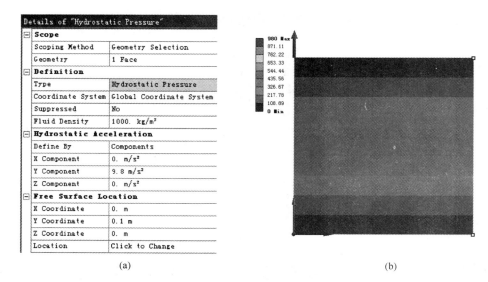

图 4-38 施加静水压力

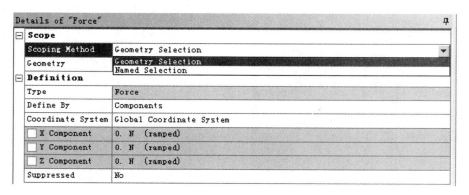

图 4-39 Force 属性

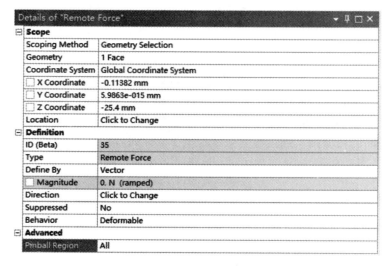

图 4-40 Remote Force 属性

指定一个形成有关约束方程的半径范围，在此范围以外不形成约束方程。

远程荷载施加后可以显示其作用点和作用范围，计算后还可以显示其实际形成的约束方程，如图 4-41 所示。

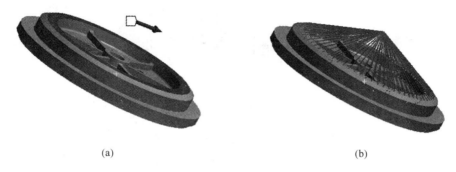

(a)　　(b)

图 4-41　Remote Force 及其约束方程

(8)Bearing Load

这一载荷类型用于施加轴承荷载，其属性如图 4-42 所示，可作用于几何对象(Geometry Selection)或命名选择集合(Named Selection)上。轴承荷载的受力特点是仅作用于轴承与轴发生接触的一侧表面，而另一侧则不受力。轴承荷载可通过向量或分量方式定义，且仅能作用于圆柱面上。

Details of "Bearing Load"

Scope	
Scoping Method	Geometry Selection Geometry Selection Named Selection
Geometry	
Definition	
Type	Bearing Load
Define By	Components
Coordinate System	Global Coordinate System
X Component	1. N
Y Component	1. N
Z Component	0. N
Suppressed	No

图 4-42　施加轴承荷载

(9)Bolt Pretension

这一载荷类型用于施加螺栓预紧荷载，其属性如图 4-43(a)所示，可作用于几何对象(Geometry Selection)或命名选择集合(Named Selection)上。可以施加到螺栓面上或简化的螺栓轴线梁上，Define By 选项用于选择施加预紧载荷(Load)或预紧位移(Adjustment)。如图 4-43(b)所示，施加螺栓预紧力通常通过两个载荷步来实现，在第一个载荷步加载(Load)，在后续的载荷步锁定(Lock)的同时施加其他荷载。

(10)Moment

这一载荷类型用于施加力矩，其属性如图 4-44(a)所示，可作用于几何对象(Geometry Selection)或命名选择集合(Named Selection)上。可以通过向量或分量方式来指定力矩。施加力矩后，在模型中能显示力矩方向的标志箭头，如图 4-44(b)所示。此外，由于力矩荷载实

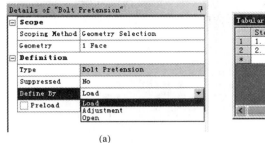
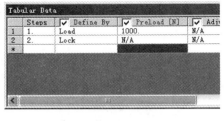

(a)　　　　　　　　　　　　　　(b)

图 4-43　施加螺栓预紧力

质上也是一种远程荷载,需要形成约束方程,因此还需要指定其 Behavior 为 Deformable 还是 Rigid。Advanced 下的 Pinball Region 选项可指定一个形成有关约束方程的半径范围。

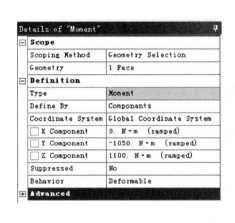
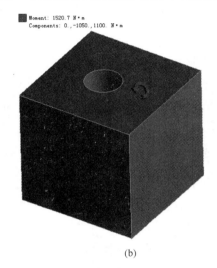

(a)　　　　　　　　　　　　　　(b)

图 4-44　施加力矩

(11) Line Pressure

这一载荷类型用于施加线上的分布荷载,其 Details 属性如图 4-45(a)所示。Line Pressure 的单位为力/长度,因此作用对象是线段或由线段组成的 Named Selection。Line Pressure 可以通过向量或分量方式指定,施加后显示方向箭头,图 4-45(b)所示为施加在框架横梁上的线压力。

2. 施加于有限元模型上的载荷及约束类型

在 Mechanical 的 Environment 工具栏的载荷工具列表中有一类 Direct FE 荷载,可以施加到有限元模型的节点上,相关载荷类型及其特性见表 4-4,其中实际上也包括一些自由度约束类型,但是其共同特点是作用于节点上。下面对这些载荷及约束类型进行介绍。

(1) Nodal Orientation

Nodal Orientation 是 Direct FE 列表中的一个项目,与加载有关但它并不是一种荷载,作用是改变所选择节点 Named Selection 的节点坐标系方向,Coordinate System 选项用于指定局部坐标系,此坐标系将作为节点坐标系。Nodal Orientation 的 Details 属性如图 4-46 所示。

第 4 章 结构静力学分析

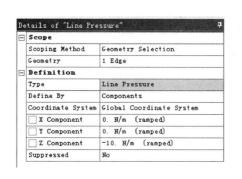 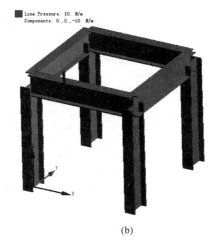

(a) (b)

图 4-45 施加梁的均布荷载

表 4-4 Mechanical 中的常用载荷类型

载荷类型名称	载荷特性描述
Nodal Orientation	改变节点坐标系方向
Nodal Force	节点力
Nodal Pressure	加节点压力
Nodal Displacement	节点线位移
Nodal Rotation	节点转角

图 4-46 Nodal Orientation 属性

(2) Nodal Force

Nodal Force 是一种 Direct FE 荷载类型,用于在节点上施加力,其 Details 属性如图 4-47 所示。Nodal Force 只能作用于节点 Named Selection 上,一般通过分量方式(Component)指定,载荷作用的方向是在节点坐标系的方向,而节点坐标系的缺省方向对于 SOLID 单元来说一般是总体坐标方向,可通过 Nodal Orientation 改变节点坐标系的方向。Divide Load by Nodes 选项用于指定是否进行节点平均,设为 Yes 时所有作用对象范围的节点将均分施加的总荷载;设为 No 时,每一个节点均承受指定的荷载值。

(3) Nodal Pressure

Nodal Pressure 是一种 Direct FE 荷载类型,用于施加节点压力,其 Details 属性如图 4-48 所示。Nodal Pressure 仅能垂直作用于节点的 Named Selection 上,压力数值(Magnitude)可以是常数、Tabular 或者 Function。

Details of "Nodal Force"

Scope	
Scoping Method	Named Selection
Named Selection	
Definition	
ID (Beta)	36
Type	Force
Coordinate System	Nodal Coordinate System
X Component	0. N (ramped)
Y Component	0. N (ramped)
Z Component	0. N (ramped)
Divide Load by Nodes	Yes
Suppressed	No

图 4-47 Nodal Force 属性

Details of "Nodal Pressure"

Scope	
Scoping Method	Named Selection
Named Selection	
Definition	
ID (Beta)	37
Type	Pressure
Define By	Normal To
Magnitude	0. MPa (ramped)
Suppressed	No

图 4-48 Nodal Pressure 属性

(4)Nodal Displacement

Nodal Displacement 是一种 Direct FE 荷载类型，用于向节点施加位移约束，其 Details 属性如图 4-49 所示。Nodal Displacement 仅能作用于节点的 Named Selection 上，可以分别设置三个方向的位移，这些位移可以是 0，也可以是非 0 的常数、Tabular 或 Function。

Details of "Nodal Displacement"

Scope	
Scoping Method	Named Selection
Named Selection	
Definition	
ID (Beta)	38
Type	Displacement
Coordinate System	Nodal Coordinate System
X Component	Free
Y Component	Free
Z Component	Free
Suppressed	No

图 4-49 Nodal Displacement 的 Details 选项

(5)Nodal Rotation

Nodal Rotation 属于 Direct FE 荷载类型列表，用于施加节点转角位移约束，仅能作用于具有转动自由度的节点组成的 Named Selection 上。Nodal Rotation 的 Details 如图 4-50 所示，可以分别设置三个方向的转角是 Fixed 还是 Free。

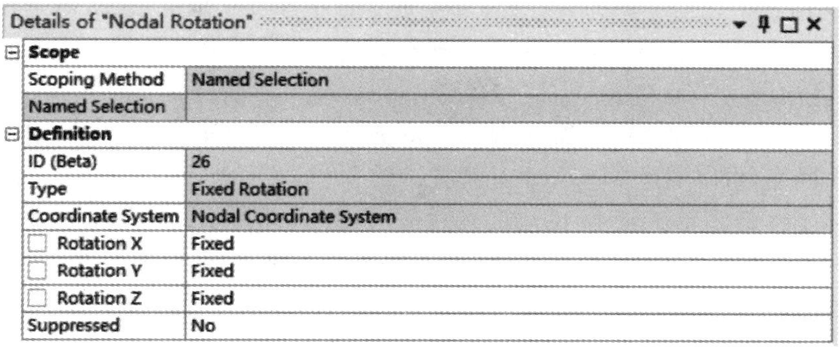

第 4 章 结构静力学分析

图 4-50 Nodal Rotation 的 Details 选项

4.2.3 加载方法与注意事项

本节在前面介绍相关边界条件类型和载荷类型的基础上，介绍施加边界条件和载荷的实用方法和要点。

1. 载荷步与载荷历程

加载与分析过程的载荷步设置相关，指定载荷—时间历程时要结合载荷步的设置。

一般可以把每一个载荷变化的起点设置为载荷步的起点，变化至目标值后结束此载荷步。对于静力分析来说，在一个载荷步的范围内，载荷通常是两种情况：一种是保持不变直至载荷步结束，另一种是线性渐变至载荷步结束。实际上，前面一种情况是后面一种情况的特例。

对于横跨多个载荷步的载荷，可以在 Graph 或 Tabular Data 中选择某个载荷步，然后在鼠标右键菜单选择 Activate/Deactivate at this step 可以在当前载荷步中激活或使其失效，如图 4-51 所示。这种载荷处理方式通常用于动力分析中，因为载荷的突然施加和卸载都会引起显著的动力效应。

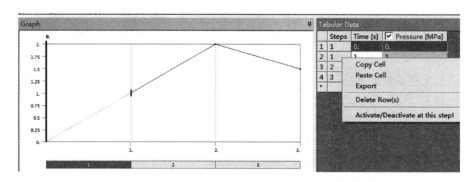

图 4-51 Activate/Deactivate at this step 选项

2. 关于节点坐标系

节点坐标系是很多初学者容易忽视的重要概念。

在 ANSYS 结构分析中，有限元模型的每个节点都有一个被称为节点坐标系的固有属性，并可以根据需要将节点坐标系转换至需要的任意局部坐标系的方向。那么为什么相当多的 Workbench 结构分析用户没听说过这个概念呢？这可能是因为在 Mechanical 组件中进行前处理时经常采用基于几何对象的直观操作,几乎不直接涉及有限元模型,但是在前面介绍的 Direct FE 载荷类型中,施加时必须注意节点坐标系的问题。

(1)斜支座问题

如图 4-52 所示,梁的右端节点需要施加 135°方向的倾斜支座以及 45°方向的力。

对于这个问题,可以通过 Mechanical 组件中的 Nodal Orientation 来实现,其方法是:定义一个相对总体坐标绕 Z 轴旋转 45°的局部坐标系,如图 4-53 所示。然后把右端节点坐标系定位到局部坐标系。这样,对于右端节点,45°和 135°方向分别对应 X 和 Y 方向,然后施加 Y 方向节点位移和 X 方向节点力即可。

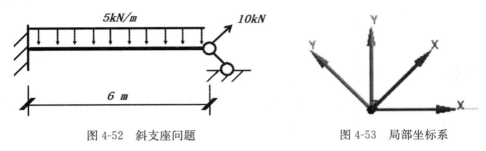

图 4-52　斜支座问题　　　　　图 4-53　局部坐标系

(2)圆柱面约束问题的内部处理方式

在 Mechanical 中的 Cylindrical 边界条件,可以约束圆柱面的径向、轴向以及切向的任意一个、两个或三个方向,如图 4-54 所示。

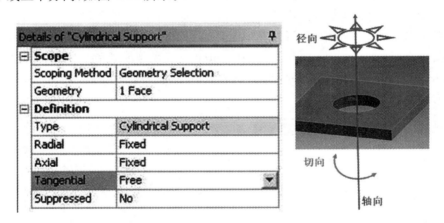

图 4-54　圆柱面约束

Cylindrical 边界条件表面上是针对圆柱面的,但在实际上,ANSYS 内部自动定义了局部的柱坐标系,并且把圆柱面的节点都转换到了圆柱坐标系方向。此外,施加于圆柱面的 Frictionless Support 也涉及约束圆柱面任意一点的径向,内部实际上也涉及了节点坐标转换的问题。

(3)非零圆柱面位移

利用 Cylindrical 边界条件可以对圆柱面施加局部坐标方向的位移约束,但如果需要施加非零的强制位移,比如在圆柱面上施加一个径向的位移,那么就无法直接利用 Cylindrical Support,而需要用户自行定义并转换节点坐标系。

图4-55所示为一个圆筒,其内、外直径分别为0.8 m和1.0 m,轴向长度2.0 m,如何在圆柱的外表面施加一个径向的压缩位移5 mm呢?

实现的方法如下:

第一步,建立一个与圆柱体同轴的局部的圆柱坐标系。

第二步,选择外表面形成Named Selection。

第三步,添加新的Named Selection并选择Worksheet方式,通过Convert方法将表面集合转换为节点集合。

图4-55 圆筒模型

第四步,对外表面节点组成的Named Selection施加Nodal Orientation,转换节点坐标至第一步定义的局部柱坐标系。

第五步,对外表面节点Named Selection施加Nodal Displacement,并在X方向上指定具体的位移约束即可。

3. 表格、函数方式加载

作为多个载荷步定义载荷历程方式的一种替代做法,可以使用Tabular(表)或Function(函数)的方式来加载,而Function在求解器的内部本质上也是以Tabular的方式施加。这种处理方法实际上是采用了单个载荷步,通过细分子步来捕捉载荷—"时间"历程。

(1) 表格加载方式

通过表格加载只需要1个载荷步,通过表格数组方式定义载荷的变化历程。在荷载的Details属性中有一个Magnitude选项,可以选择Constant(常数)、Tabular(表格)及Function(函数)等几种类型,如图4-56所示。采用表格加载时,应首先选择Magnitude选项为Tabular,然后根据载荷的数值变化过程依次在Mechanical界面右侧的Tabular Data视图中填写"时间"(Time)和对应的载荷数值,如图4-57所示的Pressure表格。

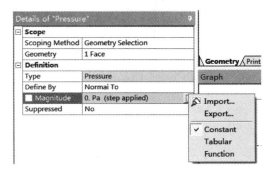

图4-56 载荷数值选项

载荷定义完成后,在Graph面板中能看到求解过程仅包含1个载荷步,并没有被分割为多个阶段。

(2) 函数加载方式

函数加载方式多用于瞬态分析,需要已知载荷关于时间变化的函数表达式。采用这种方式加载时,也是采用一个载荷步,荷载的Magnitude选项设置为Function,输入时间历程函数。在表达式中,时间变量为time,需要注意三角函数中自变量为角度。图4-58所示为一个简谐变化的瞬态载荷实例,频率为1 Hz,在Details中设置了函数表达式,如图4-58(a)所示,在Graph区域显示载荷时间历程曲线,如图4-58(b)所示。

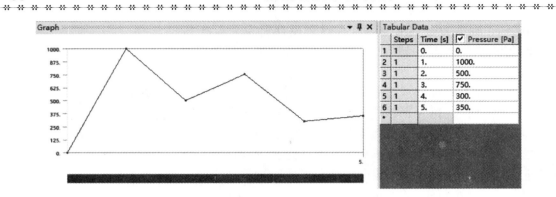

图 4-57 Tabular 形式的荷载历程

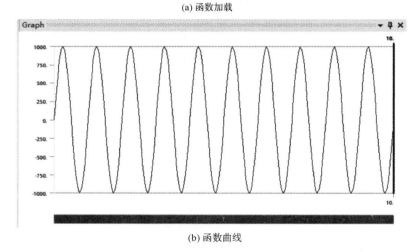

(a) 函数加载

(b) 函数曲线

图 4-58 瞬态时间函数载荷的定义实例

函数的加载方式除了随时间变化，还可以随位置变化，这给分布荷载的定义提供了方法。如图 4-59 所示，选择 Function 作为 Pressure 载荷定义方式，在 Magnitude 后面输入线性变化的载荷 $F=0.02*z$（z 为坐标），如图 4-60 所示，施加得到按线性方程变化的载荷。

在施加了上述压力载荷之后，在加载表面的压力分布等值线显示情况如图 4-61 所示。荷载随坐标变化的线性函数曲线显示在 Graph 区域，如图 4-62 所示。

第4章 结构静力学分析

Definition	
ID (Beta)	33
Type	Pressure
Define By	Normal To
Magnitude	= 0.0
Suppressed	No
Function	
Unit System	Metric (mm, kg, N, s, mV, mA)
Angular Measure	Degrees
Graph Controls	
Number Of Segments	200.

弹出菜单:
- Import...
- Export...
- Constant
- Tabular
- ✓ Function

图 4-59　选择载荷定义方式

Details of "Pressure"	
Scope	
Scoping Method	Geometry Selection
Geometry	1 Face
Definition	
Type	Pressure
Define By	Normal To
Magnitude	= 0.02*z
Suppressed	No
Function	
Unit System	Metric (mm, kg, N, s, mV, mA) Degrees rad/s Celsius
Angular Measure	Degrees
Coordinate System	Coordinate System

图 4-60　Pressure 的 Details 设置

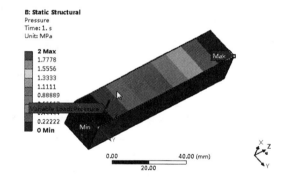

图 4-61　Functional Pressure 等值线分布图

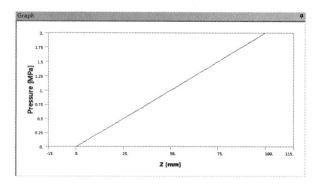

图 4-62　荷载坐标函数曲线图

4.3 求解以及后处理

本节介绍求解方法与一般性结果后处理操作,包括:结果项目类型、等值线图、矢量图、Probe(探针)、Chart(图表)、动画、路径、切片、工况组合等。

1. 求解方法

加载以及分析设置完成后,下面的任务是求解并对计算的结果进行后处理。可通过如下方式之一进行本地求解:

(1)通过 Mechanical 界面工具栏的"Solve"按钮,程序即调用 Mechanical Solver 进行求解,这是最为常用的求解方式。

(2)通过 Static Structural 分支鼠标右键菜单,选择"Solve",即可开始求解。

(3)通过 Solution 分支鼠标右键菜单,选择"Solve",即可开始求解。

(4)通过 Workbench 界面工具栏的"Update Project"按钮,即可求解此项目中包含的各个分析系统。

(5)在 Workbench Project Schematic 中,选择带求解分析系统的 Solution 单元格或 Results 单元格,鼠标右键菜单中选择"Update"即可求解,但此时不能计算 Mechanical 中 Solution 分支下插入的单元解项目,这些项目需要手动更新。

通过前 3 种方式求解的,Mechanical 求解过程中会弹出计算进度条,如图 4-63 所示,用户可以通过其中的 Interrupt Solution 按钮以打断求解进程,或者通过 Stop Solution 按钮来停止求解过程。

2. 后处理提供的结果类型

Mechanical 提供了丰富的结果后处理功能,可通过 Project 树的 Solution 分支鼠标右键菜单 Insert

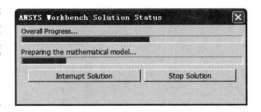

图 4-63 求解进度条

插入要查看的计算结果项目,如图 4-64 所示,其中凡是右侧有三角形箭头的项目,表示下面还有子项。在 Solution 分支下添加结果项目在计算之前或计算之后均可。

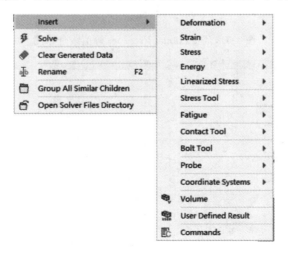

图 4-64 后处理查看项目

第 4 章 结构静力学分析

如果是在计算之前添加结果项目,可在求解的同时获取结果。如果是在求解结束后添加的计算结果,可在 Solution 分支的右键菜单中选择 Evaluate All Results,评估所有的结果,如图 4-65 所示。

用户需要注意加入的结果项目分支左侧的状态标志会有所变化。新添加的结果项目分支的标志为黄色闪电符号,表示有待计算或评估;求解过程中,Solution 分支下的结果项目分支状态图标均为绿色闪电,表示该项目正在计算评估中;求解成功后,这些结果分支的状态图标会变成绿色的对勾,表示相关结果已经计算完成;如果求解失败,则这些分支的状态图标将会变成红色的闪电标志。

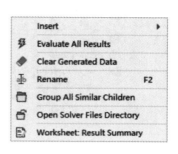

图 4-65 Solution 右键菜单

在 Mechanical 中,可用于后处理查看的常见结果项目类型及其意义见表 4-5。

表 4-5 Mechanical 后处理中可查看的结果项目

结果项目	包含子类型	意 义
Deformation	Total	总体变形
	Directional	方向变形,可以是 X、Y、Z 方向,可定义局部坐标系
Strain	Equivalent(Von-Mises)	Von-Mises 等效应变
	Maximum/Middle/Minimum Principal、Vector Principal	最大、中间、最小主应变,主应变向量
	Maximum Shear、Intensity	最大剪应力、应变强度
	Normal、Shear	正应变、剪应变
	Thermal、Equivalent Plastic、Equivalent Total	热应变、等效塑性应变、等效总应变
Stress	Equivalent(Von-Mises)	Von-Mises 等效应力
	Maximum/Middle/Minimum Principal、Vector Principal	最大、中间、最小主应变,主应变向量
	Maximum Shear、Intensity	最大剪应力、应力强度
	Normal、Shear	正应力、剪应力
	Membrane Stress、Bending Stress	薄膜应力、弯曲应力
Beam Results	Axial Force	梁轴力
	Bending Moment	梁弯矩
	Torsional Moment	梁扭矩
	Shear Force	梁剪力
	Shear-Moment Diagram	剪力—弯矩图

3. 等值线图、矢量图与动画显示结果

在后处理过程中,可对各类结果项目进行等值线图显示、向量图显示(仅用于向量结果)、动画显示等操作方法,以便全方位地展现和评价计算结果。下面对这些操作方法进行简单介绍。

(1)Contour 图

即采用等值线图的方式显示结果,可以是整个模型的等值线图,也可以是单个选择部位的等值线图。在工具条上有一系列等值线图的控制按钮,如图 4-66 所示。

图 4-66 中的按钮功能见表 4-6。

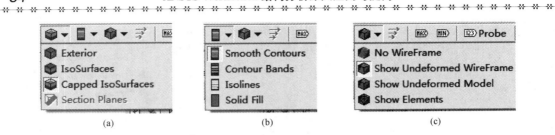

图 4-66　等值线图控制按钮

表 4-6　Contour 控制按钮功能

按 钮 名 称	按 钮 功 能
Exterior	表示只显示外部轮廓
ISOSurfaces	仅显示若干个等值面
Capped ISOSurfaces	不显示超过某一上限值或低于某一下限值的模型
Smooth Contour	绘制光滑过渡的等值线图
Contours Bands	绘制条带状的等值线图
Isolines	在模型上仅绘制若干条彩色的等值线
Solid Fill	模型实体填充不显示等值线
No WireFrame	在显示变形后的模型上直接显示等值线图
Show Undeformed WireFrame	在显示等值线图的同时显示变形前的结构外轮廓线
Show Undeformed Model	在显示等值线图的同时显示变形前的结构外轮廓实体（半透明显示）
Show Elements	在显示等值线图的同时显示变形的单元

其中，Capped ISOSurfaces 通过如图 4-67 所示的工具条来加以控制，X 出现在水平线上方表示超过右侧数值的部分不被显示，X 出现在水平线下方表示不超过右侧数值的部分不被显示，X 同时出现在水平线上下两侧，则仅绘制右侧数值等值面。

图 4-67　Capped ISOSurfaces 控制条

上述各种不同形式的等值线汇总列举如图 4-68 所示。

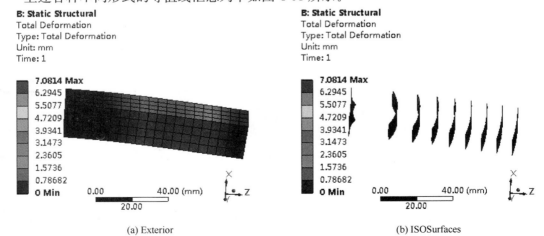

(a) Exterior　　　　　　　　　　　　(b) ISOSurfaces

图　4-68

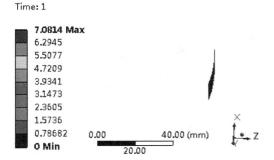
(c) Capped ISOSurfaces(显示X=5)

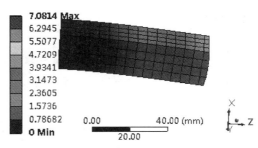
(d) Capped ISOSurfaces(显示X<5)

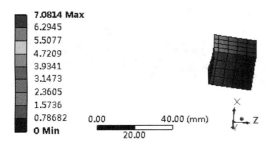
(e) Capped ISOSurfaces(显示X>5)

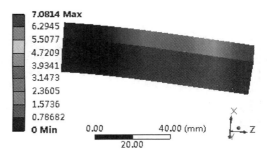
(f) Smooth Contour

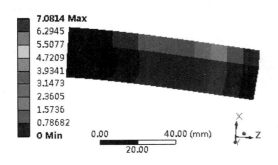
(g) Contours Bands

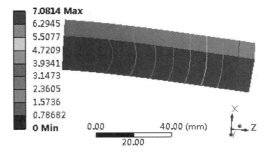
(h) Isolines

图 4-68

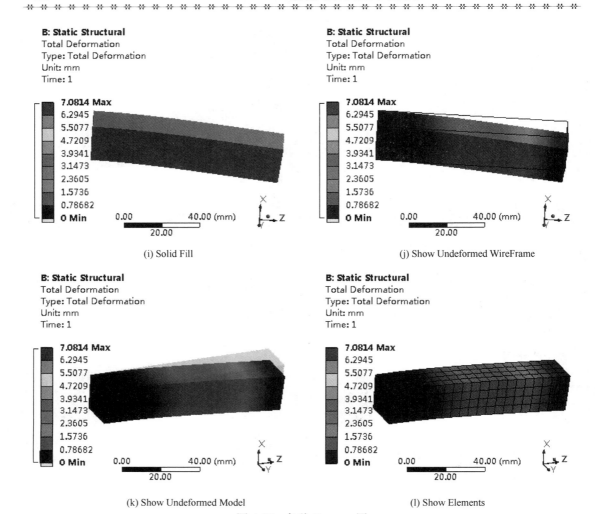

图 4-68　各种 Contour 图

等值线图的变形控制通过工具栏 Results 右侧下拉列表来选择，也可直接在文本框中输入变形的放大比例，如图 4-69 所示。

用户可以在等值线条带打开鼠标右键菜单，对等值线条带进行设置，比如：增加或减少等值线条带区间、改变条带标尺数据为科学计数显示、改变条带标尺数据为对数标尺、改变数据位数（Digit）。此外，可以通过 Independent Bands 实现低于某个下限（Bottom）或高于某一上限（Top）的部分中性色显示；通过 Top and Bottom 选项对低于下限值以及高于上限值的部分都用中性色显示。通常采用的中性色为当低于下限时显示为棕色，而当高于上限则显示为紫色。图 4-70 为此功能的图示。

图 4-69　变形的放大比例

（2）Vector 图

即向量图显示结果，必须应用于向量性质的结果（如位移、速度等），用带颜色的箭头显示向量结果，箭头的颜色或长短表示向量的大小。在工具栏上按下矢量图按钮时，下方出现如图 4-71 所示的矢量图控制条。图 4-72 为两种不同显示风格位移的矢量图。

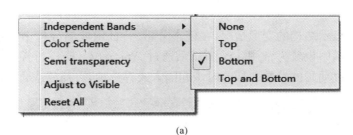

(a)

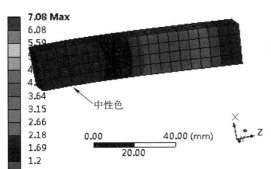

(b) 下限外的显示

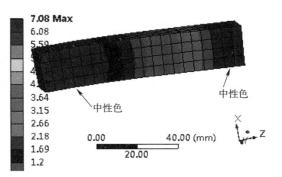

(c) 上下限以外的显示

图 4-70　Independent Bands 功能

图 4-71　矢量图控制条

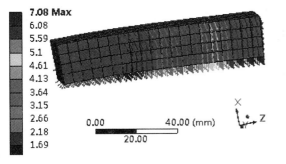

(a) 平面箭头矢量图

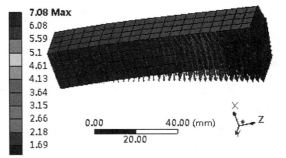

(b) 立体箭头矢量图

图 4-72　矢量图

（3）Animation

通过动画方式显示结构的变形情况，在模态分析、特征值屈曲分析中使用较多，在瞬态过程或非线性过程显示中也较为常用。动画显示通过 Animation 条进行控制，如图 4-73 所示。基于此控制条可设置动画的帧数、时间、时步间隔方式等选项，可播放或暂停动画。

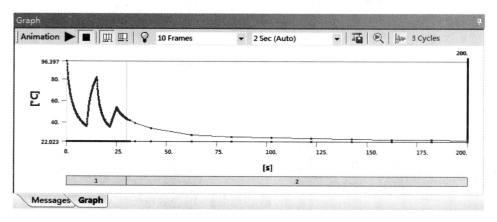

图 4-73　动画控制条

4. Probe

Probe 即结果探针，可以通过 Solution 分支的右键菜单插入，如图 4-74 所示。Probes 采用曲线图以及数据表格方式显示相关结果量随时间的变化过程。

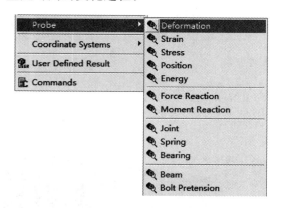

图 4-74　插入 Probe

结构分析可用的 Probe 类型及其简单说明见表 4-7。

如图 4-75(a)所示，当模型中添加了文本注释或计算项目结果的 Probe 标识后，Graphics Annotation 窗口才会出现，如图 4-75(b)所示。

表 4-7　结构分析可用的 Probe 类型

Probe 类型	输出参数或分量
Deformation	各方向的变形量
Strain	应变
Stress	应力
Position	位置
Velocity	各方向的速度
Angular Velocity	各方向的角速度
Acceleration	各方向的加速度
Angular Acceleration	各方向的角加速度
Energy	各种能量，如变形体的动能和弹性变形能
Force Reaction	各方向的支反力
Moment Reaction	各方向的支反力矩
Joint	Joint 力、力矩、相对位移转动等
Response PSD	各方向的位移、应变、应力、速度、加速度
Spring	弹性力、阻尼力、伸长量
Bearing	弹性力、阻尼力、相对伸长(缩短)量以及相对伸长(缩短)速率
Beam	Beam 的各内力分量
Bolt Pretension	调整量或预紧力

(a)

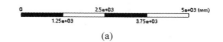

(b)

图 4-75　Probe 标识与 Graphics Annotation 窗口

5. Charts

Charts 用来显示多个变量随时间的变化曲线，或显示一个结果相对于另一个结果变化的关系曲线。要使用 Chart，在界面顶部 Home 或 Solution 工具栏中选择 Chart 按钮 ，在 Project 树中添加 Chart 分支，在 Chart 分支的 Details 中通过 Outline Selection 指定一个或多个结果对象，然后 Apply 即可。通过 Chart 功能，Graph 和 Tabular Data 窗口可用于显示荷载和结果的时间历程曲线，或者显示一个结果变量关于其他结果变量的曲线。图 4-76 所示为瞬态热分析中用 Chart 显示结构中三个不同位置的温度—时间曲线。

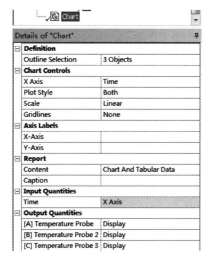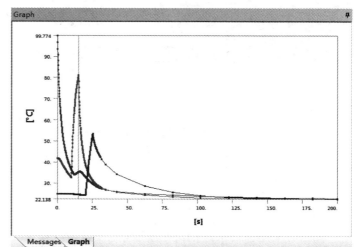

图 4-76　Chart 设置及显示

6. 路径与切片显示结果

在 Model 分支的右键菜单中，可选择 Insert→Construction Geometry→Path 或 Surface，添加路径（Path）或切片（Surface）对象，如图 4-77 所示。

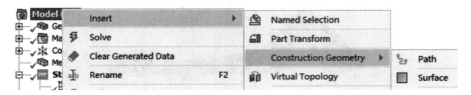

图 4-77　添加路径或切片

(1) 路径

路径操作包括定义路径、添加路径结果以及查看路径结果。

① 定义路径

使用路径查看结果之前，首先要建立路径。在 Model 右键菜单中选择 Insert→Construction Geometry→Path，可在 Mechanical 的 Outline 树上建立 Construction Geometry 以及 Path 分支。在 Path 分支的 Details，分别在 Start 和 End 选项中指定 location，通常采用选择点的方式，即可建立 Path，图 4-78 所示的点 1 到点 2 就是一条定义的路径。

② 添加路径结果

下面可以在 Solution 分支下添加分析结果，比如 Shear Stress 结果，在其 Details 设置中选择 Scoping Method 为 Path，如图 4-79 所示，并在 Path 中选择前面建立的 Surface 对象。

图 4-78　定义路径

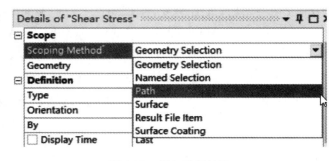

图 4-79　添加路径结果

③ 观察路径结果

添加结果对象后求解或评估结果，即可观察路径结果等值线，如图 4-80 所示。还可以在 Graph 中观察沿着路径的结果分布曲线并在 Tabular 中显示表格，如图 4-81 所示。

(2) 切片

切片的操作与路径相似，下面对显示切片结果的方法进行介绍。

① 定义切片

使用切片查看结果之前，首先要建立切片，在 Model 右键菜单中选择 Insert→Construction Geometry→Surface，可在 Mechanical 的 Outline 树上建立 Construction Geometry 以及 Surface 分支。在默认情况下，形成的 Surface 与总体坐标系的 XY 平面重合，如图 4-82 所示。

为了显示特定方位截面的结果，需要首先定义局部坐标系，并通过坐标系的平移、旋转、轴互换等 Transform 功能将坐标轴定位到合适的方向，这些工具如图 4-83 所示。

定义好局部坐标系之后，选择 Surface 分支，在其 Details 中将其坐标系改为上面创建的局

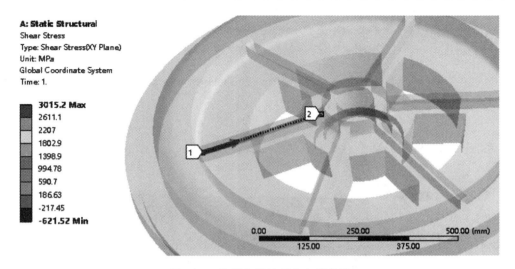

图 4-80　路径上的结果分布等值线

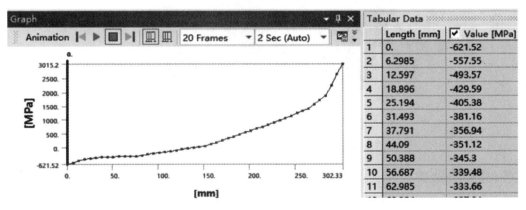

图 4-81　路径结果曲线与表格

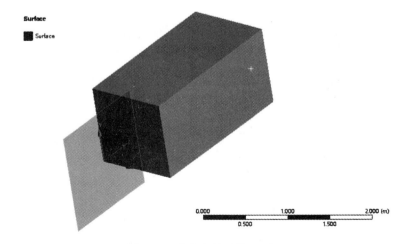

图 4-82　缺省条件下的 Surface

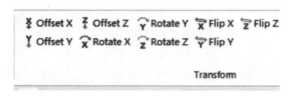

图 4-83 坐标变换

部坐标系，使 Surface 与局部坐标系的 *XY* 平面重合，如图 4-84 所示。

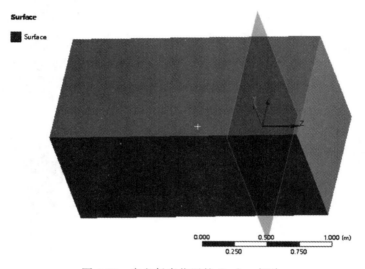

图 4-84 定义任意位置的 Surface 切片

②添加切片结果

定义切片后，即可在 Solution 分支下添加分析结果。图 4-85 所示为基于定义的 Surface 添加 Shear Stress 结果，在其 Details 设置中选择 Scoping Method 为 Surface，并在 Surface 中选择前面建立的 Surface 对象。

Details of "Shear Stress"	
Scope	
Scoping Method	Surface
Surface	Surface
Geometry	All Bodies
Definition	
Type	Shear Stress
Orientation	YZ Plane
By	Time
Display Time	Last
Coordinate System	Global Coordinate System
Calculate Time History	Yes
Suppressed	No

图 4-85 添加 Surface 结果

对于添加的切片结果项目，求解或评估后，即可得到在切片上结果，图 4-86 所示为切片上的剪应力结果等值线图。此处要注意，显示的是 Global Coordinate System 下的 *YZ* 面内的剪应力结果。

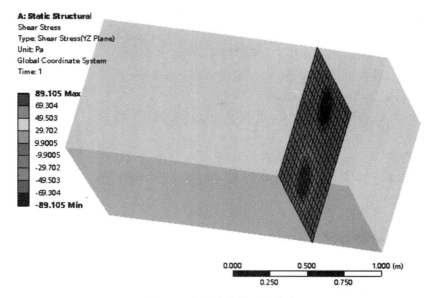

图 4-86　切片应力结果等值线

7. 多工况的组合

工况组合的前提是结构的响应是线性的。要实现多个工况的组合求解，需要在 Project Schematic 中复制分析系统，其方法是选择要复制系统的 Setup 单元格，在右键菜单中选择 Duplicate，如图 4-87 所示，形成如图 4-88 所示的多个共享 Model 以上单元格数据的分析系统。

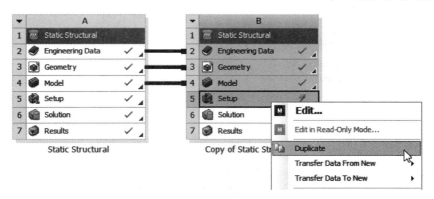

图 4-87　复制系统 Model 以上的部分

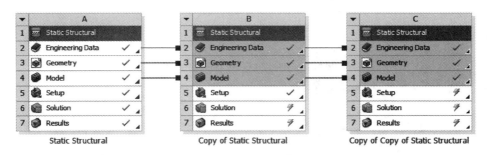

图 4-88　多工况组合的计算系统

上述流程中，双击任意一个 Setup 单元格，打开 Mechanical 界面，在 Project 树中选择 Model 分支，在其右键菜单中选择 Insert→Solution Combination，在 Project 树中添加 Solution Combination 分支，并在 Solution Combination 分支下添加用于组合的结果项目，比如 Total Deformation，如图 4-89 所示。

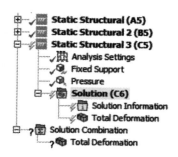

单击 Solution Combination 分支，进入 Worksheet 视图，如图 4-90 所示。

图 4-89 Solution Combination 分支及用于组合的结果项目

在工况组合的 Worksheet 中，缺省条件下有一个组合，即 Combination 1。为了计算组合的工况结果，需要添加工况，可通过 Worksheet 视图中的 Add Base Case 按钮来添加。如图 4-91 所示，在 Environment 中分别添加了 Static Structural 和 Static Structural 2 作为工况 1 和工况 2，在 Combination 1 所在的行分别指定组合系数为 1.2 和 1.4，将鼠标的光标放置在 Combination 1 上，可出现 1.2C+1.4D 字样。

图 4-90 工况组合的 Worksheet 视图

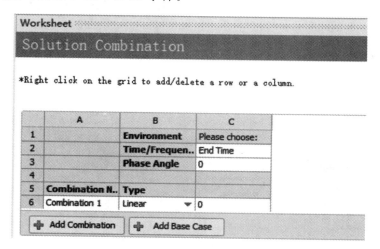

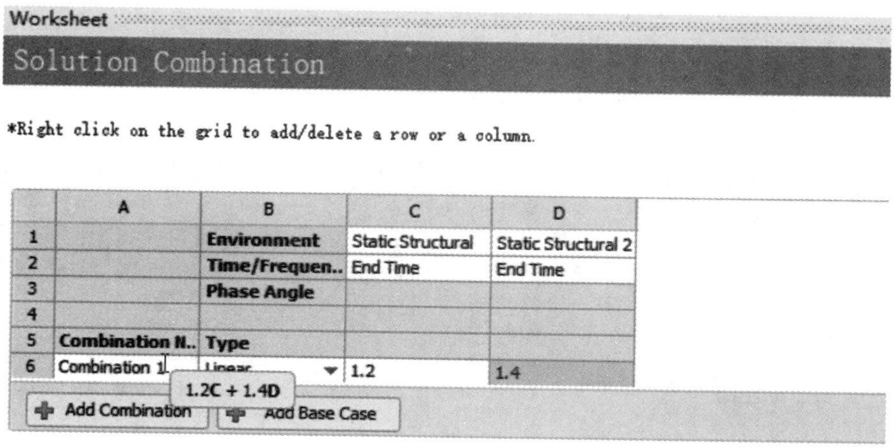

图 4-91 组合及其工况系数

如果要计算的组合多于 1 个,还可以通过 Add Combination 按钮添加组合,如图 4-92 所示的 Combination 2,鼠标光标提示信息显示,此组合为 1C+1D。

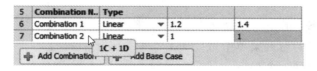

图 4-92　多个组合

如果要组合的工况多于 2 个,还可以指定更多工况,如图 4-93 所示,添加了 Static Structural 3 作为第三个参加组合的工况,并定义其组合系数为 1.3,鼠标光标放置于 Combination 1 上时,显示信息为 1.2C++1.4D+1.3E,其中 E 为 Static Structural 3 的结果。

图 4-93　三个工况的组合

4.4　应力奇异、收敛性与应力工具箱

本节讨论几个与应力计算有关的问题,依次为:应力奇异问题、收敛性工具和应力工具箱在强度验证方面的应用。

1. 应力奇异问题

应力奇异问题是由于模型简化引起的,常见原因包括模型中删除倒圆角面、在实体模型上施加点荷载或单点约束等。图 4-94(a)所示为缺少倒圆角,图 4-94(b)所示为实体上的点荷载。如果不加处理,当网格加密后,在这些位置的应力会趋于发散。

(a)　　　　　　　　　　　　　　　　(b)

图 4-94　应力奇异性举例

为了消除应力奇异现象，可以保留模型中的倒圆角等几何特征，将集中荷载作用改为分散到一定受力范围等方式。

2. 收敛性

在 Project 树的 Solution 分支下添加所需要提取的应力结果分支，在应力结果分支的右键菜单中选择 Insert→Convergence 工具，在应力分支下会出现一个 Convergence 分支，如图 4-95 所示。

图 4-95　添加 Convergence 工具

添加 Convergence 分支后，在其 Details 中设定收敛相对误差，如图 4-96 所示。在 Solution 分支的 Details 中设置最大循环加密次数（Max Refinement Loops），给出加密次数的上限次数，如图 4-97 所示。Refinement Depth 为加密深度选项，结构分析一般设置为 2。

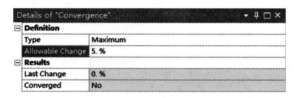

图 4-96　设置收敛容差

图 4-97　设置自适应网格加密选项

计算完成后，在 Worksheet 区域中可以看到 Convergence History 收敛过程曲线。通常随着加密迭代的进行，会出现如图 4-98 左侧所示的收敛趋势曲线。在选择使用收敛性工具时不要包含可能的应力奇异位置，否则会出现如图 4-98 右侧所示的发散曲线，即随着单元的加密，应力计算结果会越来越大，不能收敛。如果模型中有潜在的应力奇异位置，可以将其排除在应力计算结果以外，然后再应用 Convergence 工具；或者去除倒角应力奇异、加倒角消除奇异，也可得到收敛的解答。

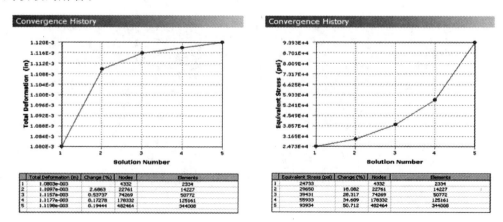

图 4-98　Convergence 工具的迭代过程

第 4 章　结构静力学分析

3. 应力工具箱

应力工具箱即 Stress Tool,可在 Solution 分支下通过右键菜单 Insert→Stress Tool 添加。应力工具箱实际上是基于几种不同强度理论来计算安全系数。

图 4-99 所示为添加的 Max Equivalent Stress 应力工具箱,在 Stress Tool 的 Details 中看到 Theory 为 Max Equivalent Stress,即 Von-Mises 屈服强度理论,采用受拉屈服点作为强度指标。在 Stress Tool 分支下包含了一个 Safety Factor 分支,用于计算所选择部件的安全因子,如图 4-100 所示。

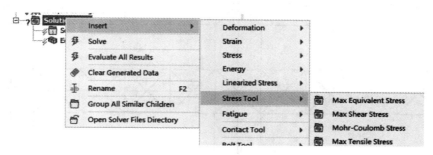

图 4-99　添加应力工具箱

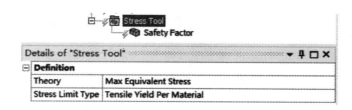

图 4-100　应力工具箱分支

除了 Max Equivalent Stress 理论外,还提供了 Max Shear Stress、Max Tensile Stress 以及 Mohr-Coulomb Stress 等强度理论,如图 4-101 所示。

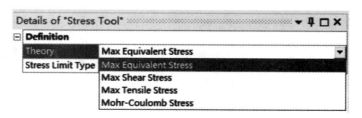

图 4-101　强度理论选项

4.5　静力分析案例:钢管桁架及其局部节点的受力分析

4.5.1　钢管桁架结构静力分析

1. 问题描述

某钢管桁架结构总长 27.5 m,总宽 12.5 m,主弦杆水平间距为 2.5 m,上、下弦杆高差为 2.2 m,桁架两端共设 12 根长度 1.5 m 的支撑立柱。整个结构由钢管焊接而成,其中主弦杆

截面尺寸为 $\phi500\times30$ mm，次弦杆及立柱截面尺寸为 $\phi325\times12$ mm，腹杆截面尺寸为 $\phi219\times10$ mm。该钢管桁架结构的平面如图 4-102 所示。

该钢管桁架结构基本载荷如下：抗震设防烈度为 6 度，基本地震加速度值为 $0.05g$，恒载 8 kN/m²，活载 3.0 kN/m²，风载荷 0.3 kN/m²，组合值系数 0.6，雪载荷 0.2 kN/m²，组合值系数 0.7。

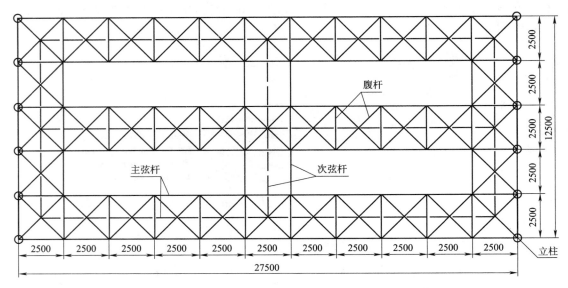

图 4-102　钢管桁架平面图（单位：mm）

2. 创建结构的几何模型

通过 SCDM 创建结构的几何模型，按照如下步骤进行操作：

(1) 启动 SCDM 并保存模型文件

通过系统开始菜单启动 SCDM，在 SCDM 中单击文件→保存，输入"Truss"作为文件名称，保存文件。

(2) 创建第一榀桁架的几何模型

按如下步骤进行操作：

①SCDM 启动时会自动激活至草图模式，且当前激活平面为 XZ 平面。依次单击主菜单中的设计→定向→▦图标或微型工具栏中的▦图标，也可直接单击字母"V"键，正视当前草图平面，如图 4-103 所示。

②单击主菜单中的设计→草图→●点工具，在坐标原点处单击创建第一个点。

③将鼠标移动至坐标原点，按住"Shift"键向右上方拖动鼠标，通过切换"Tab"键输入距坐标原点的距离，在距坐标原点（第一个点）X、Z 方向均为 1250 mm 的位置创建第二个点，类似地，在其他象限相等距离的位置创建第三个～第五个点，如图 4-104 所示。

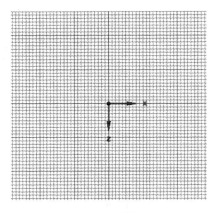

图 4-103　正视草图平面

④单击主菜单中设计→编辑→▣三维模式按钮或按快捷键"D"，进入三维模式；再次单击

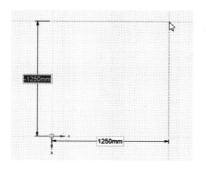 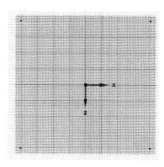

图 4-104　创建点

设计→编辑→移动工具 或按快捷键"M",选中先前创建的第一个点,向下(−Y 向)拖动 Y 向箭头,按空格键并输入移动距离 2200 mm,如图 4-105 所示。

图 4-105　移动第一个点

⑤单击主菜单中的设计→草图→ 线工具或按快捷键"L",单击设计→编辑→ 三维模式按钮或按快捷键"D",进入三维模式。分别依次单击第一个点与其他四个点,将其连接,创建斜腹杆草图;类似地,创建第二个～第五个点之间的水平杆草图,如图 4-106 所示。

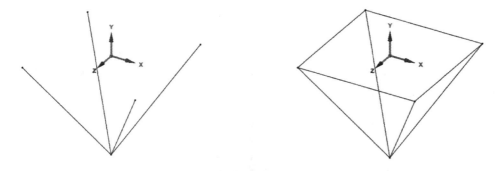

图 4-106　创建基本单元的 3D 草图

⑥调整视图以便于观察,单击主菜单中的设计→编辑→移动工具 或按快捷键"M",采用框选模式选中上一步创建的 8 条线,勾选窗口左侧选项面板下"创建阵列"前的复选框

☑ **创建阵列**,向右(+X 向)拖动 X 向箭头,通过切换"Tab"键分别输入阵列数量为 11,阵列间隔为 2500 mm,单击空白区域完成阵列操作,如图 4-107 所示。

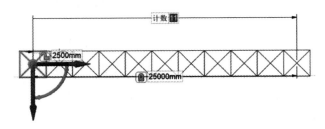

图 4-107　创建基本单元阵列

⑦单击主菜单中的设计→草图→线工具或按快捷键"L",单击设计→编辑→三维模式按钮或按快捷键"D",进入三维模式。分别单击−2200 mm 平面上最左侧点与最右侧点,将其连接,完成下主弦杆草图的创建,如图 4-108 所示。

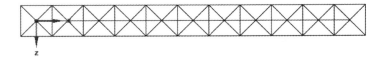

图 4-108　创建下主弦杆草图

⑧利用框选模式选中图形显示窗口中的所有线,单击鼠标右键然后选择"移到新组件";在项目树中更改该组件名称为"第一榀",然后删除另一个仅包含"点"的名为"曲线"的组件,如图 4-109 所示。

图 4-109　项目树操作

⑨单击主菜单中的修复→拟合曲线→重复曲线工具,程序会自动探测重复的线并高亮显示,单击☑,接受更改。

⑩单击文件→保存,保存模型。

(3) 创建第二、第三榀桁架 3D 草图

①选中项目树中名为"第一榀"的组件,单击主菜单中的设计→编辑→移动工具或按快捷键"M",按住"Ctrl"键向上(−Z 向)拖动 Z 向箭头,按空格键输入移动距离 5000 mm,单击空白区域完成第二榀桁架草图的创建,如图 4-110 所示。

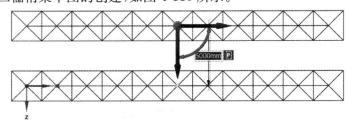

图 4-110　创建第二榀桁架草图

②参照上一步操作,向下(+Z向)拖动Z向箭头,按空格键输入移动距离5000 mm,单击空白区域完成第三榀桁架草图的创建,如图4-111所示。

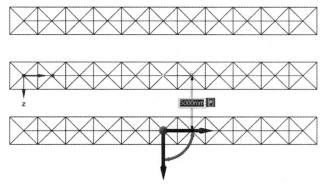

图4-111 创建第三榀桁架草图

③单击文件→保存,保存模型。

(4)创建宽度方向桁架

①单击主菜单中的设计→草图→ 线工具或按快捷键"L",单击设计→编辑→ 三维模式按钮或按快捷键"D",进入三维模式。

②依次分别连接最左侧、中间及最右侧的每榀桁架之间的点,完成宽度方向上次弦杆草图的创建,如图4-112所示。

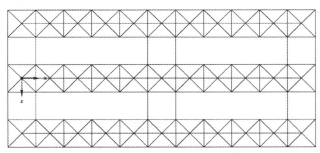

图4-112 上次弦杆草图的创建

③参照上述操作,分别连接最左侧、中间及最右侧的每榀桁架之间的点,完成宽度方向下次弦杆草图的创建,如图4-113所示。

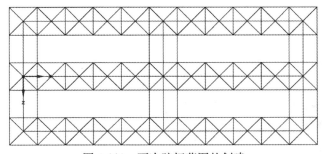

图4-113 下次弦杆草图的创建

④参照上述操作,分别连接宽度方向上、下次弦杆草图线之间的点或中点,完成斜腹杆的创建,如图4-114所示。

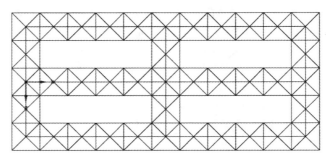

图 4-114 斜腹杆草图的创建

⑤参照上述操作,连接上弦杆草图线之间的点,完成水平腹杆的创建,如图 4-115 所示。

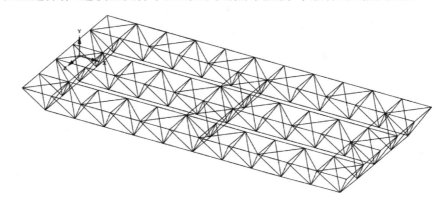

图 4-115 水平腹杆草图的创建

⑥单击文件→保存,保存模型。

(5)创建立柱

①单击主菜单中的设计→编辑→拉动工具 或按快捷键"P",按住"Ctrl"键选中桁架最左侧的 6 个点,按"Alt"键并点选"Y"轴确定拉动方向,激活图形显示窗口左侧的 工具,向下(-Y 向)拖动鼠标并按空格键输入拉动距离 1500 mm,如若出现多余线段予以删除,完成左侧立柱草图的创建,如图 4-116 所示。

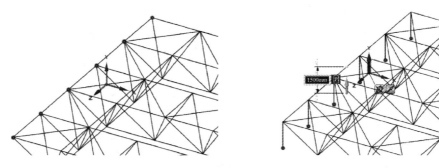

图 4-116 左侧立柱草图的创建

②参照上一步操作,创建右侧立柱,最终的桁架 3D 线框模型如图 4-117 所示。

③单击文件→保存,保存模型。

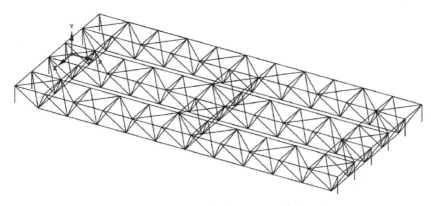

图 4-117　桁架 3D 草图

(6) 定义梁、柱横截面

① 单击主菜单中的准备→横梁→轮廓→○圆形管道工具，此时项目树中出现了"横梁轮廓"分支，如图 4-118 所示。

图 4-118　横梁轮廓

② 在项目树中，鼠标右键单击"圆形管道"并将其重命名为"圆形管道 $\phi500\times30$"，再选择"编辑横梁轮廓"，此时将打开"圆形管道 $\phi500\times30$"的编辑窗口，在窗口左侧的群组中输入管道外径 R_o 为 250 mm，内径为 220 mm，定义完成后关闭窗口，如图 4-119 所示。

 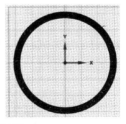

图 4-119　定义钢管截面 $\phi500\times30$

③ 参照上面两步的操作，分别创建截面为 $\phi325\times12$、$\phi219\times10$ 的轮廓，如图 4-120 所示。

④ 单击文件→保存，保存模型。

(7) 创建实体梁模型

① 单击主菜单中的准备→横梁→轮廓，在下拉窗口中选中"圆形管道 $\phi500\times30$"，如图 4-121 所示。

② 单击主菜单中的准备→横梁→显示工具，将显示方式改为"实体横梁"，如图 4-122 所示。

图 4-120　各种截面信息及项目树

图 4-121　指定截面信息　　　　图 4-122　更改横梁显示方式

③单击主菜单中的准备→横梁→创建，激活图形显示窗口左侧的选择点链工具，然后依次选择主弦杆线框，创建主弦杆模型，如图 4-123 所示。

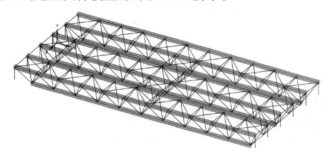

图 4-123　创建主弦杆模型

④参照上步操作，为次弦杆、立柱草图指派钢管截面信息 $\phi 325 \times 12$，完成次弦杆及立柱的模型创建，如图 4-124 所示。

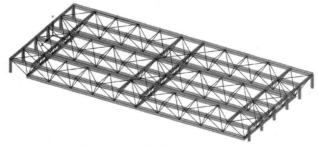

图 4-124　创建次弦杆、立柱模型

⑤参照上步操作，为全部腹杆草图指派钢管截面信息 $\phi 219 \times 10$，完成腹杆模型创建，如图 4-125 所示。

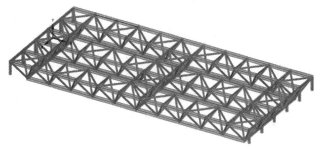

图 4-125　创建腹杆模型

⑥ 按 "Ctrl" 键，选择任意两条上弦杆，单击主菜单中的设计→草图→▭ 矩形工具，或按快捷键 "R"，以弦杆的两个角点为端点绘制一个矩形，如图 4-126 所示。

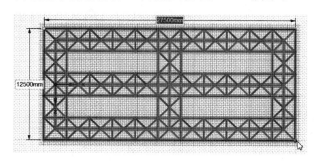

图 4-126　绘制顶板草图

⑦ 单击设计→编辑→▭ 三维模式按钮或按快捷键 "D"，进入三维模式，此时矩形草图自动变成一个面体（剖面），如图 4-127 所示。

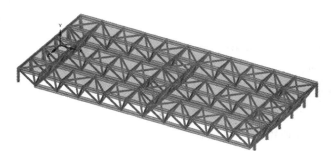

图 4-127　桁架总体模型

⑧ 在项目树中，单击上一步创建的面体（剖面），在左下方的属性面板中输入其厚度为 16 mm，如图 4-128 所示。

 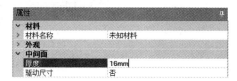

图 4-128　定义顶板厚度

⑨在项目树中,选中根目录"Truss",在左下方的属性面板中更改共享拓扑设置为"共享",以实现节点连续,如图 4-129 所示。激活主菜单中 Workbench 标签下的显示连接的主体按钮,图形显示窗口中将显示出整个模型的共享拓扑情况,如图 4-130 所示。

图 4-129 共享拓扑设置

⑩单击文件→保存,保存几何文件。

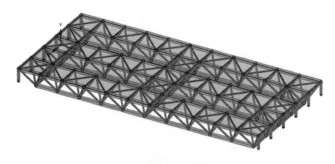

图 4-130 查看共享拓扑效果

3. Mechanical 前处理

(1) 创建分析系统

①通过开始菜单启动 Workbench。

②从窗口左侧的"Toolbox"中拖动"Static Structural"分析系统至项目图解窗口,如图 4-131 所示。

③单击主菜单 File→Save,输入"Truss Analysis"作为项目名称,保存项目。

(2) 导入几何文件

选择 A3:Geometry,右键菜单中选择 Import 导入前面保存的几何文件 Truss. scdoc。

图 4-131 创建静力分析系统

(3) 划分网格形成有限元模型

①双击 A4:Model 单元格启动 Mechanical,激活 Display 标签下的 Cross Section 工具,图形显示窗口中的桁架几何模型如图 4-132 所示。

图 4-132 桁架结构几何模型

②划分网格。在项目树中鼠标右键单击 Project→Model(A4)→Mesh,选择 Generate Mesh 划分网格,得到钢管桁架结构的有限元模型,如图 4-133 所示。

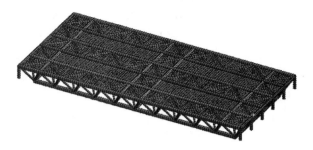

图 4-133　钢管桁架结构有限元模型

4. 施加约束与荷载

(1)施加约束

在界面左侧的 Project 树中右键单击 Project→Model(A4)→Static Structural(A5)→Insert→Fixed Support,在窗口左下方 Details 的 Scope→Geometry 选项中指定左侧六个立柱的下端点;类似地,创建右侧六个立柱的固定约束,如图 4-134 所示。

Details of "Fixed Support"

Scope	
Scoping Method	Geometry Selection
Geometry	6 Vertices
Definition	
ID (Beta)	70
Type	Fixed Support
Suppressed	No

Details of "Fixed Support 2"

Scope	
Scoping Method	Geometry Selection
Geometry	6 Vertices
Definition	
ID (Beta)	72
Type	Fixed Support
Suppressed	No

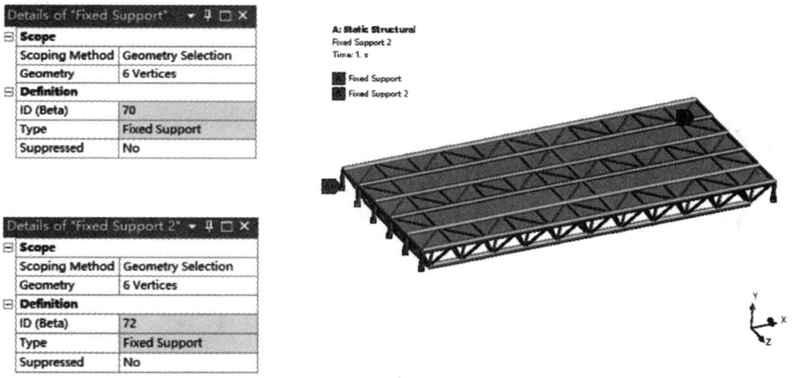

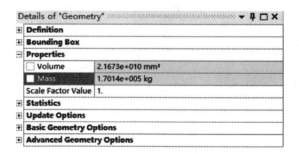

图 4-134　施加立柱的固定约束条件

(2)载荷计算

在项目树中单击 Project→Model(A4)→Geometry,在窗口左下方的明细栏中可以看到该结构的质量为 1.7014×10^5 kg,如图 4-135 所示。

Details of "Geometry"

Definition	
Bounding Box	
Properties	
Volume	2.1673e+010 mm³
Mass	1.7014e+005 kg
Scale Factor Value	1.
Statistics	
Update Options	
Basic Geometry Options	
Advanced Geometry Options	

图 4-135　质量查看

重力载荷为 $1.7\times10^5\times10/(27.5\times12.5)/1000=4.95\ \text{kN/m}^2$。

为说明计算方法,同时根据相关设计规范,本例选取了一种载荷组合进行计算,组合载荷=1.2×恒载荷+1.4×活载=1.2×(4.95+8)+1.4×3.0+1.4×0.3×0.6=20 kN/m² = 0.02 MPa。

(3)施加荷载

在项目树中右键单击 Project→Model(A4)→Static Structural(A5)→Insert→Pressure,在窗口左下方明细栏的 Scope→Geometry 项中指定所有顶面,进行顶面选择时可借助上下文工具栏中的 Extend→Limits 进行快速选择,如图 4-136 所示。

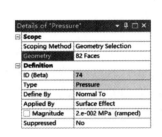

图 4-136　施加面载荷

5. 求解并查看计算结果

(1)添加后处理结果项目

在 Project 树中鼠标右键单击 Solution（A6）,然后选择 Insert→Deformation→Directional,并在其明细栏中的 Geometry 项中选定所有的横梁,将 Orientation 改为 Y Axis;再分别选择 Insert→Beam Tool→Beam Tool、Insert→Beam Results→Axial Force 插入 Beam 工具和轴力结果。

(2)分析设置

在项目树中单击 Static Structural(A5)→Analysis Settings,在其明细栏中将 Output Controls 下的 Nodal Forces 改为 Yes。

(3)求解以及后处理

①在 Project 树中选中 Solution(A6),在右键菜单中选择 Solve,执行求解。

②在 Project 树中选中前面创建的 Directional Deformation 结果项目,图形显示窗口绘出整个结构的位移云图,如图 4-137 所示。

③在 Project 树中选中前面创建的 Axial Force,图形显示窗口绘出整个结构的轴力等值线图,如图 4-138 所示。

④在项目树中单击先前创建的 Beam Tool 下的 Direct Stress,图形显示窗口绘出整个结构的直接应力云图,如图 4-139 所示。

⑤在 Project 树中右键单击 Project→Model(A4)→Insert→Construction Geometry→Path,此时结构树中会生产一个 Construction Geometry 分支,单击其下的 Path 并在明细栏中将 Path Type 改为 Edge,在 Geometry 项中选择中间一榀桁架下主弦杆的所有边,如图 4-140 所示。

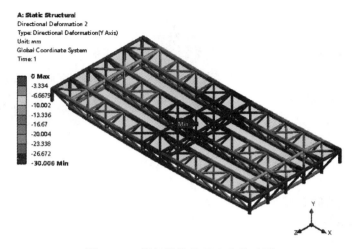

图 4-137 桁架结构的 Y 向位移云图

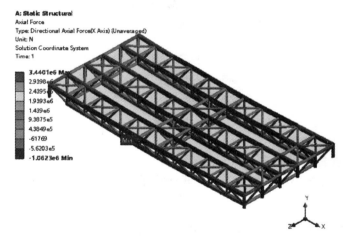

图 4-138 桁架结构的轴力等值线图

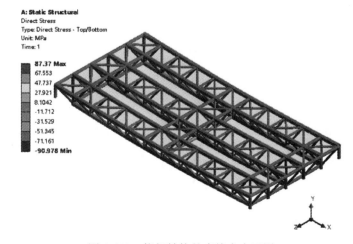

图 4-139 桁架结构的直接应力云图

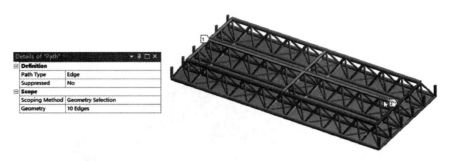

图 4-140 创建下主弦杆路径

⑥在项目树中鼠标右键单击 Solution(A6),然后选择 Insert→Beam Results→Shear-Moment Diagram,并在其明细栏 Path 中指定上一步创建的路径,确保 Geometry 为 All Line Bodies,如图 4-141 所示。

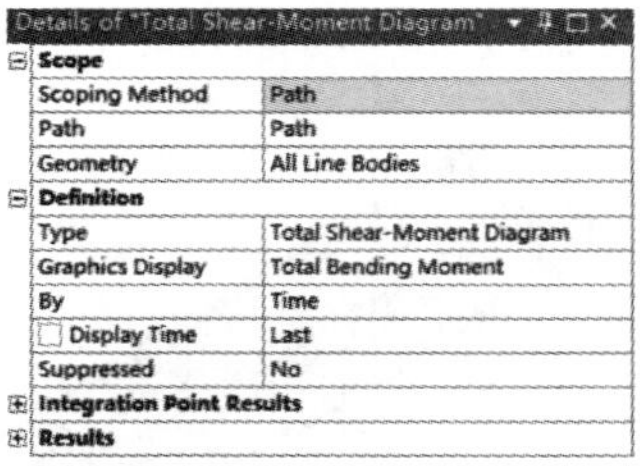

图 4-141 剪力—弯矩图设置

⑦在项目树中鼠标右键单击 Solution(A6),然后选择 Evaluate All Results 重新评估结果,切换图形显示窗口至 Worksheet 标签,可以看到下主弦杆的剪力图、弯矩图及位移曲线,如图 4-142 所示。

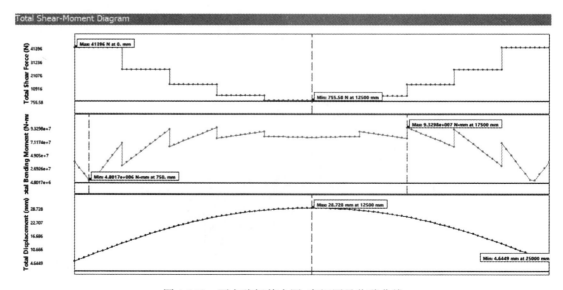

图 4-142 下主弦杆剪力图、弯矩图及位移曲线

第 4 章 结构静力学分析

⑧关闭 Mechanical,返回 Workbench,保存项目文件在下一节备用。

4.5.2 桁架节点局部结构的静力分析

1. 问题描述

基于 4.5.1 节的钢管桁架结构,本节将采用子模型技术对其下主弦杆中间节点区域进行实体建模并进行静力分析,以评估其局部的应力水平。桁架局部节点结构示意如图 4-143 所示。

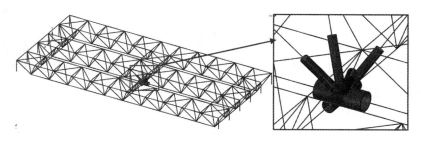

图 4-143 桁架局部节点示意图

2. 创建几何模型

按照如下步骤创建节点局部几何模型:

(1)创建节点分析的系统

打开 4.5.1 节的 Workbench 项目,从窗口左侧的"Toolbox"中拖动一个新的"Static Structural"分析系统至项目图解窗口,如图 4-144 所示。

图 4-144 创建新的静力分析系统

(2)导入整体结构的几何文件

鼠标右键单击 B3:Geometry 单元格,然后选择 Import Geometry→Browse,导入先前创建的"Truss.scdoc"文件。

(3)启动 SCDM

双击 B3:Geometry 单元格,打开 SCDM。

(4)在 SCDM 中单击主菜单中的准备→横梁→显示→线性横梁,关闭横梁的外形显示。

(5)创建主弦杆实体

①单击 SCDM 主菜单中的设计→编辑→选择工具 ,选择中间一榀桁架的下主弦杆;再次单击设计→主体→圆柱工具 ,拖动鼠标并按空格键输入主体半径 250 mm,单击空白区域完成下主弦杆圆柱体的创建,如图 4-145 所示。

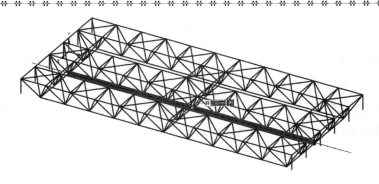

图 4-145　创建主弦杆圆柱体

②单击主菜单中的设计→编辑→选择工具，在图形显示窗口中选中上一步创建的圆柱体，单击右键选择组件→移到新组件。

(6)创建次弦杆和斜腹杆实体

参照上面创建主弦杆实体模型的操作，分别创建该节点处的外径为 325 mm 的次下弦杆圆柱体，外径为 219 mm 的 4 个斜腹杆圆柱体，如图 4-146 所示。需要注意的是，每完成一个实体的创建后均需将其移到新组件。

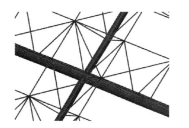 

图 4-146　创建次下弦杆、腹杆圆柱体

在项目树中，删除除了上面新创建圆柱体外的所有对象，此时图形显示窗口中的模型如图 4-147 所示。

图 4-147　圆柱体模型

(7)编辑轴线长度

按如下步骤对上面基于轴线快速创建的几何实体模型进行编辑，形成节点区域：

①单击主菜单中的设计→编辑→移动工具或按快捷键"M"，选中下主弦杆的右端面，

向左(-X 向)拖动 X 向箭头,按空格键输入移动距离 11875 mm,类似地,向右拖动左侧端面并移动相同的距离,如图 4-148 所示。

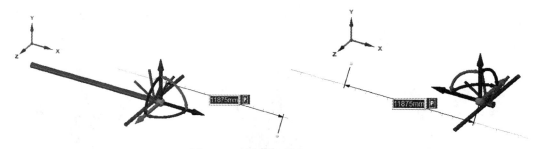

图 4-148 调整下主弦杆的长度

②参照上步操作,分别拖动下次弦杆的两个端面,使其每侧缩短 4375 mm,如图 4-149 所示。

图 4-149 调整下次弦杆的长度

③参照上步操作,拖动其他 4 个腹杆圆柱,使其缩短 1400 mm,如图 4-150 所示。

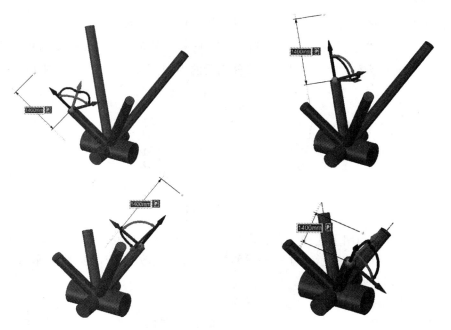

图 4-150 调整腹杆的长度

(8) 抽壳

①单击主菜单中的设计→创建→壳体工具 ![icon]，将鼠标移动至下主弦杆右端面处,输入壳体厚度 30 mm,依次单击下主弦杆的两个端面,然后单击窗口左侧的完成按钮 ![icon],完成下主弦杆几何模型的创建,如图 4-151 所示。

图 4-151　下主弦杆几何模型的创建

②参照上步操作完成 12 mm 壁厚的下次弦杆、10 mm 壁厚的斜腹杆几何模型的创建,创建过程中可根据需要隐藏相关对象以便于操作,如图 4-152 所示。

图 4-152　下次弦杆、腹杆几何模型的创建

(9) 布尔操作

①单击主菜单中的显示→样式→图形按钮,将其更改为隐藏线,以线框形式显示图形。

②单击主菜单中的设计→相交→分割主体工具 ![icon],先选择下次弦杆作为被分割对象,再选择主弦杆外表面作为分割工具,最后点选分割后的中间部分将其删除,如图 4-153 所示。

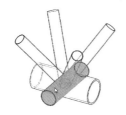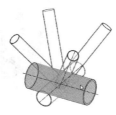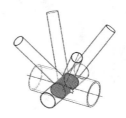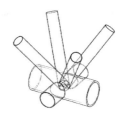

图 4-153　分割下次弦杆

③参照上步操作,利用主弦杆外表面作为工具,分别将 4 根腹杆进行分割,删除分割后的无关对象;单击主菜单中的显示→样式→图形按钮,将其更改为带阴影,将显示方式改回实体显示模式,如图 4-154 所示。

(10) 设置共享拓扑属性

在项目树中,选中根目录"Truss",在左下方的属性面板中,更改共享拓扑设置为"共享",

以实现节点连续,如图 4-155 所示。

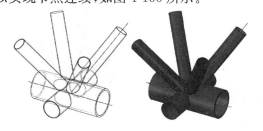

图 4-154　腹杆分割完成后的模型

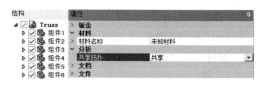

图 4-155　共享拓扑设置

(11)保存几何

单击文件→保存,关闭 SpaceClaim 软件,返回 Workbench。

3. Mechanical 前处理

(1)创建数据传递

在 Workbench 项目图解窗口中,拖动 A6 Solution 单元格至 B5 Setup 单元格,如图 4-156 所示。

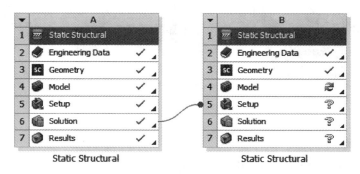

图 4-156　搭建项目分析流程

(2)启动 Mechanical

双击 B4 Model 单元格,进入 Mechanical。

(3)划分节点区域的网格

①设置网格尺寸

鼠标右键在项目树中单击 Project→Model(B4)→Mesh,选择 Insert→Sizing,并在其明细栏中的 Geometry 项中选择腹杆及次下弦杆实体,输入 Element Size 为 30 mm;类似地,为主弦杆实体添加网格尺寸控制 Element Size 为 80 mm,如图 4-157 所示。

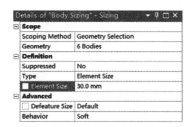 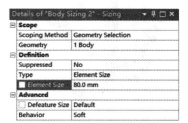

图 4-157　网格尺寸控制

②划分网格

鼠标右键在项目树中单击 Project→Model(B4)→Mesh,选择 Generate Mesh,划分网格,如图 4-158 所示。

4. 加载以及求解

(1)添加切割边界条件

由整体分析中获取切割面的边界条件,按下列步骤操作:

①选择 Project → Model(B4) → Static Structural(B5) → Submodeling(A6),右键菜单中选择 Insert→Cut Boundary Remote Force,并在其 Details 中的 Geometry 项中选择下主弦杆、下次弦杆的 2 个端面,4 根腹杆的端面,共计 8 个面。

图 4-158 桁架节点模型的有限元模型

②参照上一步操作,插入 Cut Boundary Remote Constraint,并进行相同的设置。

③选择 Project→Model(B4)→Static Structural(B5)→Submodeling(A6),然后在右键菜单中选择 Import Load,程序会自动进行切割边界上数据的映射,如图 4-159 所示。

图 4-159 切割边界数据映射

(2)添加计算结果

在 Project 树中鼠标右键单击 Solution(B6),然后选择 Insert → Deformation → Directional,并在其明细栏中将 Orientation 改为 Y Axis;再选择 Insert→Stress→Equivalent(von-Mises)插入等效应力结果。

(3)在 Project 树中右键单击 Solution(B6),然后选择 Solve,执行求解。

5. 查看分析结果

计算完成后,查看节点区域的局部分析结果。

(1)查看变形情况。在 Project 树中单击之前创建的 Directional Deformation,图形显示窗口绘出桁架节点模型的位移云图,如图 4-160 所示。

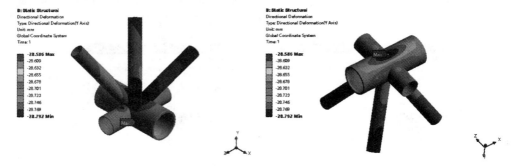

图 4-160 桁架节点模型的位移云图

(2)在 Project 树中单击之前创建的 Equivalent Stress,图形显示窗口绘出桁架节点模型的等效应力云图,如图 4-161 所示。

图 4-161　桁架节点模型的等效应力云图

(3)查看各杆端的应力。通过设定不同对象,还可以查看不同杆件的等效应力云图,如图 4-162 所示。

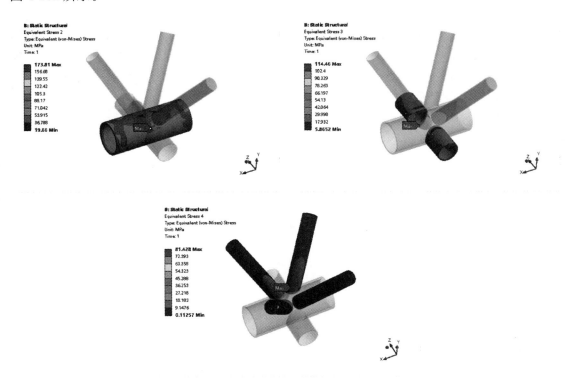

图 4-162　桁架节点不同杆件的等效应力云图

第5章 疲 劳 分 析

疲劳问题是结构分析中常见的一类问题。本章介绍基于 Mechanical 应用中的 Fatigue Tool 进行疲劳分析的方法,包括高周疲劳的基本概念和实现过程、低周疲劳的基本概念和实现过程、疲劳分析例题等内容。

5.1 高周疲劳分析

5.1.1 基本概念

高周疲劳即应力疲劳,通常是在载荷的循环次数较高($10^4 \sim 10^9$)的情况下产生的。本节介绍相关的基本概念。

1. 应力范围、平均应力、应力幅、应力比

结构承受循环应力作用时,如果最大应力值和最小应力值分别为 S_{max} 和 S_{min},载荷振幅恒定时,如图 5-1 所示,则相关参数的定义如下:

(1) 应力范围 ΔS 定义为 $S_{max} - S_{min}$。
(2) 平均应力 S_m 定义为 $(S_{max} + S_{min})/2$。
(3) 应力幅 S_a(或交变应力)定义为 $\Delta S/2$。
(4) 应力比 R 定义为 S_{min}/S_{max}。

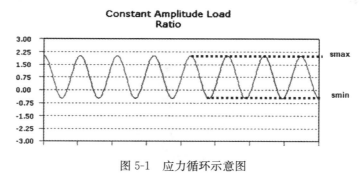

图 5-1 应力循环示意图

2. 循环的类型

(1) 对称循环载荷

根据上述应力范围等定义,当施加的载荷大小相等且方向相反时,发生的循环被称为对称循环,对应载荷称为对称循环载荷,也就是平均应力为 0,应力比为 −1 的情况,即 $S_m = 0$ 或 $R = -1$。

(2) 脉动循环载荷

如果施加载荷后又撤除该载荷,则发生的循环被称为脉动循环,对应载荷称为脉动循环载

荷,也就是平均应力等于最大应力的一半,应力比为 0 的情况,即 $S_m = S_{max}/2$,$R=0$。

(3)其他循环载荷

对于其他 R 既不为 -1 也不为 0 的等幅值应力循环,可通过 R 或 S_m 来描述。

3. 比例加载与非比例加载

比例加载是指结构承受循环载荷作用时,各个主应力的比例是恒定的,不随时间变化。如果结构中各个主应力的比例发生改变,则称非比例加载。非比例加载的情况,常见于多个工况的组合情形。一些特殊形式的载荷,如轴承载荷,也会引起非比例加载。

4. S-N 曲线与疲劳寿命的概念

S-N 曲线又称为应力—寿命曲线,展示了应力幅与失效循环次数的关系。S-N 曲线上的点的物理意义可以解释为:当部件承受应力幅为 S 的循环载荷且经过一定的循环次数 N 后,该部件由于断裂或者损伤而发生失效。如果同一个部件受到更高的载荷作用时,导致失效的载荷循环次数将减少,如图 5-2 所示为一条典型的 S-N 曲线,图中采用了对数坐标。S-N 曲线是通过对试件做疲劳测试得到的,影响 S-N 曲线的因素很多,比如:加工工艺、表面光滑度、残余应力以及应力集中程度、载荷环境(包括平均应力、温度和化学环境)等。在进行疲劳分析时,通常需要对基于试件的 S-N 曲线进行疲劳强度折减,所计算的交变应力将被乘以一个小于 1 的疲劳强度因子。

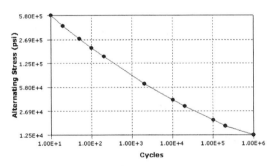

图 5-2　S-N 曲线

5. 平均应力修正

平均应力对疲劳寿命有显著影响。一般来说,压应力提高疲劳寿命,而拉应力则降低疲劳寿命。如果定义了不同应力比条件下的多条 S-N 曲线,可以直接考虑平均应力的影响,这是处理这个问题的一种方法。实际上,获取如此全面的材料数据是很困难的,因此在疲劳分析中常采用另一种途径,即通过平均应力修正理论来考虑此问题。常见的平均应力修正理论有 Goodman 理论、Soderberg 理论、Gerber 理论三种。

(1)Goodman 理论

如图 5-3 粗实线所示,Goodman 理论通过线性折减来考虑平均拉应力对疲劳强度的影响,对于压平均应力则不作修正。

(2)Soderberg 理论

如图 5-4 粗实线所示,Soderberg 理论同样采用线性折减来考虑平均拉应力的影响,但是比 Goodman 理论更为保守。

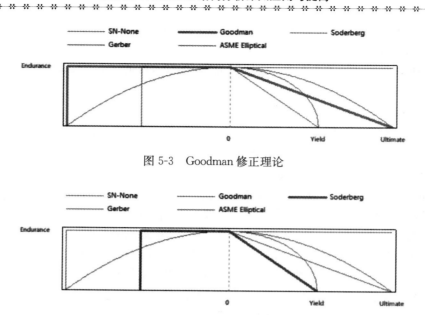

图 5-3 Goodman 修正理论

图 5-4 Soderberg 修正理论

(3) Gerber 理论

如图 5-5 粗实线所示，Gerber 理论采用抛物线折减来考虑平均应力的影响，但缺陷是对压平均应力也进行了折减。

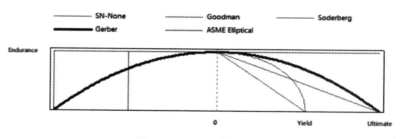

图 5-5 Gerber 修正理论

6. Miner 线性损伤法则

对于恒幅应力循环引起的损伤 D，可以定义为构件经历的应力循环次数 n 与此应力幅 S 下的疲劳寿命 N 之比。如果构件承受多种不同应力水平的作用（变幅载荷），如果 k 为应力水平个数，则构件的总损伤为单个应力幅分别作用引起的损伤之和，即有

$$D = \sum_{i=1}^{k} D_i = \sum_{i=1}^{k} \frac{n_i}{N_i} \tag{5-1}$$

式(5-1)被称为 Miner 线性损伤累计法则。对随机载荷谱（载荷历程），可通过雨流计数法将其转化为变幅载荷，然后通过 Miner 法则计算其损伤。

5.1.2 Fatigue Tool 应力疲劳分析

在 ANSYS Workbench 中通过 Mechanical 界面下的疲劳工具箱（Fatigue Tool）来实现应力疲劳分析，首先在 Engineering Data 中定义包括疲劳性能参数在内的材料参数，然后完成一个标准的静力分析,最后在静力分析的结果中添加疲劳工具箱以完成疲劳分析。

1. Engineering Data 指定材料属性

应力疲劳分析中,除了定义静力分析所需的材料属性外,还需要指定材料 S-N 曲线。对于 Workbench 材料库中的材料,预先定义的材料模型中包含 S-NCurve 项目,选择此项即可显示材料 S-N 数据表格与曲线,分别如图 5-6(a)、(b)所示。

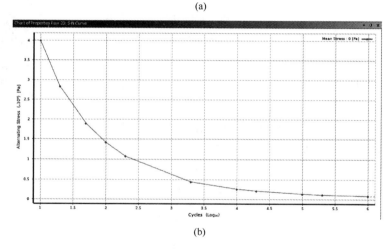

图 5-6 定义 S-N 曲线

对于用户自定义的材料,则可以通过左侧工具箱中的 Life→S-N Curve 为定义的材料模型添加 S-N 曲线特性。如图 5-7 所示,在添加 S-N Curve 后,在自定义材料(材料名称为 mat)的属性列表选择 S-N Curve,左侧可以选择的 Field Variables 包括 Temperature、Mean Stress、R-Ratio,双击任意一个即可为 S-N Curve 指定变量。选择 Temperature 表示可以在不同温度条件下分别指定 S-N 曲线;选择 Mean Stress 或 R-Ratio 表示可以在不同平均应力或应力比条件下分别指定 S-N 曲线。图 5-8 所示为指定不同平均应力条件下的 S-N 曲线设置界面。

2. 静力分析

疲劳分析的静力分析阶段与一般的静力分析没有区别,注意根据实际情况加载,在静力分析阶段不用考虑载荷的循环和加载方向,单方向加载即可。

由于疲劳分析实质上是静力分析的后处理,因此静力分析的应力结果的精度将直接影响

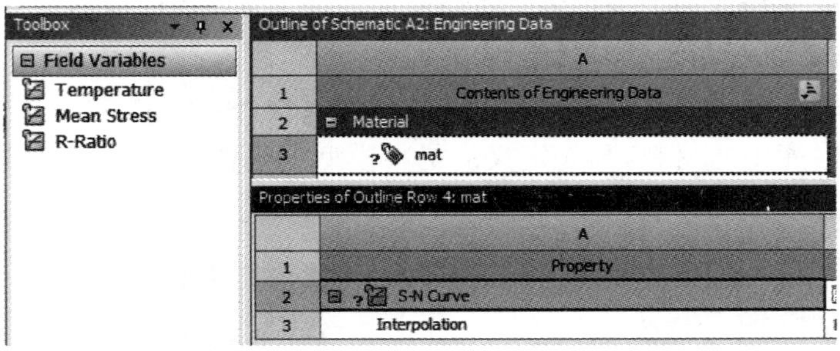

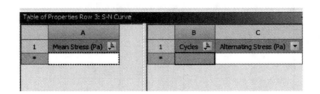

图 5-7 S-N Curve 的场变量

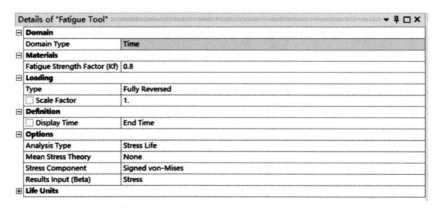

图 5-8 以 Mean Stress 作为场变量

疲劳分析的精度。在静力分析中,需要对关心部位细分网格,以得到正确的应力解答,比如应力集中区域的应力分布情况。

3. 应力疲劳分析

(1) 添加疲劳工具箱

静力分析完成后,在静力分析的结果中添加疲劳工具箱,即在 Solution 分支下通过右键菜单 Insert→Fatigue Tool,添加一个疲劳工具箱。

(2) 设置 Fatigue Tool 选项

选择添加的 Fatigue Tool,在其 Details 设置相关选项,如图 5-9 所示。

图 5-9 疲劳工具箱的 Details 选项

下面对其中涉及的选项作简单的介绍。

① Fatigue Strength Factor 选项。这个选项用于指定一个小于 1 的疲劳强度折减系数。

② Type 选项。这个选项是疲劳分析的加载类型选项,缺省为 Fully Reversed,即对称的

应力循环。在 Type 右侧下拉列表中还可选择 Zero-Based（脉冲循环）、Ratio（应力比）或 History Data，如图 5-10 所示。

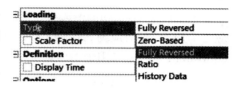

图 5-10　Type 选项

③Scale Factor 选项。这个选项用于调制循环应力的幅值，与 Type 配合使用。如果设置一个 Zero-Based 循环，并设置 Scale Factor 为 2.5，则在右侧 Worksheet 中显示的循环应力如图 5-11 所示。

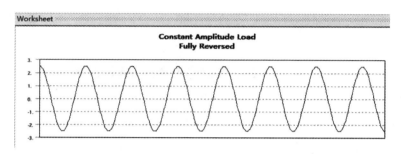

图 5-11　应力循环图示

④Analysis Type 选项。这一选项用于指定分析类型。对于高周疲劳，选择 Stress Life 选项，如图 5-12 所示。

⑤Mean Stress Theory 选项。这一选项用于选择平均应力修正算法。如果有多重 S-N 曲线数据，建议选择 Mean Stress Curves 选项。缺少试验数据时，可选择 Goodman、Soderberg、Gerber 或 ASME 椭圆，如图 5-13 所示。比如，选择了 ASME 椭圆后，在右侧 Worksheet 中显示的平均应力修正曲线如图 5-14 中的粗实线所示。

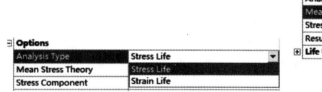

图 5-12　疲劳分析类型选项

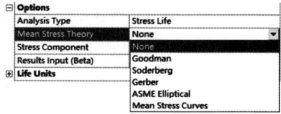

图 5-13　平均应力选项

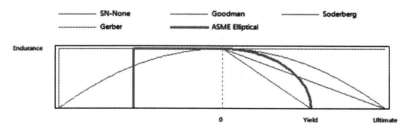

图 5-14　ASME 椭圆模型

⑥Stress Component 选项。这一选项用于指定用于计算疲劳寿命的应力分量,可选择正应力剪应力、等效应力、带符号的等效应力、最大剪应力或主应力等,如图 5-15 所示。Signed equivalent stress 采用绝对值最大的主应力的符号,以便考虑压缩平均应力。

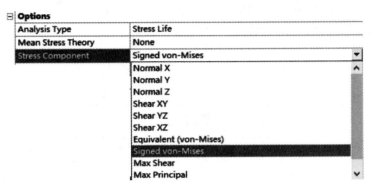

图 5-15　应力分量选择

(3)添加疲劳结果

选择 Fatigue Tool 目录,在其右键菜单中可以添加关注的疲劳分析结果。图 5-16 所示为通过右键菜单可以添加的疲劳分析结果,这些结果项目的简单说明见表 5-1。在后处理中采用设计寿命和可用寿命的比值作为损伤值(Damage),Hysteresis 仅用于应变疲劳分析。

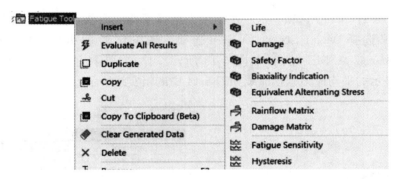

图 5-16　添加疲劳结果

表 5-1　疲劳结果项目

结果项目	意　义
Life	计算的疲劳寿命
Damage	计算的损伤值
Safety Factor	计算的安全系数
Biaxiality Indication	应力双轴指示,是较小与较大主应力的比值
Equivalent Alternating Stress	等效交变应力
Rainflow Matrix	雨流矩阵
Damage Matrix	损伤矩阵
Fatigue Sensitivity	疲劳敏感性
Hysteresis	滞回曲线(仅用于 Strain-Life)

(4) 计算疲劳结果

选择 Fatigue Tool 目录,在其右键菜单中选择 Evaluate All Results,计算添加的疲劳结果项目。

(5) 查看疲劳结果

在 Fatigue Tool 目录下选择所要查看的结果项目,查看相关的等值线图或曲线。

5.2 低周疲劳分析

5.2.1 基本概念

本节介绍与低周疲劳相关的基本概念。

低周疲劳是在循环次数相对较低时发生的,通常伴随着塑性变形,又被称为应变疲劳问题。应变—寿命关系和滞回曲线由下面两式给出:

$$\frac{\Delta\varepsilon}{2}=\frac{\sigma_{\mathrm{f}}'}{E}(2N_{\mathrm{f}})^{b}+\varepsilon_{\mathrm{f}}'(2N_{\mathrm{f}})^{c} \tag{5-2}$$

$$\Delta\varepsilon=\frac{\Delta\sigma}{E}+2\left(\frac{\Delta\sigma}{2K'}\right)^{\frac{1}{n'}} \tag{5-3}$$

式中 $\frac{\Delta\varepsilon}{2}$——总应变幅;

$\Delta\sigma$——应力幅的两倍;

E——弹性模量;

N_{f}——失效循环次数。

上述方程涉及的材料参数有 6 个,其意义见表 5-2。

表 5-2 应变—寿命参数

参 数	意 义	参 数	意 义
σ_{f}'	疲劳强度系数	c	疲劳延性指数
b	疲劳强度指数	K'	循环强度系数
$\varepsilon_{\mathrm{f}}'$	疲劳延性系数	n'	循环硬化指数

如果用户希望进行平均应力修正,则可以通过 Morrow 和 SWT 两种方式,其表达式分别如下:

$$\frac{\Delta\varepsilon}{2}=\frac{\sigma_{\mathrm{f}}'}{E}\left(1-\frac{\sigma_{\mathrm{m}}}{\sigma_{\mathrm{f}}'}\right)(N_{\mathrm{f}})^{b}+\varepsilon_{\mathrm{f}}'(2N_{\mathrm{f}})^{c} \tag{5-4}$$

$$\sigma_{\max}\frac{\Delta\varepsilon}{2}=\frac{(\sigma_{\mathrm{f}}')^{2}}{E}(N_{\mathrm{f}})^{2b}+\sigma_{\mathrm{f}}'\varepsilon_{\mathrm{f}}'(2N_{\mathrm{f}})^{b+c} \tag{5-5}$$

式中 σ_{m}——平均应力,$\sigma_{\max}=\sigma_{\mathrm{m}}+\Delta\sigma$。

5.2.2 Fatigue Tool 应变疲劳

在 ANSYS Workbench 中通过 Mechanical 界面下的疲劳工具箱(Fatigue Tool)来实现应变疲劳分析,首先在 Engineering Data 中定义包括应变疲劳性能参数在内的材料参数,然后完成一个标准的静力分析，最后在静力分析的结果中添加疲劳工具箱以完成疲劳分析。

1. Engineering Data 指定材料属性

对于用户自定义的材料，选择左侧 Toolbox 中的 Strain-Life Parameters，将其拖放至材料名称上，在材料属性列表中出现如图 5-17 所示的 Strain-Life Parameters 列表。

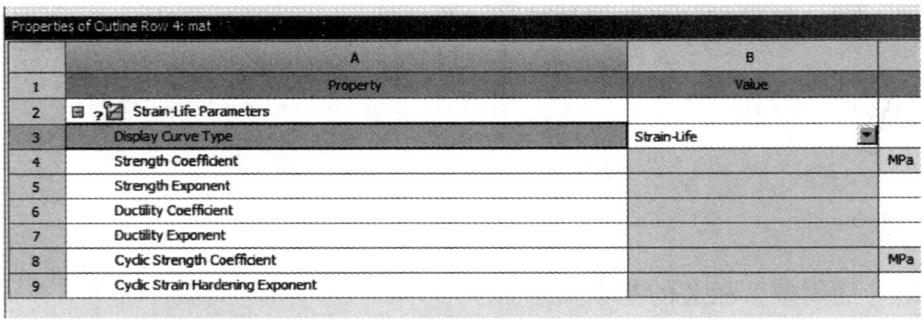

Properties of Outline Row 4: mat

	A	B	
1	Property	Value	
2	Strain-Life Parameters		
3	Display Curve Type	Strain-Life	
4	Strength Coefficient		MPa
5	Strength Exponent		
6	Ductility Coefficient		
7	Ductility Exponent		
8	Cyclic Strength Coefficient		MPa
9	Cyclic Strain Hardening Exponent		

图 5-17　应变疲劳参数

2. 静力分析

与应力疲劳的静力分析部分相同，不再赘述。

3. 应变疲劳分析

(1)添加疲劳工具箱

静力分析完成后，在静力分析的结果中添加疲劳工具箱，即在 Solution 分支下通过右键菜单 Insert→Fatigue Tool，添加一个疲劳工具箱。

(2)设置 Fatigue Tool 选项

选择添加的 Fatigue Tool，在其 Details 设置相关选项，与应力疲劳有区别的几个选项如图 5-18 所示。

对应变疲劳分析，在 Analysis Type 中选择 Strain Life，在 Mean Stress Theory 中可选择的选项包括 Morrow 和 SWT，如图 5-19 所示。Infinite Life 为指定寿命的最大值。

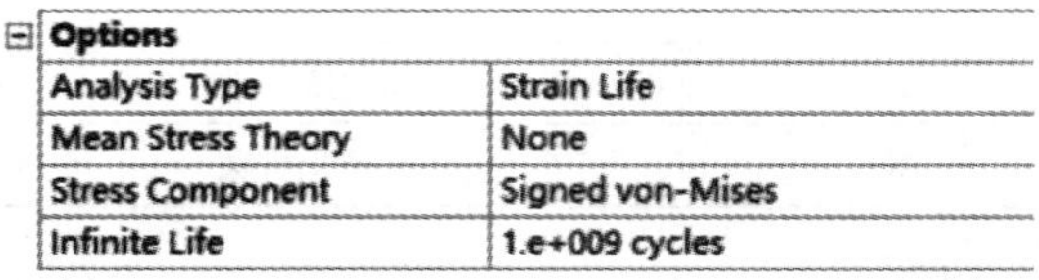

Options	
Analysis Type	Strain Life
Mean Stress Theory	None
Stress Component	Signed von-Mises
Infinite Life	1.e+009 cycles

图 5-18　设置疲劳分析选项

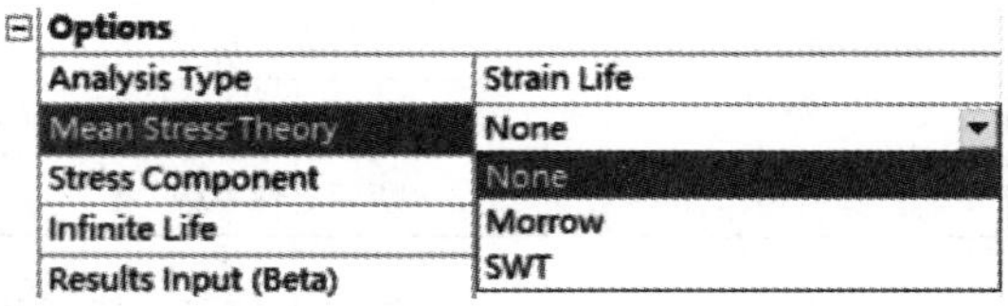

Options	
Analysis Type	Strain Life
Mean Stress Theory	None
Stress Component	None
Infinite Life	Morrow
Results Input (Beta)	SWT

图 5-19　平均应力修正选项

(3)添加疲劳结果

选择 Fatigue Tool 目录，在其右键菜单中添加关注的应变疲劳分析结果(Hysteresis 结果可用)。

(4)计算疲劳结果

选择 Fatigue Tool 目录，在其右键菜单中选择 Evaluate All Results，计算添加的疲劳结果项目。

(5)查看疲劳结果

在 Fatigue Tool 目录下选择所要查看的结果项目，查看相关的等值线图或曲线。

5.3 例题:连杆的疲劳分析

本节以一个连杆的受力和疲劳分析为例,介绍在 Workbench 中进行疲劳分析的方法。

1. 问题描述

连杆的受力状况如图 5-20 所示,由于对称性,仅绘制了一半,材料为结构钢。涉及的约束及载荷包括:小头的 45°角范围圆弧面上作用一个 9.6 kN 的等效载荷,对称面施加对称边界条件,整体约束侧向位移,大头内表面约束径向位移,对此连杆进行应力疲劳分析。

图 5-20 连杆的受力情况

2. 静力分析

按照如下步骤进行操作:

(1)建立分析系统

在 Workbench 窗口中,在左侧 Toolbox 中选择 Static Structural,将其拖放至 Project Schematic 中。

(2)导入几何模型

由于材料为结构钢,在 Engineering Data 中已自动定义,因此直接在 Static Structural 的 Geometry 单元格中单击右键,选择菜单 Import Geometry,选择工作目录下的 rod.igs。

(3)确认材料参数

双击 Static Structural 的 Model 单元格,启动 Mechanical 界面,在其 Geometry 分支中查看两个体并确认其 Material Assignment 为 Structural Steel,如图 5-21 所示。

Material	
Assignment	Structural Steel
Nonlinear Effects	Yes
Thermal Strain Effects	Yes

图 5-21 确认体的材料

(4)选择分析单位系统

在右下角的单位制工具栏(老版本在 Units 菜单)选择 mm-kg-N 单位系统作为当前分析的单位系统。

(5)划分网格

在 Mesh 分支右键菜单中选择 Generate Mesh,形成网格模型,如图 5-22 所示。

(6)施加约束条件及载荷

用鼠标选中 Static Structural 分支,然后按照如下步骤操作:

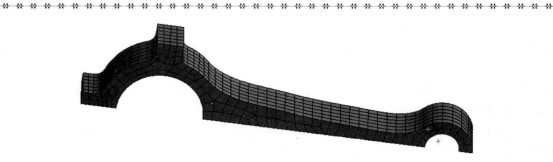

图 5-22　网格划分

① 添加约束

a. 选择左侧大圆孔内侧面,用鼠标右键菜单 Insert→Frictionless Support,添加一个法向约束,如图 5-23 所示。

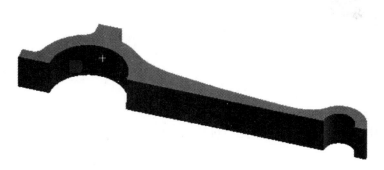

图 5-23　添加 Frictionless Support 1

b. 选择侧面（Z 坐标值较大的面）,用鼠标右键菜单 Insert→Frictionless Support,添加一个法向约束,如图 5-24 所示。

图 5-24　添加 Frictionless Support 2

c. 选择对称面,用鼠标右键菜单 Insert→Frictionless Support,添加一个法向约束,如图 5-25 所示。

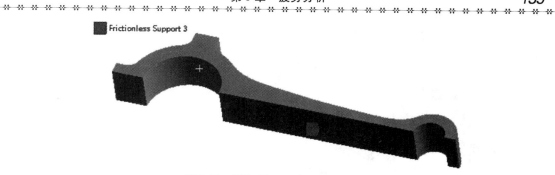

图 5-25　添加 Frictionless Support 3

②施加载荷

选择右侧小圆孔面的左侧 45°部分柱面,通过 Component 方式添加一个数值为 9.6 kN 的轴线方向 Force 荷载,如图 5-26 所示。

图 5-26　添加的 Force 荷载

(7)求解并查看结果

按照如下步骤进行操作:

①添加计算结果。选择 Solution 分支,在右键菜单中通过 Insert 添加 Total Defamation 以及 Equivalent Stress 结果。

②观察计算结果

a. 选择 Solution 分支下面的 Total Defamation,观察结构变形分布等值线,如图 5-27 所示。

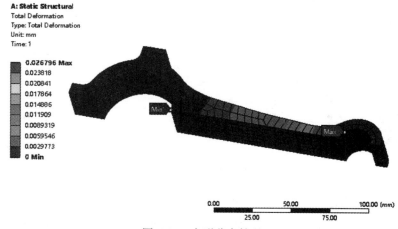

图 5-27　变形分布情况

b. 选择 Solution 分支下面的 Equivalent Stress,观察结构的等效应力分布等值线,如图 5-28 所示。

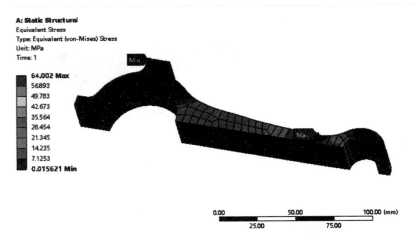

图 5-28　等效应力分布情况

3. 疲劳分析

按照如下步骤进行操作:

(1)添加 Fatigue Tool 并设置分析选项

在 Solution 分支下,通过右键菜单选择 Insert→Fatigue Tool,添加一个 Fatigue Tool 工具箱目录,在其 Details 视图中设置相关的选项,如图 5-29 所示。设置 Fatigue Strength Factor 为 0.8,Type 为 Fully Reversed,Scale Factor 为 1.5,Analysis Type 为 Stress Life,Mean Stress Theory 为 Goodman,Stress Component 为 Equivalent。设置完成后,右侧显示的应力循环及平均应力修正模型如图 5-30 所示。

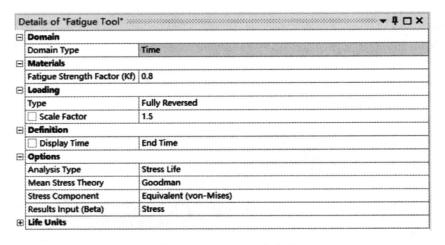

图 5-29　Fatigue Tool 选项

(2)添加疲劳计算结果

①在 Fatigue Tool 目录下,通过 Insert 菜单添加疲劳分析结果,此处依次添加 Life、

第 5 章 疲劳分析

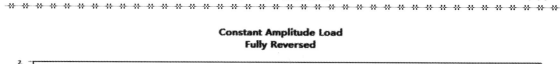

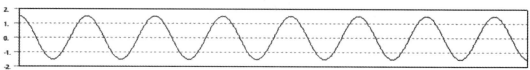

图 5-30 应力循环及平均应力修正情况显示

Damage、Safety Factor、Fatigue Sensitivity 以及 Biaxiality Indication，添加结果后的 Fatigue Tool 目录如图 5-31 所示。

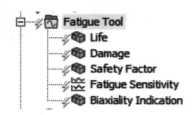

图 5-31 Fatigue Tool 目录下的疲劳计算结果项目

②分别选择 Damage 分支以及 Safety Factor 分支，在其 Design Life 选项中填写 1e5，分别如图 5-32 以及图 5-33 所示。

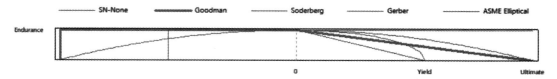

图 5-32 Damage 选项　　　　　　图 5-33 Safety Factor 选项

③选择 Fatigue Sensitivity 选项，在其 Lower Variation 和 Upper Variation 中分别指定 50% 和 200%，如图 5-34 所示。

(3) 疲劳分析与结果查看

选择 Fatigue 目录，在右键菜单中选择 Evaluate All Results 进行疲劳分析。计算完成后，在 Fatigue Tool 目录下依次选择添加的结果项目，查看计算结果。

①查看 Life。选择 Life 分支，查看 Life 等值线，如图 5-35 所示。最小值约为 7.128e5，发生在右侧小圆孔左侧部位。

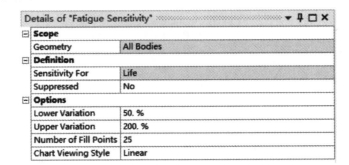

图 5-34 疲劳敏感性选项

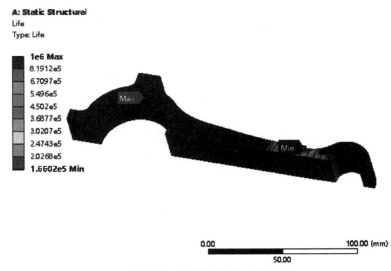

图 5-35 疲劳寿命等值线图

②查看 Damage。选择 Damage 分支,查看损伤等值线图,如图 5-36 所示。最大值约为 0.14,发生于右侧小圆孔左侧部位。

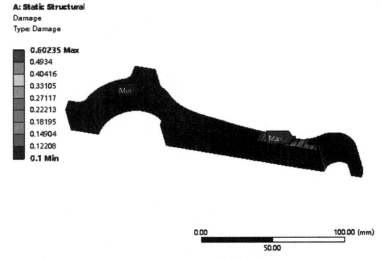

图 5-36 Damage 等值线图

③查看 Safety Factor。选择 Safety Factor，查看安全因子等值线图，最小值约为 1.15，如图 5-37 所示。

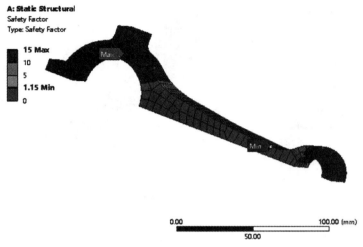

图 5-37　安全因子等值线图

④查看 Fatigue Sensitivity。选择 Fatigue Sensitivity，在右侧 Worksheet 中查看疲劳敏感性曲线，如图 5-38 所示。

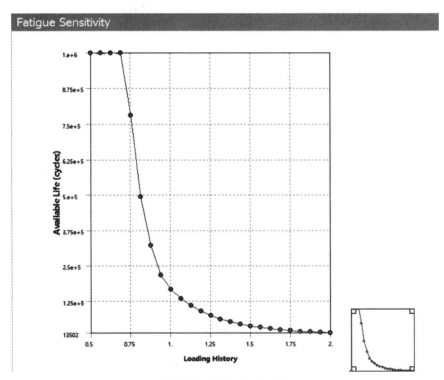

图 5-38　疲劳敏感性曲线

⑤查看双轴指示。选择 Biaxiality Indication 分支，查看双轴指示等值线图，如图 5-39 所示，在图中看到，Damage 较大部位的双轴指示值基本在 0 附近，接近于单轴应力状态。

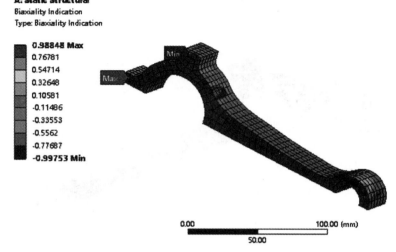

图 5-39 双轴指示图

第6章 结构特征值屈曲分析

结构的稳定性是一些受压结构中常见的一类问题。本章介绍特征值屈曲的有关问题,内容包括特征值屈曲的基本概念、在 ANSYS Workbench 中的特征值屈曲分析的实施要点以及一个拱壳结构的特征值屈曲分析实例。

6.1 特征值屈曲的基本概念

理想结构在达到临界荷载附近时,位移上施加一个任意的扰动 ψ 也是有可能保持平衡状态的,即同时有

$$([K]+\lambda[S])\{u\}=\lambda\{F\} \tag{6-1}$$

$$([K]+\lambda[S])\{u+\psi\}=\lambda\{F\} \tag{6-2}$$

式中 $[K]$——结构的刚度矩阵;

$[S]$——结构的几何刚度矩阵;

λ——载荷乘子;

$\{F\}$——载荷向量。

两式相减得到

$$([K]+\lambda[S])\{\psi\}=0 \tag{6-3}$$

由于这是一个齐次线性方程组,因此属于特征值问题,齐次方程组有非零解的条件为

$$\det([K]+\lambda[S])=0 \tag{6-4}$$

特征值屈曲分析就是计算这个特征值问题。求解上述特征方程,得到的系列特征值 λ_i 就是临界屈曲因子,特征向量 $\{\psi_i\}$ 为屈曲特征变形,$\lambda_i\{F\}$ 为第 i 阶的屈曲临界荷载。

一般地,如果计算几何刚度时所施加的荷载为单位荷载时,计算得到的特征值就等于屈曲临界荷载,因此在特征值屈曲中通常施加单位荷载。

6.2 特征值屈曲分析实施要点

下面介绍在 ANSYS Workbench 中进行特征值屈曲分析的实现方法和注意事项。

在 Workbench 环境下的特征值屈曲分析包含静力分析和特征值屈曲两个阶段。首先是搭建特征值屈曲分析的流程,具体方法是:首先向 Project Schematic 区域添加一个 Toolbox→Analysis Systems 下面的 Static Structural 系统,然后在 Toolbox→Analysis Systems 下选择 Eigenvalue Buckling 系统(旧版本为 Linear Buckling),点击鼠标左键将其拖放至刚才添加的静力分析系统 A:Static Structural 的 A6:Solution 单元格上,得到如图 6-1 所示的分析流程。

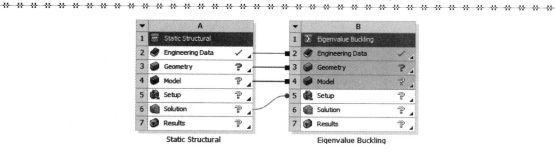

图 6-1　Workbench 环境中的特征值屈曲分析流程

在特征值屈曲分析流程中,单元格 A2 与单元格 B2、单元格 A3 与单元格 B3、单元格 A4 与单元格 B4 之间通过连线联系在一起,连线右端的实心方块表示数据的共享,即由结构静力分析系统 A 向特征值屈曲分析系统 B 共享 Engineering Data(工程数据)、Geometry(几何模型)以及 Model(有限元模型)。单元格 A6 与单元格 B5 之间通过连线相联系,连线右端的实心圆点表示数据的传递,即由单元格 A6 向单元格 B5 传递几何刚度。

特征值屈曲分析流程搭建好后,分两个阶段进行分析,即静力分析阶段和特征值分析阶段。当 Engineering Data 和 Geometry 定义完成后,双击上述 Workbench 分析流程的 A4: Model 单元格,即可启动 Mechanical 组件的操作界面,这时 Project 树的显示如图 6-2 所示,其中,Model 分支右侧显示(A4,B4),表示静力分析和特征值分析共享模型,表现为在 Mesh 分支以上的各分支为共享;分析环境有两个,即 Static Structural(A5)以及 Eigenvalue Buckling (B5),在其中包含各自的分析设置和计算结果。用户可以看到在 Eigenvalue Buckling 下面包含了一个 Pre-Stress(Static Structural)预应力作为初始条件。

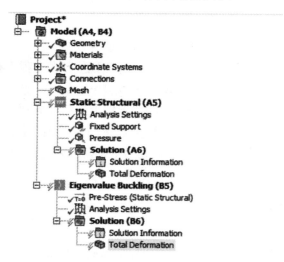

图 6-2　特征值屈曲分析的项目树

1. 静力分析阶段

特征值计算之前的静力分析在建模和分析设置等方面与一般的静力分析并没有什么不同,只是其目的不是为了计算静力变形和应力,而是为了计算应力刚度。下面介绍几点注意事项。

(1)加载

前处理工作完成后,在 Project 树中选择 Static Structural(A5)分支,为结构添加约束及荷

第 6 章　结构特征值屈曲分析

载。施加的约束要反映结构的实际受力状态,施加的荷载即引起屈曲的荷载。约束以及荷载在静力分析中施加即可,在后续的特征值屈曲中无需重复施加。前面已经介绍过,通常是施加单位荷载,这样做的好处是计算出来的特征值就恰好等于临界荷载。如果施加的不是单位荷载,则临界荷载等于施加的荷载乘以计算出来的特征值。

(2) 求解

静力分析部分可以单独求解,也可以在计算特征值屈曲时一并求解。如果先求解静力分析的话,与标准静力分析的求解过程没有任何区别。

2. 特征值计算阶段

在特征值计算阶段,可按照如下步骤来完成:

(1) 确认 Pre-Stress 初始条件

对于特征值屈曲分析而言,Pre-Stress 分支右边显示有(Static Structural),表示是基于静力分析的应力刚度结果。

(2) Analysis Settings 设置

选择 Eigenvalue Buckling 分析的 Analysis Settings 分支,在其 Details 中进行分析选项设置,主要是设置提取特征值阶数和求解方法,如图 6-3 所示。一般问题提取一阶模态即可,复杂结构可提取前面数阶。可选择 Direct 方法和 Subspace 方法,Direct 方法是缺省方法。

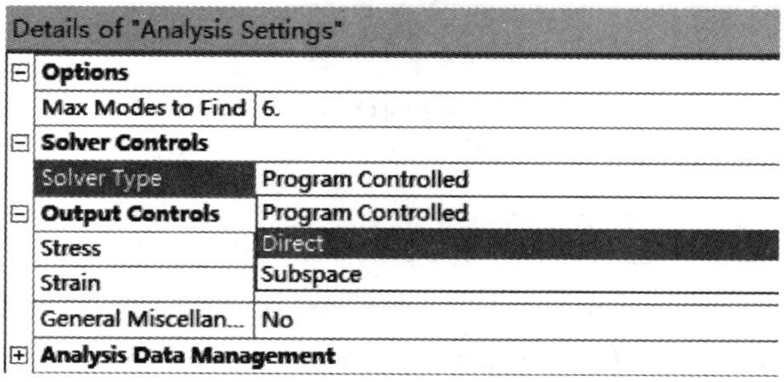

图 6-3　特征值屈曲分析求解设置

(3) 求解

特征值屈曲分析阶段将保持静力分析阶段使用的结构约束,不需要在特征值屈曲分析部分增加新的约束及荷载。选择项目树中的 Linear Buckling 分支,按下工具栏上的 Solve 按钮求解特征值屈曲分析。

3. 特征值屈曲分析后处理

特征值屈曲分析计算完成后,可查看特征值计算结果及特征屈曲变形。

(1) 查看特征值计算结果

在 Project Tree 中选择 Eigenvalue Buckling 分支下的 Solution Information,在 Worksheet 中显示 Solver Output 求解过程的输出信息,其中可以查看特征值的计算结果。此外,选择 Eigenvalue Buckling 分支下的 Solution 分支,在 Graph 以及 Tabular Data 列表中也可以查看特征值计算结果列表。

(2) 查看特征值屈曲形状

在 Tabular Data 列表中用鼠标左键单击 Load Multiplier,然后点击鼠标右键,在弹出的鼠标右键菜单中选择 Create Mode Shape Results,在 Eigenvalue Buckling 的 Solution 分支下出

现与特征值相关的屈曲变形 Total Deformation 结果分支。

在 Outline 中选择 Eigenvalue Buckling 下面的 Solution 分支,在其鼠标右键菜单中选择 Evaluate All Results,Mechanical 会计算这些变形结果。评估完成后,选择 Solution 分支下的 Total Deformation 结果分支,观察变形结果。

具体的后处理操作可以参照本章 6.3 节中的计算例题。

6.3 特征值屈曲分析例题

本节给出一个拱壳结构的典型特征值屈曲分析案例,相关计算结果还将在后续应用于本书第 9 章非线性屈曲的分析案例中。

1. 问题描述

浅拱形钢壳结构如图 6-4 所示,半径 2000 mm,跨度 2000 mm,壳体厚度 10 mm,宽度 200 mm,两个拱脚固定约束,在壳体顶面作用均布的压力,计算在理想条件下的屈曲临界屈曲荷载与特征变形。

图 6-4 浅拱形钢壳示意图

2. 建立分析流程

在 Workbench 界面下,选择左侧工具箱的 Static Structural,拖放至右侧 Project Schematic 中,然后选择 Eigenvalue Buckling 系统,点击鼠标左键将其拖放至刚添加的静力分析系统 A:Static Structural 的 A6 Solution 单元格上,得到如图 6-5 所示的分析流程。

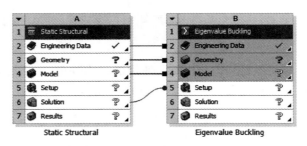

图 6-5 特征值屈曲分析流程

3. 定义材料

(1)添加新材料

双击 A 系统的 Engineering Data 单元格,进入 Engineering Data 界面,创建一个新的材料名称"mat",如图 6-6 所示。

(2)添加材料特性

从左侧工具箱中选择 Linear Elastic→Isotropic Elasticity,如图 6-7 所示,拖放至 mat 上,使之具备线弹性特性。从左侧工具箱中选择 Plasticity→Bilinear Kinematic Hardening,如

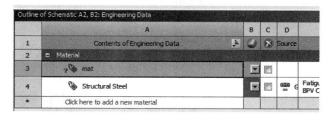

图 6-6 添加新材料

图 6-8 所示,拖放至 mat 上,使之具备双线性随动硬化特性。

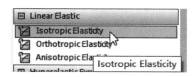 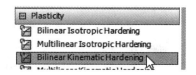

图 6-7 添加线弹性特性　　　　图 6-8 添加随动硬化特性

(3)指定材料参数

在 mat 特性列表中输入对应的材料参数,如图 6-9 所示。mat 材料的弹塑性应力—应变关系曲线如图 6-10 所示。材料定义完成后,关闭 Engineering Data,返回 Workbench。

	A	B	C	D	E
1	Property	Value	Unit		
2	Material Field Variables	Table			
3	☐ Isotropic Elasticity				
4	Derive from	Young's Modulus and Poisson's R...			
5	Young's Modulus	2E+11	Pa		
6	Poisson's Ratio	0.3			
7	Bulk Modulus	1.6667E+11	Pa		
8	Shear Modulus	7.6923E+10	Pa		
9	☐ Bilinear Kinematic Hardening				
10	Yield Strength	3E+08	Pa		
11	Tangent Modulus	2.1E+09	Pa		

图 6-9 mat 材料特性参数

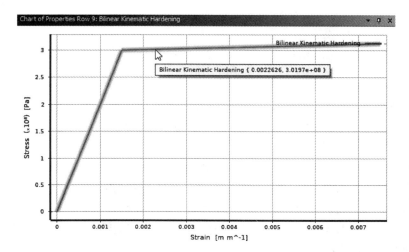

图 6-10 mat 应力—应变曲线

4. 创建几何模型

(1) 启动 SCDM

选择 A3:Geometry 单元格,在右键菜单中选择 New SpaceClaim Geometry,启动 SCDM。

(2) 设置建模单位

在 SCDM 界面中,选择文件→SpaceClaim 选项,打开设置面板,选择建模长度单位为米,如图 6-11 所示。

图 6-11 选择建模单位

(3) 设置工作平面

用鼠标左键点击一下图形显示区域左下角的 Z 轴箭头,如图 6-12(a)所示,切换至正视 XY 平面,坐标轴指示如图 6-12(b)所示。

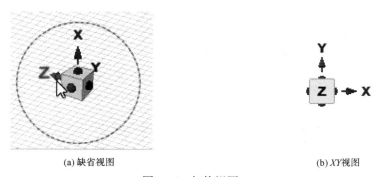

(a) 缺省视图　　　　　　　　　　　　(b) XY视图

图 6-12 切换视图

单击图形显示区域底部的 按钮,并在 XY 平面的任意位置单击一下鼠标左键,这时将草图工作平面切换至 XY 平面,并在 XY 面内显示栅格,如图 6-13 所示。

(4) 创建草图

在 XY 面内创建一个圆形草图,按如下步骤进行操作:

① 创建第 1 个点。如图 6-14 所示,在草图工具栏中选择"点"工具,在 X 轴负半轴创建一个点,如图 6-15 所示,为其标注位置为 -1 m,如图 6-16 所示。

② 建立第 2 个点。按照与上面相同的操作,在 X 轴的正半轴上创建第 2 个点,并为其标注位置为 1,如图 6-17 所示。

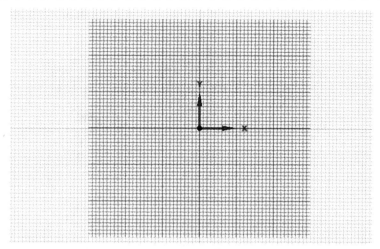

图 6-13　XY 面内的栅格

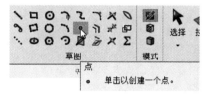

图 6-14　选择点工具

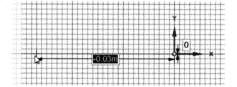

图 6-15　创建第 1 个点

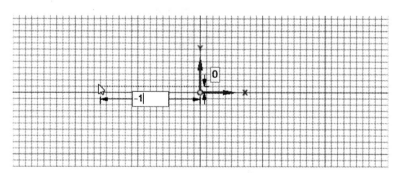

图 6-16　为第 1 个点标注位置

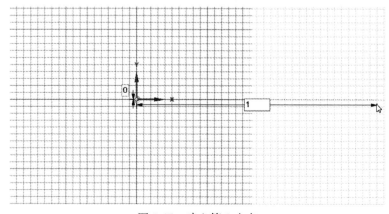

图 6-17　建立第 2 个点

③建立一段圆弧。如图 6-18 所示,在草图工具栏中选择"三点弧"。选择前面定义的两个点拉出一个圆弧的形状,如图 6-19 所示。

图 6-18　选择三点弧工具

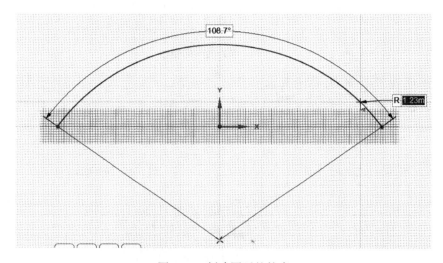

图 6-19　创建圆弧的轮廓

如图 6-20(a)所示,在圆弧的 R 中输入 2。按下 Enter 键,然后按 Esc 键,创建的拱壳草图弧线如图 6-20(b)所示。

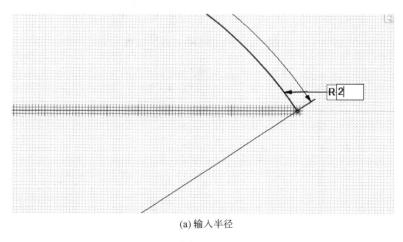

(a) 输入半径

图　6-20

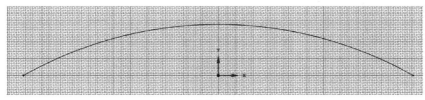

(b) 形成圆弧

图 6-20　定义圆弧半径

④切换至三维模式。如图 6-21 所示，在工具栏上选择三维模式按钮，由草图模式切换至三维模式。

图 6-21　切换至三维模式

⑤拉动形成拱壳面。按住鼠标中键，转动一个角度。选择“拉动”工具，选择上面画的圆弧，向 Z 轴负方向拉动，在距离输入框中输入 0.2，然后按 Enter 键，形成拱壳面，如图 6-22 所示。

⑥设置拱壳面厚度。如图 6-23 所示，在拱壳面的属性中设置厚度为 0.01 m。创建完成后的拱壳几何模型如图 6-24 所示，关闭 SCDM。

图 6-22　形成拱壳面

属性

材料	
材料名称	未知材料
流体	否
密度	无
外观	
中间面	
厚度	0.01m

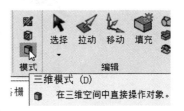

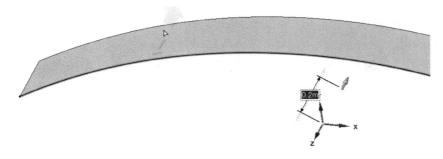

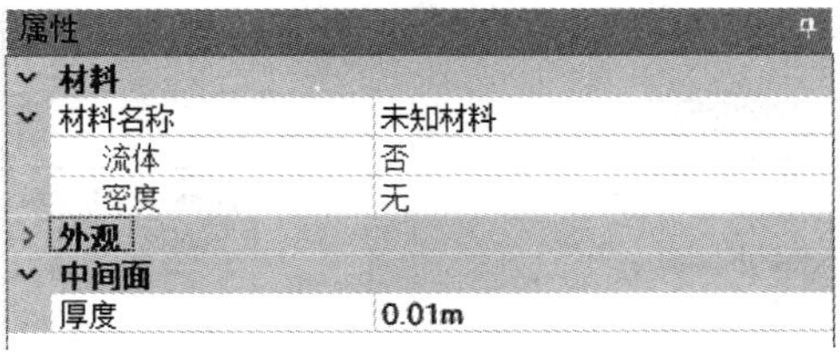

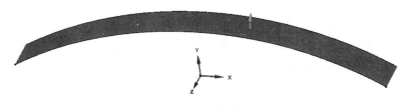

图 6-23　设置拱壳面厚度

图 6-24　几何模型

5. 前处理

在 Workbench 的 Project Schematic 中选择 A4:Model 并双击打开 Mechanical 界面，导入拱壳的几何模型如图 6-25 所示。在 Project 树中选择 Geometry 目录下的表面体，在此表面体的 Details 中设置 Material Assignment 为 mat，如图 6-26 所示。

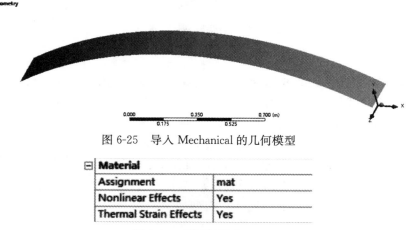

图 6-25　导入 Mechanical 的几何模型

Material	
Assignment	mat
Nonlinear Effects	Yes
Thermal Strain Effects	Yes

图 6-26　设置材料为 mat

6. 施加约束与载荷

(1)施加约束

①切换至边选择模式。在 Graphics 工具条上按下线段选择过滤按钮(或 Ctrl+E)，如图 6-27 所示。

②施加底边约束。选择 Static Structrual(A5)分支，选择两侧拱脚底边，并在图形显示区单击右键，在右键菜单中选择 Insert→Fixed Support。

(2)施加压力载荷

①切换至面选择模式。在 Graphics 工具条上按下表面选择过滤按钮(或 Ctrl+F)，如图 6-28 所示。

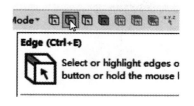

图 6-27　切换至边选择模式

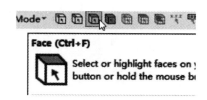

图 6-28　切换至表面选择模式

②在拱面施加单位压力载荷。选择拱面，在图形显示区单击右键，在右键菜单中选择 Insert→Pressure，在 Details of Pressure 中输入 Magnitude 为 1 Pa。

7. 特征值屈曲分析及结果查看

(1)求解

在 Project 树中选择 Solution(C6)分支，并在其右键菜单中选择 Solve，求解特征值屈曲分析部分。

（2）查看特征值屈曲结果

按照如下步骤操作：

①查看特征值计算结果

在 Project Tree 中选择 Eigenvalue Buckling 分支下的 Solution 分支，在 Graph 以及 Tabular Data 列表中查看特征值（屈曲载荷因子）的计算结果列表，如图 6-29 所示。选择 Eigenvalue Buckling 分支下的 Solution Information，在 Worksheet 中显示 Solver Output 求解过程的输出信息，其中也包含特征值的计算结果。

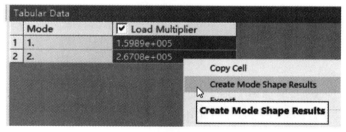

图 6-29　查看载荷因子

②查看特征值屈曲形状

在 Tabular Data 列表中用鼠标左键单击 Load Multiplier，然后点鼠标右键，在弹出的鼠标右键菜单中选择 Create Mode Shape Results，如图 6-30 所示。在 Eigenvalue Buckling 的 Solution 分支下出现与特征值相关的屈曲变形 Total Deformation 结果分支。

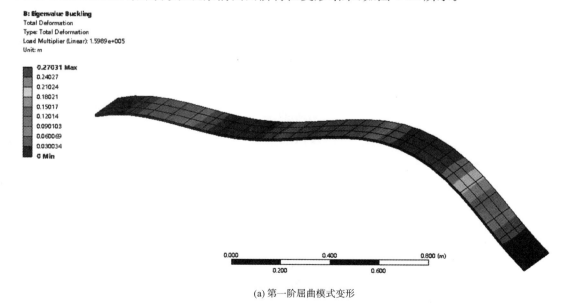

图 6-30　提取屈曲模态变形

在 Outline 中选择 Eigenvalue Buckling 下面的 Solution 分支，在其鼠标右键菜单中选择 Evaluate All Results，Mechanical 会计算这些变形结果。评估完成后，选择 Solution 分支下的 Total Deformation 结果分支，观察前面两阶特征变形结果，如图 6-31 所示。

(a) 第一阶屈曲模式变形

图　6-31

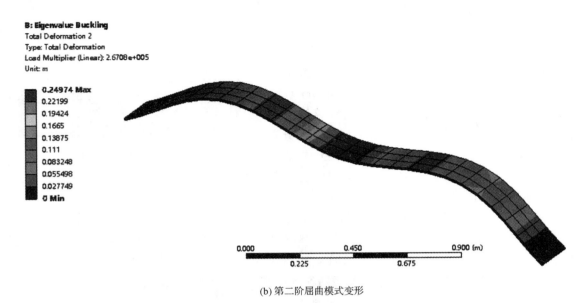

(b) 第二阶屈曲模式变形

图 6-31　查看屈曲变形

8. 保存项目文件

关闭 Mechanical 界面，返回 Workbench，单击 File→Save As，保存名为 arch_buckling 的项目文件，后续在第 9 章的非线性屈曲分析中将用到此文件。

第 7 章 结构的模态分析

模态分析用于计算结构的固有振动特性，可以得到自振频率、振型、参与系数、有效质量等系列结果，模态分析还是其他基于模态叠加的动力学分析的基础。本章介绍普通模态分析以及预应力模态分析的实现过程和要点，并提供了典型的模态分析案例。

7.1 普通模态分析

在 Workbench 环境中，普通模态分析可以通过调用预置的 Modal 分析系统模板来完成。在 Workbench 界面左侧的 Toolbox 中选择 Analysis Systems 下面的 Modal 系统，将其拖放至 Workbench 的 Project Schematic 区域，这时出现一个模态分析系统 A:Modal，如图 7-1 所示。

Modal 分析系统的 A1 单元格为标题栏，A2 到 A7 单元格分别代表模态分析的各主要实现环节，每一个单元格都有对应的集成于 Workbench 的 ANSYS 程序组件，依次完成这些单元格，即可完成模态计算过程。各单元格的作用及相关的组件见表 7-1。

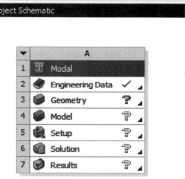

图 7-1 Workbench 中的模态分析系统

表 7-1 模态分析各单元格的作用及对应程序组件

单 元 格	作　　用	对应的程序组件
A2 Engineering Data	定义材料数据，包括材料的弹性参数、密度等	Engineering Data
A3 Geometry	用于建立或导入几何模型	SCDM/DM 或 CAD 接口
A4 Model	用于前处理形成有限元分析模型	Mechanical
A5 Setup	用于施加约束及指定分析选项	Mechanical
A6 Solution	求解计算	Mechanical
A7 Results	结果的后处理	Mechanical

通过表 7-1 可见，完成一个模态分析包含 Engineering Data、Geometry、Model、Setup、Solution 以及 Results 共 6 个操作环节，涉及 Engineering Data 组件、Geometry 组件以及 Workbench 中的结构分析组件 Mechanical 等三个程序组件。

下面对 Workbench 中模态分析各环节的操作要点和注意事项进行介绍。

1. 定义材料数据

模态分析涉及质量，因此在材料定义时要注意指定材料的密度。对于有阻尼模态分析，还需要在材料参数中定义阻尼特性。对于通常使用的自定义材料方式，新建一个材料名称，或在材料列表中选择材料，在 Engineering Data 左侧的 Toolbox 中双击 Density、Constant Damping Coefficient、Isotropic Elasticity 等项目，按需要添加到所定义的材料中，在 Properties 面板中列出了相关材料属性，黄色区域（高亮度显示区域）表示参数待输入，如图 7-2 所示。

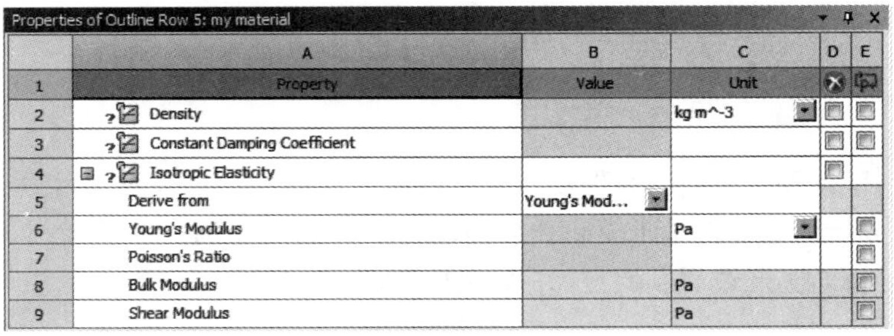
Properties of Outline Row 5: my material

	A	B	C	D	E
1	Property	Value	Unit		
2	Density		kg m^-3		
3	Constant Damping Coefficient				
4	Isotropic Elasticity				
5	Derive from	Young's Mod...			
6	Young's Modulus		Pa		
7	Poisson's Ratio				
8	Bulk Modulus		Pa		
9	Shear Modulus		Pa		

图 7-2　Properties 面板中的材料属性列表

输入材料特性参数时，一定要注意输入物理量单位的统一和正确性。当材料属性栏显示参数的单位不合适或不正确时，可以单击 Units 列中的▼按钮在其下拉列表中选择修改，也可通过 Units 菜单进行单位切换。

2. 创建或导入几何模型

几何模型可以在 SCDM 或 DM 组件中创建，也可以导入外部几何文件。具体方法可参考相关的例题。

3. 进入 Mechanical 完成模态分析

几何模型准备完成后，双击 A4 Model 单元格，即可启动 Mechanical 组件。模态分析后续的操作都需要在 Mechanical 应用界面下完成。下面分别从模型前处理、约束的施加、分析选项设置、求解以及查看结果等方面来介绍相关操作要点。

（1）模型前处理

前处理阶段主要包括 Geometry、Connections 和 Mesh 三个部分。

①Geometry 分支

在 Mechanical 的 Geometry 分支下包含了全部的几何信息，模型中所有的几何体都在 Geometry 分支下以子分支的形式列出。

选择每一个几何体子分支，在 Details View 中可以为其指定显示颜色、透明度、刚柔特性（刚体不变形、柔性体能发生变形）、材料类型、参考温度等。此外，还给出了此几何体的统计信息，如体积、质量、质心坐标位置、各方向的转动惯量。如果进行了网格划分，还能显示出这个体包含的单元数量、节点数量、网格质量指标等。材料类型属性是在 Engineering Data 中定义的，为每一个体选择对应的材料类型即可。

在几何组件中没有指定厚度的面体，需要在 Mechanical 中指定其厚度或截面。Mechanical 中支持多层复合材料壳截面，即 Layered Section。如果为一个面体同时指定了厚度和 Layered Section，则起作用的是 Layered Section。

几何模型中忽略的一些部件，在前处理中可代之以等效质量点，但是要注意质量、转动惯量和质心位置等参数的准确。在 Geometry 分支的鼠标右键菜单中还可以选择 Insert→Point Mass，可以在模型中加入集中的质量点，以模拟省略的部件或配重，起到简化模型的作用。除了集中质量外，还可以通过 Geometry 分支右键菜单 Insert→Distributed Mass 添加分布质量，

第 7 章 结构的模态分析

在选择的表面上,可以选择指定总质量或单位面积质量两种方式来定义分布质量。

② 部件连接关系

如果 Geometry 分支下包含多个体(部件)时,需要在 Connection 分支下指定模型各个部件之间的连接关系,最常见的连接关系是接触关系。由于模态分析本质是一种线性分析,因此仅支持线性接触,如绑定接触。在 Mechanical 中可以进行接触连接关系的自动识别,也可进行手工的接触对指定。除了接触外,各部件之间还可以通过 Spot Weld(焊点)、Joint(铰链)、Spring(弹簧)、Beam(梁)等方式进行连接,这些连接类型通常采用手工方式指定。

③ 网格划分

计算整体模态时,可以采用较粗的网格。如果关心局部的高阶振动模态,可以采用局部的加密网格。具体网格划分方法可参考本书第 3 章的内容。

(2) 施加支座约束

由于模态分析与外部激励无关,因此不允许施加外荷载,但是必须为结构施加必要的支座约束。施加约束时,选择项目树的 Modal 分支,用鼠标右键菜单选择 Insert,然后可加入所需的约束类型,如图 7-3 所示。

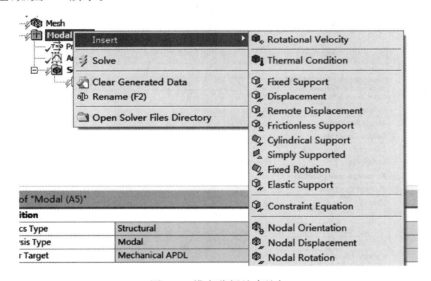

图 7-3 模态分析约束施加

可施加的约束类型包括 Fixed Support、Displacement、Remote Displacement、Frictionless Support、Cylindrical Support、Simply Supported、Fix Rotation、Elastic Support 以及 Constraint Equation、Nodal Displacement、Nodal Rotation 等。这些位移约束的简单说明见表 7-2。

表 7-2 模态分析中可施加的约束类型说明

约束类型	说 明
Fixed Support	固定约束,节点的所有自由度均为 0
Displacement	给定位移约束,可选择位移分量,但模态分析中不支持非零约束
Remote Displacement	远端点位移约束,约束位置可在结构上或结构外,约束远端点与受约束的对象包含节点之间建立约束方程

续上表

约束类型	说　　明
Frictionless Support	法向光滑约束
Cylindrical Support	圆柱面约束,可选择约束圆柱面的径向、周向、轴向
Simply Supported	简支约束,仅约束线位移,不约束转角
Fix Rotation	固定转动约束,不约束线位移分量
Elastic Support	弹性支座,用于模拟弹性地基,需指定单位面积的地基刚度
Constraint Equation	约束方程,用于把模型的不同部分通过自由度约束方程连接起来
Nodal Displacement	直接施加于节点集合的线位移约束
Nodal Rotation	直接施加于节点集合的转角位移约束

施加上述约束时,要注意与结构的实际约束状态相一致。每施加一个约束都会在 Modal 分支下增加一个对应约束的子分支,在 Details 中指定约束的相关参数,即可完成约束的施加。

(3) 分析选项设置

模态分析的选项通过 Analysis Settings 分支来设置。Analysis Settings 分支在 Modal 分支下,其 Details 选项用于设置模态分析的相关选项,如图 7-4 所示。

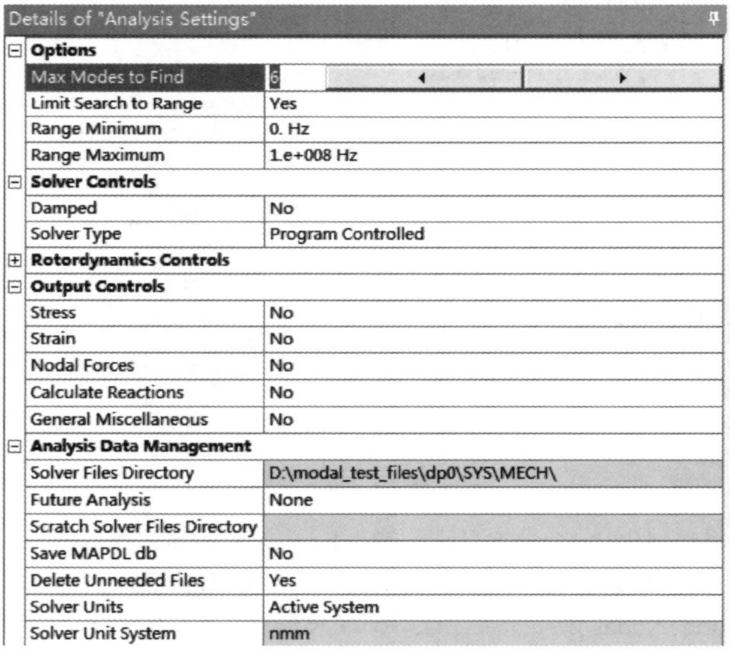

图 7-4　模态分析的 Analysis Settings

下面简单介绍一下 Analysis Settings 的 Details 设置中的常用选项。

① 提取模态数

Max Modes to Find 选项用于指定所需的 Number of Modes,缺省为提取前 6 个自然频率。提取频率数可以通过如下两种方式来指定:

a. 前 N 阶模态($N>0$)。

b. 在选定的频率范围的前 N 阶模态。选择这种指定方式时，需要设置 Limit Search to Range 为 Yes，然后再指定频率范围的上下限 Range minimum 以及 Range Maximum。

②阻尼

Damped 选项缺省为 No，即在模态分析中不考虑阻尼。如果模态分析中需要考虑阻尼，则设置 Damped 选项为 Yes。如果模态分析包含了阻尼，则频率和振型将成为复数。对于有阻尼的模态分析，在 Details of "Analysis Settings"选项列表中出现一个 Damping Controls 选项用于定义阻尼参数。质量阻尼系数 Mass Coefficient 可以直接在列表中指定，而对于刚度阻尼，则提供了如下两种不同指定方式：

a. Stiffness Coefficient Defined By Direct Input

选择此选项时，定义阻尼的区域如图 7-5 所示。

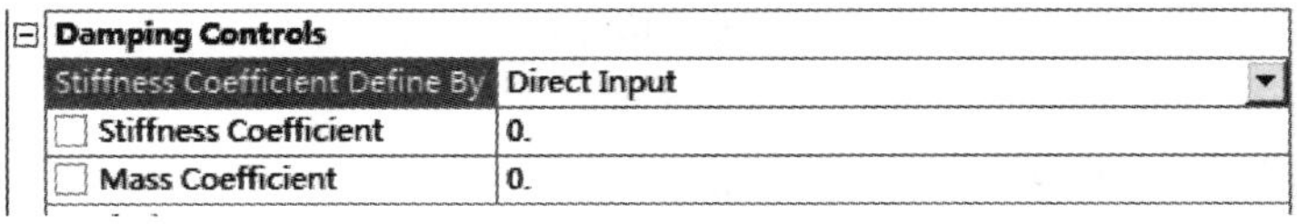

图 7-5　刚度阻尼系数直接输入

b. Stiffness Coefficient Defined By Damping vs Frequency

选择此选项时，定义阻尼的区域如图 7-6 所示。

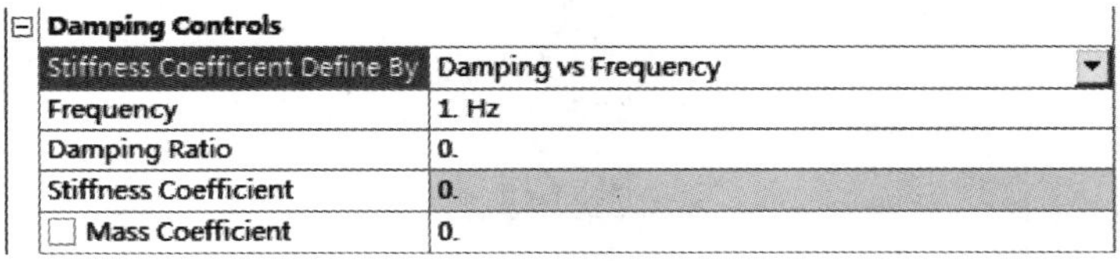

图 7-6　刚度阻尼系数通过阻尼—频率来指定

③选择 Solver Type

通常可以通过缺省选项 Program Controlled 来确定合适的求解算法，也可通过 Solver Type 选项右侧的下拉列表选择算法。对无阻尼的模态分析以及有阻尼的模态分析，可选择的算法分别如图 7-7(a)及(b)所示。

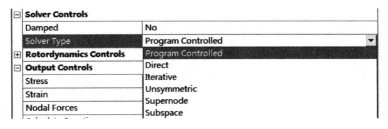

(a) 无阻尼模态分析

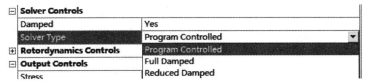

(b) 有阻尼模态分析

图 7-7　算法的选择

④Output Controls 选项设置

缺省情况下，模态分析仅计算模态频率及振型，可以在 Analysis Settings 分支 Details 列表的 Output Controls 选项中指定计算 Stress、Strain 等相对分布结果项为 Yes。如果打开了某个计算结果项目的开关后，还可以选择保存这些结果，以便能加快后续使用模态结果的分析类型。

⑤Analysis Data Management 设置

Analysis Data Management 选项用于分析数据管理设置。其中，如果在后续的模态叠加法瞬态分析、谐响应分析、PSD 分析、响应谱分析中应用模态结果，则 Future Analysis 选项可以选择 MSUP Analyses。如果在 Workbench 的 Project Schematic 中已经预先把此模态分析系统与其他后续分析系统联系起来，则 Future Analysis 选项会直接被设置为 MSUP Analyses。Save MAPDL db 选项用于设置是否保存 Mechanical APDL 环境格式的数据库文件。

（4）模态求解

上述设置完成后，按下 Mechanical 界面工具栏上的"Solve"按钮，程序即调用 Mechanical Solver 进行求解计算。计算过程中会弹出一个如图 7-8 所示的计算进度条。用户可以通过其中的"Stop Solution"按钮来停止求解过程。

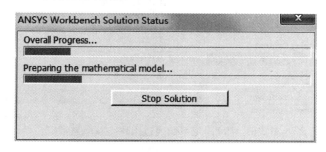

图 7-8　求解进度条

（5）查看模态计算结果

求解信息和结果位于 Solution 目录下。

①Solution Information 信息

Solution Information 是 Solution 分支下的第一个子分支，可用于在求解过程中或求解完成后查看求解器的计算输出信息，如模型总质量、提取到的频率列表、振型参与系数及各方向的有效质量等。图 7-9 所示为计算过程中输出的 X、Y、Z 三个方向的振型参与系数及有效质量。

②查看频率列表

计算完成后，在图形显示区域下方的 Graph 及 Tabular Data 区域，会通过柱状图以及表格的形式显示各阶自振频率。除频率外，对于有阻尼的模态分析，Tabular Data 中还会列表显示稳定性、模态阻尼比、对数衰减等参数。图 7-10 所示为频率列表，共提取了 6 阶模态。

③查看振型及其他结果

a. 查看振型图

可以在 Graph 选择某一阶频率的条柱，或在 Tabular Data 中选择某一阶频率的单元格，按下鼠标右键，选择 Create Mode Shape Results，随后在项目树的 Solution 分支下增加一个

Worksheet

***** PARTICIPATION FACTOR CALCULATION ***** X DIRECTION

MODE	FREQUENCY	PERIOD	PARTIC.FACTOR	RATIO	EFFECTIVE MASS	CUMULATIVE MASS FRACTION	RATIO EFF.MASS TO TOTAL MASS
1	0.769537E-01	12.995	-0.32400E-13	0.868177	0.104977E-26	0.233359	0.176683E-25
2	0.252388	3.9622	-0.62703E-14	0.168016	0.393166E-28	0.242099	0.661726E-27
3	0.489172	2.0443	-0.34426E-13	0.922455	0.118513E-26	0.505550	0.199466E-25
4	0.871114	1.1480	0.27267E-13	0.730627	0.743478E-27	0.670822	0.125132E-25
5	1.15152	0.86842	0.37320E-13	1.000000	0.139276E-26	0.980428	0.234411E-25
6	1.46231	0.68385	0.93833E-14	0.251431	0.880467E-28	1.00000	0.148189E-26
sum					0.449850E-26		0.757128E-25

***** PARTICIPATION FACTOR CALCULATION ***** Y DIRECTION

MODE	FREQUENCY	PERIOD	PARTIC.FACTOR	RATIO	EFFECTIVE MASS	CUMULATIVE MASS FRACTION	RATIO EFF.MASS TO TOTAL MASS
1	0.769537E-01	12.995	0.61989E-13	0.850278	0.384259E-26	0.220651	0.646734E-25
2	0.252388	3.9622	0.13519E-13	0.185436	0.182764E-27	0.231145	0.307605E-26
3	0.489172	2.0443	0.67372E-13	0.924121	0.453900E-26	0.491785	0.763944E-25
4	0.871114	1.1480	-0.55278E-13	0.758236	0.305571E-26	0.667251	0.514296E-25
5	1.15152	0.86842	-0.72904E-13	1.000000	0.531499E-26	0.972449	0.894549E-25
6	1.46231	0.68385	-0.21904E-13	0.300451	0.479789E-27	1.00000	0.807517E-26
sum					0.174148E-25		0.293104E-24

***** PARTICIPATION FACTOR CALCULATION ***** Z DIRECTION

MODE	FREQUENCY	PERIOD	PARTIC.FACTOR	RATIO	EFFECTIVE MASS	CUMULATIVE MASS FRACTION	RATIO EFF.MASS TO TOTAL MASS
1	0.769537E-01	12.995	0.19070	1.000000	0.363672E-01	0.704863	0.612084
2	0.252388	3.9622	0.10610E-05	0.000006	0.112581E-11	0.704863	0.189481E-10
3	0.489172	2.0443	-0.10605	0.556108	0.112468E-01	0.922846	0.189291
4	0.871114	1.1480	0.55919E-05	0.000029	0.312694E-10	0.922846	0.526286E-09
5	1.15152	0.86842	-0.19149E-01	0.100412	0.366673E-03	0.929953	0.617135E-02
6	1.46231	0.68385	0.60117E-01	0.315242	0.361407E-02	1.00000	0.608272E-01
sum					0.515947E-01		0.868373

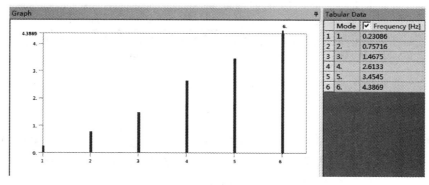

图 7-9　振型参与系数及有效质量输出结果

Tabular Data

	Mode	Frequency [Hz]
1	1.	0.23086
2	2.	0.75716
3	3.	1.4675
4	4.	2.6133
5	5.	3.4545
6	6.	4.3869

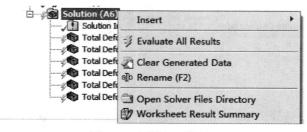

图 7-10　频率计算结果

Total Deformation 子分支。也可以在 Tabular Data 中用 Shift 键或 Ctrl 键选择多个或全部的模态，然后用鼠标右键菜单来创建模态振型结果。待评估的各阶模态振型分支 Total Deformation 加入 Solution 分支后，在 Solution 的鼠标右键菜单中选择 Evaluate All Results，如图 7-11 所示，即可获得所需的振型结果。

图 7-11　评估振型结果

选择每一个评估完成的振型变形结果分支,在图形显示区域即显示此模态的振型变形等值线图,如图 7-12 所示为一个悬臂板的一阶弯曲振型。

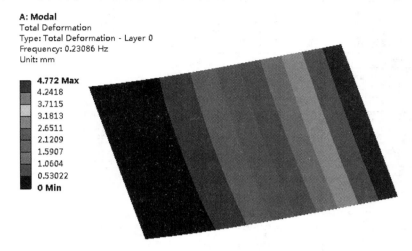

图 7-12　悬臂板的一阶弯曲振型

b. 动画观察振型

在 Graph 区域出现动画播放控制条 Animation,如图 7-13 所示。可以选择动画播放观察振型,或输出振型动画文件。

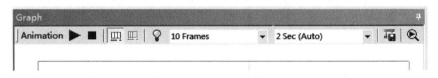

图 7-13　动画播放振型

如果在计算之前的 Output Controls 中选择了输出应力、应变等量,在计算之后可在 Solution 分支下加入相应的结果分支,然后在这些分支的 Details 中设置属于哪一阶模态。图 7-14 所示为一个模态应力结果分支的 Details。

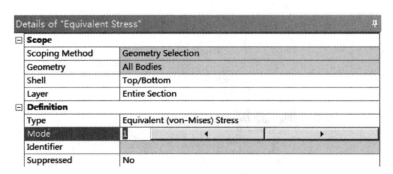

图 7-14　模态应力结果分支的 Details

在上述 Details 中选择 Mode 1,则第 1 阶模态(悬臂板的一阶弯曲模态)的应力相对分布显示如图 7-15 所示。

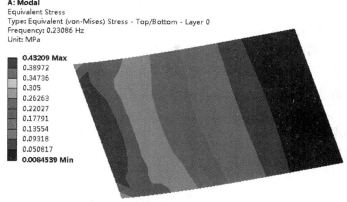

图 7-15　悬臂板的一阶模态应力相对分布等值线图

7.2　预应力模态分析

预应力模态分析是指在模态分析中考虑应力刚度对频率的影响。本节介绍在 Workbench 中预应力模态分析的实现要点和注意事项。

1. 预应力模态分析系统搭建的两种方式

Workbench 环境下的预应力模态分析，可以通过调用预置的预应力模态分析系统模板来完成。双击 Workbench 界面左侧 Toolbox→Custom Systems→Pre-Stress Modal，可以添加预应力模态分析系统模板到 Workbench 的 Project Schematic 区域，如图 7-16 所示。

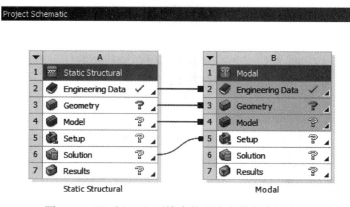

图 7-16　Workbench 环境中的预应力模态分析流程

预应力模态分析系统也可以通过手工方式进行搭建，具体方法是：首先向 Project Schematic 区域添加一个 Toolbox→Analysis Systems 下面的 Static Structural 系统，然后在 Toolbox→Analysis Systems 下选择 Modal 系统，点击鼠标左键将其拖放至刚才添加的 A：Static Structural 系统的 A6：Solution 单元格，得到的分析系统与上述分析系统是等价的。

在预应力模态分析系统中，单元格 A2 和单元格 B2、单元格 A3 和单元格 B3、单元格 A4 和单元格 B4 之间通过连线联系在一起，连线的右端为实心的方块表示数据的共享，即结构静力分析系统 A 和结构模态分析系统 B 之间共享 Engineering Data（工程材料数据）、Geometry

（几何模型）以及 Model（有限元模型）。单元格 A6：Solution 和单元格 B5：Setup 之间通过连线相联系，连线右端的实心圆点表示数据的传递，即由单元格 A6 将计算的应力刚度结果传递到单元格 B5 并设置为初始条件。

2. 预应力模态分析求解要点

与普通模态分析相比，预应力模态分析的前处理、后处理阶段几乎没有什么区别，不同之处在于其求解阶段。

预应力模态的求解过程包括两个阶段，即静力分析阶段和模态分析阶段，静力分析阶段的作用是计算应力刚度。两个阶段的求解过程均是在 Mechanical 界面下完成。双击 A4 单元格进入 Mechanical 界面，其 Project 树如图 7-17 所示。

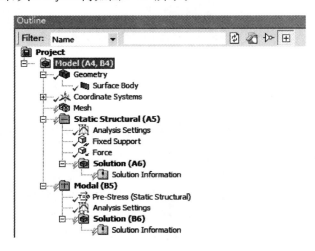

图 7-17　预应力模态分析的项目树

在上述界面的项目树（Project Tree）中，可以看到 Model 分支右侧显示（A4,B4），表示共享模型，即 Mesh 分支以上的各分支为静力分析和模态分析所共用。分析环境分支有两个，即 Static Structural（A5）以及 Modal（B5），对应两个分析阶段。

下面对这两个分析阶段进行介绍。

（1）静力分析阶段

静力分析阶段与一般的静力分析没有区别。前处理阶段的工作完成后，在项目树中选择 Static Structural（A5）分支，利用鼠标右键菜单插入合适的约束及荷载。可选的约束及荷载类型很多，注意这里施加的荷载仅用于计算应力刚度。

加载完成后，选择 Static Structural 分支，按工具栏上的"Solve"按钮求解静力分析。

（2）模态分析阶段

模态分析阶段与普通模态分析基本一致，这里仅介绍操作要点。

①Pre-Stress 分支

对预应力模态分析而言，Modal 分支下面的第一个分支是 Pre-Stress 分支，其右边显示有（Static Structural），表示是基于静力分析的应力刚度结果。如果与模态分析相联系的静力分析有多个子步的结果（多个重启动点），则可以选择由任何一个可用的重启动点开始模态分析，缺省选项为由最后一个子步开始，可以选择通过 Time 或 Load Step 来定义分析中采用哪一步的 Pre-Stress 结果，这些选项可以在 Pre-Stress 分支的 Details 中进行设置，如图 7-18 所示。

第 7 章 结构的模态分析

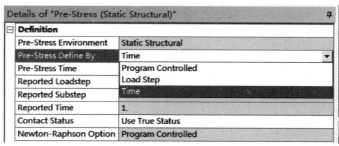

图 7-18　Pre-Stress 的 Details 选项

②约束

需要注意,预应力模态分析中将保持之前静力分析中使用的结构约束,因此不允许在模态部分增加新的约束。

③求解

Analysis Settings 设置与一般模态分析相同。设置完成后,选择项目树中的 Modal 分支,按工具栏上的"Solve"按钮求解预应力模态。计算完成后,可按 7.1 节介绍的方法查看预应力模态分析的结果。

7.3　模态分析例题:回转轮盘的静、动模态计算

7.3.1　问题描述

在进行高速旋转部件的设计时,需要对转动部件进行模态分析,求解出其固有频率和相应的模态振型,通过合理的设计使其工作转速尽量远离转动部件的固有频率。对于高速部件,工作时由于受到离心力的影响,其固有频率与静止时相比会有变化。为此,在进行模态分析时需要考虑离心力的影响。本节将首先对某转轮进行静模态分析,然后进行考虑离心载荷时的预应力的动模态分析。转轮的截面形状如图 7-19 所示,进行预应力模态分析时其转速为 12000 r/min,转轮材料为结构钢。

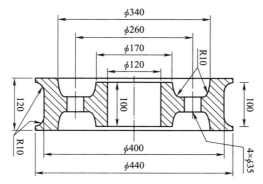

图 7-19　转轮截面形状及几何参数(单位:mm)

7.3.2　基于 SCDM 创建几何模型

本节建模过程采用 ANSYS SCDM 导入二维 dwg 图纸,并由二维过渡到三维的建模方

法,具体按如下步骤进行操作:

1. 启动 SCDM 并导入 dwg 图纸

通过系统开始菜单 ANSYS 程序组中的 SCDM,启动 ANSYS SCDM。在 ANSYS SCDM 窗口中,单击主菜单中插入标签下的"文件"选项,在弹出的对话框中选择"转轮.dwg"并将其打开,如图 7-20 所示。将窗口左上方的面板标签切换至图层面板,找到标注所在图层(本题中为 AM_5),单击 图标将该图层隐藏,如图 7-21 所示。

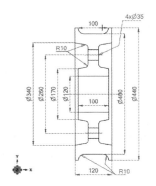

图 7-20　读入 ANSYS SCDM 的转轮图纸

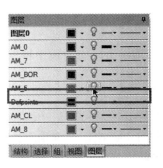

图 7-21　图层控制面板

2. 填充回转域

(1)将主菜单切换至设计标签,鼠标左键单击"编辑"下的"选择"工具(或直接按 S 键),进入选择模式。按住 Ctrl 键,利用框选及点选的方式依次选中如图 7-22 所示的加深显示的直线(转轮剖面边线)。

(2)单击"编辑"下的"填充"工具(或直接按 F 键),填充包围区域,如图 7-23 所示。

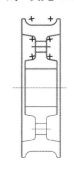

图 7-22　选择直线段

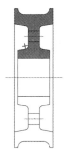

图 7-23　填充包围区域

3. 生成回转体

(1)在项目树中选中填充生成的表面。

(2)单击设计标签下的"拉动"工具,选择窗口左侧工具向导中的 旋转工具。

(3)选择转轮中心线为旋转轴,拖动鼠标并按空格键然后输入 360°,生成回转体,如图 7-24 及图 7-25 所示。

4. 创建圆孔

(1)在项目树中,取消代表回转体的实体前的复选框,将其隐藏。

第 7 章 结构的模态分析

图 7-24　拉动转轮草图

图 7-25　生成回转体

（2）参照第 2 步，生成半个开孔处的填充表面，如图 7-26 所示。
（3）参照第 3 步，选择小孔中线为回转轴线。
（4）在项目树中勾选回转体实体前的复选框，将其显示出来。
（5）在窗口左下方的拉动选项中，选中 ■ 切割选项。
（6）拖动鼠标左键，按空格键然后输入 360°，此时在回转体上生成一个孔，如图 7-27 所示。

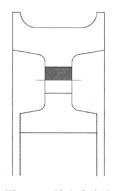

图 7-26　填充半个孔

图 7-27　生成小孔

5．创建孔阵列
（1）在项目树中，隐藏除实体外的所有对象。
（2）切换至选择模式，选中小孔，然后单击设计标签下的"移动"工具。
（3）拖动"移动图标"的原点至回转体内圆柱面上，如图 7-28 所示。
（4）在窗口左下方的移动选项中，勾选"创建阵列"前的复选框。
（5）拖动绕回转轴旋转的光标，按 Tab 键分别输入阵列数目 4 个及角度 90°，如图 7-29 所示。
（6）单击空白区域完成转轮几何模型的创建。

6．保存几何文件
单击菜单 File→Save，以 Wheel. scdoc 为文件名保存几何模型文件。

7.3.3　搭建项目分析流程

按照如下步骤搭建项目分析流程：

图 7-28　改变移动光标原点位置

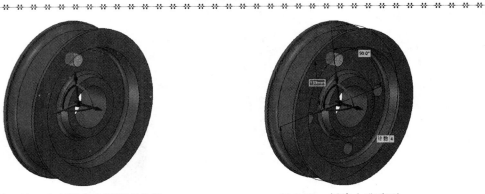
图 7-29　创建小孔阵列

(1) 在 ANSYS SCDM 中，单击主菜单准备标签下"ANSYS Workbench"中的 ANSYS 14.5 图标，进入 ANSYS Workbench。

(2) 在 Workbench 左侧工具箱中的分析系统中，拖动 Static Structural 分析系统至项目图解窗口中已存在的 Geometry 组件系统的 A2 单元格上。

(3) 从工具箱中拖动 Modal 分析系统至 Static Structural 分析系统的 B4 Model 单元格上，创建模态分析系统。

(4) 从工具箱中拖动 Modal 分析系统至 Static Structural 分析系统的 B6 Solution 单元格上，搭建预应力模态分析系统，然后双击鼠标左键将 D 分析系统名称改为 Pre-stress_Modal。

(5) 单击 File→Save，输入"Modal_and_Pre-Stress Modal"作为项目名称，保存项目文件。搭建完成的项目分析流程如图 7-30 所示。

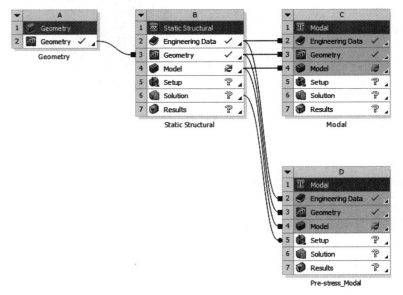

图 7-30　项目分析流程

7.3.4　模态分析

1. 前处理

轮盘材料为缺省的结构钢，因此无需设置。双击 B4 Model 单元格，进入 Mechanical。选择 Project→ Model(B4,C4)→Mesh,在 Mesh 的 Details 中设置 Element Size 为 1.5e-2 m,在 Mesh 分支右键菜单中选择 Generate Mesh,形成网格,如图 7-31 所示。

2. 模态分析设置及求解

(1)在项目树中单击 Modal(C5)→Analysis Settings,在其明细栏中将 Options 下的 Max Modes to Find 改为 6,其他选项采用缺省设置,如图 7-32 所示。

(2)在项目树中单击 Modal(C5),在上下文工具栏中选择 Supports→Cylindrical Support,然后选择转轮内圆柱面作为 Scope→Geometry 项的内容,将 Definition 下的 Radial 改为 Free,如图 7-33 所示。

图 7-31 轮的网格划分

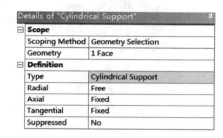

图 7-32 模态分析设置(一)   图 7-33 边界条件设置

(3)鼠标右键单击项目树中的 Solution(C6),选择 Solve,执行求解。

3. 后处理

求解结束后,按照如下步骤进行后处理操作:

(1)选中项目树中的 Solution(C6),窗口下方的 Graph 及 Tabular Data 中给出了转轮前 6 阶自振频率,如图 7-34 所示。

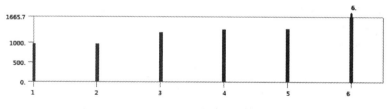

图 7-34 转轮前 6 阶自振频率

(2)在频率表格中单击鼠标右键,选择 Select All,再次单击鼠标右键,然后选择 Creat Modal Shape Results。

(3)右键项目树中的 Solution(C6),选择 Evaluate All Results 获取振型变形结果,前 6 阶模态振型如图 7-35 所示。

7.3.5 预应力模态分析

本节介绍转轮在转动条件下的预应力模态分析。因建模过程中模型的坐标原点不在转轮

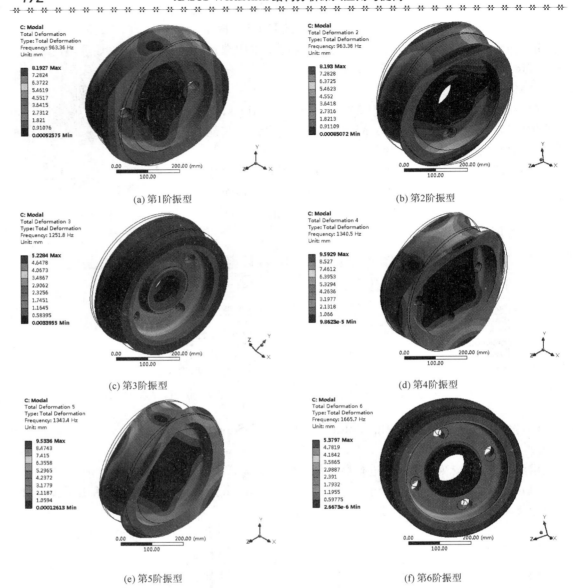

图 7-35 转轮前 6 阶振型

轴线上,为了便于加载,需创建一个轴线在转轮中心的局部坐标系,然后再添加边界条件并求解。具体的操作步骤如下:

1. 创建局部坐标系

(1)选中项目树中的 Coordinate Systems。

(2)在图形显示窗口中,选中转轮内圆柱面。

(3)单击鼠标右键选择 Insert→Coordinate System,会生成一个新的局部笛卡尔坐标系,如图 7-36 所示。

2. 静力分析设置

(1)选中项目树中的 Static Structural(B5)分支。

(2)单击上下文工具栏中的 Supports→Cylindrical Support,在其明细栏中选择转轮内圆

第 7 章　结构的模态分析

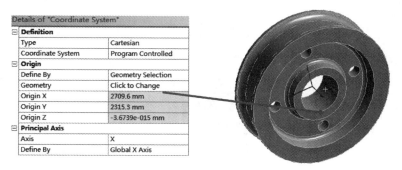

图 7-36　局部笛卡尔坐标系

柱面作为 Geometry 项的内容,将 Definition 中的 Radial 改为 Free,如图 7-37 所示。

(3)单击右下角单位系统工具栏,将旋转速度单位由 rad/s 改为 RPM。

(4)单击上下文工具栏中的 Inertial→Rotational Velocity,在明细栏中将 Definition 下的 Define By 改为 Components,Coordinate System 改为新创建的局部坐标系,输入 X Component 值为 12000 RPM,如图 7-38 所示。

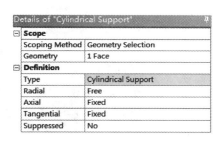

图 7-37　Cylindrical Support 设置

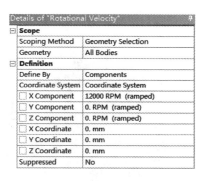

图 7-38　Rotational Velocity 设置

3. 预应力模态分析求解与后处理

(1)预应力模态设置

选中项目树中的 Modal(D5)→Analysis Settings,在明细栏中将 Options→Max Modes to Find 改为 6,其他选项采用缺省设置,如图 7-39 所示。

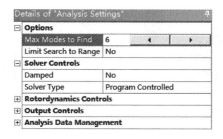

图 7-39　模态分析设置(二)

(2)求解

鼠标右键单击 Modal(D5),选择 Solve,执行求解。

(3)后处理

①选中 Project 树中的 Solution(D6)，窗口下方的 Graph 及 Tabular Data 中给出了离心力作用下转轮的前 6 阶频率，如图 7-40 所示。

图 7-40　离心力作用下转轮前 6 阶频率

②在频率表格中单击鼠标右键，选择 Select All，再次单击鼠标右键，然后选择 Creat Modal Shape Results。

③右键项目树中的 Solution(D6)，选择 Evaluate All Results，获得各频率下的振型，如图 7-41 所示。

对照无预应力模态分析中的转轮频率值及振型图可以看出，在离心力作用下，转轮的前 6 阶振动频率值均有所提高。

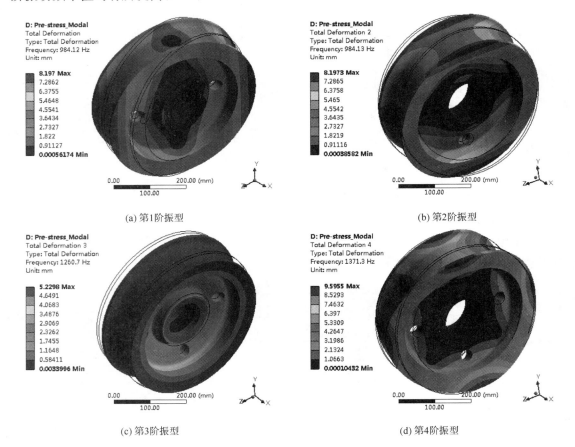

(a) 第1阶振型　　　　　　　　　　(b) 第2阶振型

(c) 第3阶振型　　　　　　　　　　(d) 第4阶振型

图　7-41

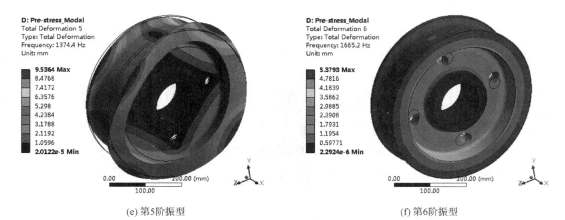

(e) 第5阶振型　　　　　　　　　　　　(f) 第6阶振型

图 7-41　离心力作用下转轮前 6 阶模态振型

第8章 热传导分析与热应力计算

本章介绍基于 ANSYS Workbench 的热传导分析与热应力计算的实现方法和要点。在热传导分析部分,介绍了材料参数输入、边界条件和载荷指定、分析设置等问题;在热应力计算部分,介绍了均匀的温度变化及变化的温度场两种热应力问题的处理方法。

8.1 热传导分析的实现方法

热传导问题包括稳态以及瞬态两种类型。瞬态热传导分析用于计算随时间变化的温度场,稳态热传导分析用于计算结构达到热平衡状态后的温度场。在 ANSYS Workbench 环境中,固体结构的热传导分析可通过调用工具箱中的热分析系统模板来实现。

8.1.1 稳态热传导分析的实现方法

1. 稳态热传导分析系统

在 Workbench 左侧工具箱中,选择 Steady-State Thermal 稳态热分析模板,用鼠标左键将其拖放至右侧 Project Schematic 窗口中,如图 8-1 所示。这个分析系统包含了 Engineering Data、Geometry、Model、Setup、Solution、Results 等组件。其中,Engineering Data 用于定义稳态热传导分析所需的材料性能参数;Geometry 为几何组件,与其他分析系统的几何组件一样;Model 部分为创建有限元分析模型;Setup 部分用于问题的物理定义;Solution 部分用于求解;Results 部分用于后处理。Model、Setup、Solution 以及 Results 部分都是在 Mechanical 界面下进行的。

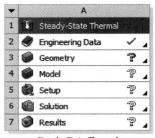

图 8-1 稳态热传导分析系统模板

2. Engineering Data 材料数据定义

在上述稳态热传导系统中双击 Engineering Data 单元格,进入工程材料数据定义界面。对于稳态热传导问题,Engineering Data 的材料工具箱已经进行了过滤,仅显示与此分析类型相关的材料属性,如图 8-2 所示。

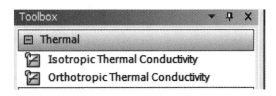

图 8-2 稳态热传导相关的材料属性

一般情况下较为常用的是自行指定材料属性和参数。下面分别介绍各向同性和正交各向异性两种与稳态热分析相关的材料模型参数定义。

(1)各向同性材料

操作步骤如下：

①定义材料名称

在 Engineering Data 的 Outline 区域，输入一个材料名称，如图 8-3(a)所示的"mat"。

②选择材料属性

在左侧 Toolbox 中选择 Isotropic Thermal Conductivity，点击鼠标左键将其拖放至新材料名称 mat 上，这时在 mat 的 Properties 列表中出现 Isotropic Thermal Conductivity 属性，如图 8-3(a)所示。

③输入材料参数

分以下两种情况：

a. 与温度无关的情况

在如图 8-3(a)所示的 Isotropic Thermal Conductivity 属性右侧 Value 列输入材料的导热系数即可。

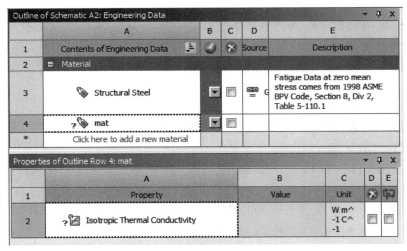

(a)

(b)

图 8-3

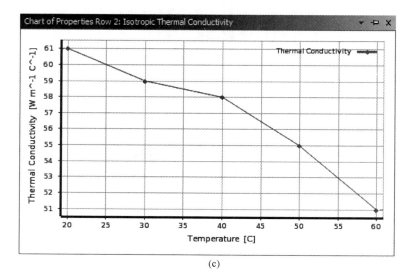

(c)

图 8-3 定义温度相关的导热系数

b. 与温度相关的情况

在 mat 材料的 Properties 列表中选择待指定的 Isotropic Thermal Conductivity 属性,在界面右上角的 Table 中输入温度和对应的导热系数,如图 8-3(b)所示,材料导热系数随温度变化的曲线如图 8-3(c)所示。这时注意到 Isotropic Thermal Conductivity 属性右侧 Value 列改变显示为 Tabular。

(2)正交各向异性材料

正交各向异性材料参数指定的具体操作步骤如下:

①定义材料名称

在 Engineering Data 的 Outline 区域,输入一个材料名称,如图 8-4(a)所示的"MAT"。

②选择材料属性

在左侧 Toolbox 中选择 Orthotropic Thermal Conductivity,点击鼠标左键将其拖放至新材料名称 MAT 上,这时在 MAT 的 Properties 列表中出现 Orthotropic Thermal Conductivity 属性,如图 8-4(a)所示。

③输入材料参数

正交各向异性材料的参数定义分为以下两种情况:

a. 与温度无关的情况

在如图 8-4(a)所示的 Orthotropic Thermal Conductivity 属性右侧 Value 列输入材料的三个方向的导热系数即可。

b. 与温度相关的情况

在 MAT 材料的 Properties 列表中选择待指定的 Isotropic Thermal Conductivity 属性,在界面右上角的 Table 中输入温度和对应的三个方向的导热系数,如图 8-4(b)所示,材料导热系数随温度变化的曲线如图 8-4(c)所示,其为 X 方向导热系数随温度变化的曲线。这时注意到 Orthotropic Thermal Conductivity 属性右侧 Value 列已经改变显示为 Tabular。

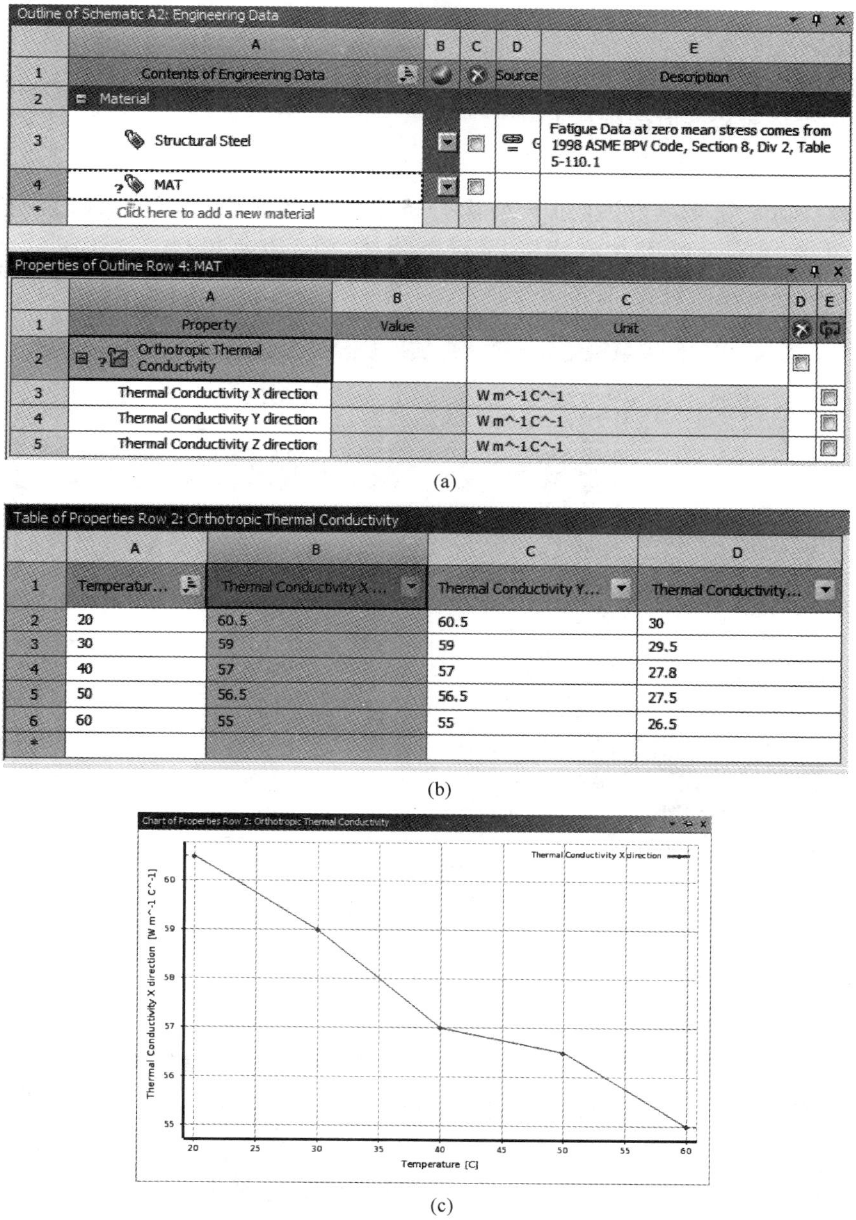

第 8 章 热传导分析与热应力计算

图 8-4 正交各向异性材料与温度相关的参数

3. 几何模型准备

Geometry 组件用于提供仿真分析的几何模型，可以是导入的外部几何文件，也可以通过 ANSYS SCDM 或 DM 创建热分析的几何模型或编辑导入的几何文件。具体的建模操作可参考相关的例题。

4. 热分析的前处理

Model 单元格用于创建稳态热传导分析的有限元模型，双击此单元格可进入 Mechanical 界面，在此界面下完成有限元模型创建的工作。下面重点介绍 Geometry、Connections 及

Mesh 三个分支。

(1)Geometry 分支

在 Geometry 分支下，为导入的几何模型的各个部件指定在 Engineering Data 中添加的材料模型。面体还需要指定厚度等信息。

(2)Connections 分支

在 Connections 分支下，可通过与结构分析中相同的操作方法加入接触分支 Contact Region。通过接触界面可以在有温差的两个物体之间传递热量。在 Contact Region 的 Details View 中进行接触设置，如图 8-5 所示。

Details of "Contact Region"	
Scope	
Scoping Method	Geometry Selection
Contact	1 Face
Target	1 Face
Contact Bodies	Solid
Target Bodies	
Definition	
Type	Bonded
Scope Mode	Automatic
Behavior	Program Controlled
Trim Contact	Off
Suppressed	No
Advanced	
Formulation	Program Controlled
Detection Method	Program Controlled
Elastic Slip Tolerance	Program Controlled
Thermal Conductance	Manual
Thermal Conductance Value	0. W/mm²·°C
Pinball Region	Radius
Pinball Radius	0. mm
Geometric Modification	
Contact Geometry Correction	None
Target Geometry Correction	None

图 8-5　热接触的选项

接触区域分支 Contact Region 的 Details 选项包括：

①Scope 部分

这部分用于指定接触面。对于手工指定的接触对需要分别指定 Contact 面以及 Target 面，对于自动识别的接触可在此处列出或编辑修改接触面和目标面。

②Definition 部分

这部分用于指定接触类型、接触行为等，与结构分析的接触定义选项类似。

③Advanced 部分

这部分用于指定接触算法(Formulation)、接触探测方法(Detection Method)、Thermal Conductance 及 Pinball 等。

Thermal Conductance 选项可选择 Program Controlled 或 Manual。如果选择 Program Controlled，程序将设置一个足够大的值以模拟一个热阻抗最小的完美的热接触。如果设置为 Manual，需要手工指定 Thermal Conductance Value 的值。对于 3D 问题的面接触或 2D 问题的边接触，Thermal Conductance Value 的量纲是热量/(时间×温度×面积)。对于 3D 的边或点接触，量纲为热量/(时间×温度)，作用于接触面一侧的所有节点上。

Pinball Region 的作用与结构分析类似，用于定义接触搜索的范围。Pinball 区域的范围可以选择 Program Controlled、Auto Detection Value 或 Radius 三种方式定义。选择 Program Controlled 选项,程序自动计算 Pinball 区域范围。Auto Detection Value 选项仅用于自动生成的接触区域,选择此选项时 Pinball 区域范围将等于自动接触探测的 tolerance 范围,这个选项适用于接触自动探测区域大于 Program Controlled 选项的范围。选择 Radius 选项时需要手工指定 Pinball 范围的半径,这时将出现一个 Radius 选项,在其中需要手工指定 Pinball 的半径。对于 bonded 和 no separation 类型的接触,Pinball 区域内的区域被认为发生接触和热量的传递。对于其他类型接触,Pinball 区域仅用于区分近场和远场,在 Pinball 范围以内的近场情况下程序将通过计算来探测接触是否真实发生,在 Pinball 区域以外的体,程序将不探测接触。

(3) Mesh 分支

选择 Mesh 分支,定义网格划分方法及参数并划分单元,注意在温度梯度大的位置细化网格。对于稳态热传导分析,网格方面无需进行特殊的设置,但如果后续需要进行热应力分析,需要考虑网格密度对后续的热应力结构分析是否足够。

5. 加载及分析选项设置

与 Setup 单元格相对应的组件也是 Mechanical,这个阶段的任务主要是指定热分析的初始条件、分析选项及边界条件和荷载。双击 Setup 单元格进入的也是 Mechanical 界面。

(1) 初始温度

Steady-State Thermal 分支下包含一个 Initial Temperature 分支,此分支用于定义稳态分析初始温度,其 Details 如图 8-6 所示。对于稳态热分析,此处定义的均匀的初始温度主要是用于确定与温度相关的材料属性以及作为恒定温度荷载的初始值。

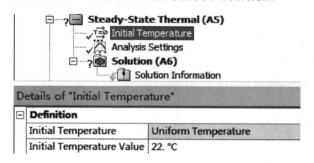

图 8-6　Initial Temperature

(2) 分析设置

Setup 阶段的另一项工作是进行热分析的分析选项的设置,选择分析环境分支下的 Analysis Settings 分支,设置相关的分析选项。稳态热分析的 Analysis Settings 如图 8-7 所示。

在这些分析选项中,最常用的是载荷步设置选项。热分析的载荷步与前述结构分析的载荷步意义基本相同,具体包含如下的载荷步选项:

① Number of Steps

此选项表示载荷步的个数,可根据需要设置多个载荷步。

② Current Step Number

此选项的意义是当前选择的载荷步号。

Details of "Analysis Settings"	
Step Controls	
Number Of Steps	1.
Current Step Number	1.
Step End Time	1. s
Auto Time Stepping	Program Controlled
Solver Controls	
Solver Type	Program Controlled
Solver Pivot Checking	Program Controlled
Radiosity Controls	
Radiosity Solver	Program Controlled
Flux Convergence	1.e-004
Maximum Iteration	1000.
Solver Tolerance	1.e-007 W/mm²
Over Relaxation	0.1
Hemicube Resolution	10.
Nonlinear Controls	
Heat Convergence	Program Controlled
Temperature Conver...	Program Controlled
Line Search	Program Controlled
Output Controls	
Calculate Thermal Flux	Yes
Nodal Forces	No
Contact Miscellaneo...	No
General Miscellaneous	No
Store Results At	All Time Points
Analysis Data Management	

图 8-7 稳态热分析的求解设置

③Step End Time

此选项的意义表示当前载荷步结束的时间,对稳态问题,"时间"没有实际意义。

④Auto Time Stepping

此选项如果设为 On 表示打开自动时间步。

⑤Define by

Auto Time Stepping 为 On 时出现此选项,用于控制自动时间步的定义方式,有两种方式可选,即 Define by Substeps 或 Define by Time,与结构分析中的意义完全相同。如果选择了 Define by Substeps,则需要指定 Initial Substeps、Minimum Substeps、Maximum Substeps;如果选择了 Define by Time,则需要指定的参数是 Initial Time Step、Minimum Time Step、Maximum Time Step。两种情况的设置分别如图 8-8(a)、(b)所示。

Step Controls	
Number Of Steps	1.
Current Step Number	1.
Step End Time	1. s
Auto Time Stepping	On
Define By	Substeps
Initial Substeps	1.
Minimum Substeps	1.
Maximum Substeps	10.

(a) Define by Substeps

图 8-8

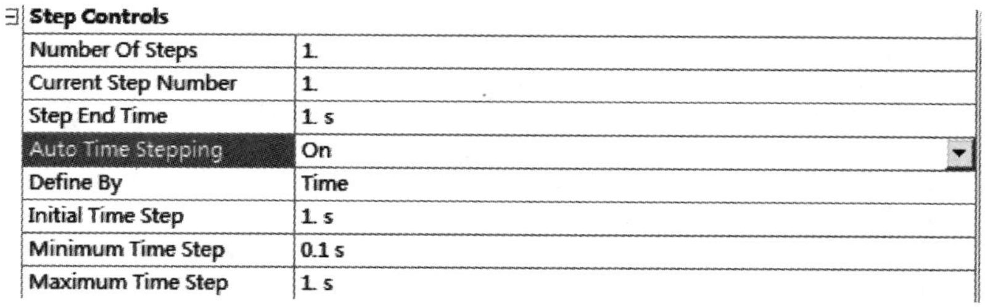

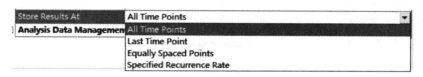

(b) Define by Time

图 8-8 稳态热分析的自动时间步设置

稳态热传导分析的 Analysis Settings 中还涉及辐射选项、非线性选项、输出选项等。这些选项通常取缺省设置即可。在输出选项控制（Output Control）中，缺省为计算输出热通量，即 Calculate Thermal Flux 为 Yes。Store Results At 选项用于定义保存结果的频率，如图 8-9 所示。

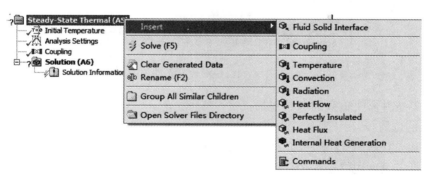

图 8-9 热分析的结果保存频率设置选项

(3) 施加边界条件及热荷载

选择分析环境 Steady-State Thermal 分支，在鼠标右键菜单中选择 Insert 添加边界条件及荷载，如图 8-10 所示。

图 8-10 稳态热分析的边界条件及荷载

常用的热分析问题边界及荷载类型及其意义见表 8-1。表中所列的后三种为耦合求解的载荷数据的导入。

表 8-1 热分析中的边界条件及荷载类型

名 称	意 义
Temperature	恒温边界条件
Convection	对流边界条件
Radiation	辐射边界条件
Heat Flow	热流量

续上表

名　　称	意　　义
Perfectly Insulated	绝热边界条件
Heat Flux	热通量
Internal Heat Generation	体积内部热生成
FSI	流固耦合界面
Imported Temperature	由 CFD 分析导入的温度
Imported Convection Coefficient	由 CFD 分析导入的对流系数

下面简单介绍几种边界条件及荷载的施加方法和选项。

①Temperature

Temperature 用于定义温度边界条件。在 Steady-State Thermal 分析环境分支下插入 Temperature 表示添加恒温边界条件，对应的分支为 Temperature 分支，其 Details 设置如图 8-11 所示。

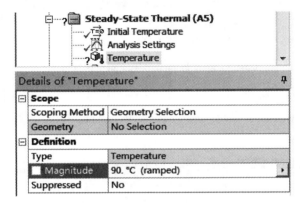

图 8-11　恒温边界条件

恒温边界条件需要输入的参数包括：

a. 边界的位置

在 Details 的 Scope 部分，可以通过 Geometry Selection 或 Named Selection 两种方式之一选择需要指定温度边界条件的部位。

b. 温度值

在 Definition 部分的 Magnitude 中输入温度的数值。

②Convection

Convection 为对流型边界条件。在 Steady-State Thermal 分析环境分支的鼠标右键菜单中选择 Insert→Convection 用于添加对流边界条件，对应的分支名称为 Convection，其 Details 设置如图 8-12 所示。

对流边界条件只能施加于 3D 模型的面上或 2D 模型的边上，对流边界条件需要指定的参数包括：

a. 对流边界的表面

对流边界的表面可以在 Details 中的 Scope 部分通过 Geometry Selection 或 Named

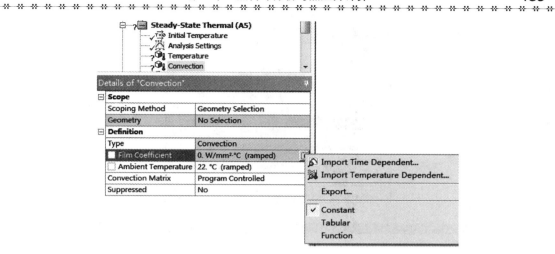

图 8-12　对流边界条件

Selection 两种方式之一选择。

b. 对流换热系数

Film Coefficient 为对流换热系数，在 Definition 部分的 Film Coefficient 中定义。如图 8-12 所示，单击 Film Coefficient 右侧的三角形按钮，在弹出菜单中可选择 Constant、Tabular 或 Function 等方式指定，或由外部导入与时间或温度相关的数值。

c. 系数类型

Film Coefficient 为 Tabular 时，如图 8-13（a）所示，选择 Details 中 Tabular Data 的 Independent Variable 为 Temperature 时，Film Coefficient 为与温度相关的数表，这种情况下将会出现系数类型选项 Coefficient Type，如图 8-13（b）所示，可选择的选项包括 Bulk Temperature（环境温度）、Surface Temperature（表面温度）、Average Film Temperature（平均膜温度）、Difference of Surface and Bulk Temperature（表面与环境温差）。在下拉列表选择 Bulk Temperature，在 Edit Data For 中选择 Film Coefficient，即可在 Tabular Data 中定义与环境温度相关的对流换热系数，在 Graph 区域显示相关的曲线，如图 8-13（c）所示。

(a)

图　8-13

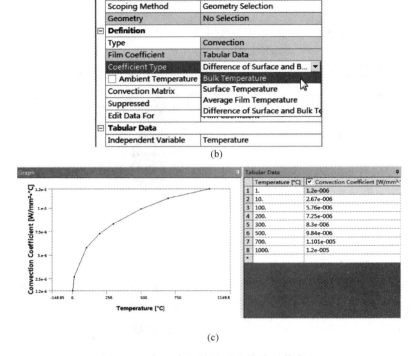

图 8-13 与温度相关的对流换热系数定义

对于 Tabular 情况独立变量不选择 Temperature 的情况(如 Time、X、Y、Z),Coefficient Type 选项将不出现在 Details 选项列表中。

d. 对流环境温度

Ambient Temperature 为环境温度,可以是一个常数(Constant),也可以是随位置和时间改变的数表(Tabular)或函数(Function),还可以选择导入数据,这些选项可以通过单击 Ambient Temperature 右侧的三角形按钮,在弹出的菜单中选择,如图 8-14 所示。对于表格型(Tabular)情况,Edit Data For 需要选择 Ambient Temperature,在 Tabular Data 的 Independent Variable 列表中可以选择独立变量,如 Time、X、Y、Z。

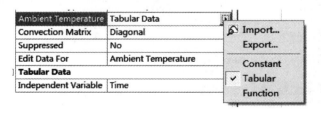

图 8-14 环境温度选项

e. Convection Matrix

此选项用于设置使用对角膜系数矩阵或一致膜系数矩阵,如图 8-15 所示。

③Radiation

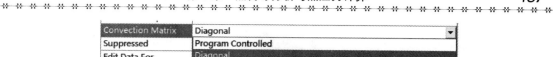

图 8-15 Convection Matrix 选项

Radiation 为辐射边界条件。在 Steady-State Thermal 分析环境分支的鼠标右键菜单中选择 Insert→Radiation 可添加辐射边界条件，对应的分支名称为 Radiation，其 Details 设置如图 8-16 所示。

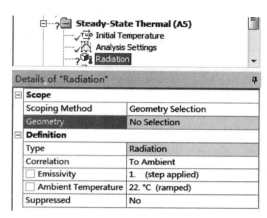

图 8-16 辐射边界条件

辐射边界条件是一个非线性边界条件，施加于 3D 模型的表面上或 2D 模型的边上。辐射边界条件需要指定的参数包括：

a. 辐射边界的表面

辐射边界的表面可以在 Details 中的 Scope 部分通过 Geometry Selection 或 Named Selection 两种方式之一选择。

b. Correlation

在 Definition 部分的 Correlation 选项用于指定辐射类型，可选择的选项包括 To Ambient 和 Surface To Surface。

c. Emissivity

在 Definition 部分的 Emissivity 参数用于指定发射率，缺省值为 1。

d. Ambient Temperature

在 Definition 部分的 Ambient Temperature 参数用于指定环境温度。此选项在面—面辐射 Enclosure Type 为 Perfect 时无需指定。

e. Enclosure Type

当 Correlation 设置为 Surface to Surface 时出现此选项，可选择 Perfect 和 Open 两个选项，此时 Details 分别如图 8-17(a)、(b)所示，无论选择哪个选项都需要指定 Enclosure 值。

④Heat Flow

在 Steady-State Thermal 分析环境分支的鼠标右键菜单中选择 Insert→Heat Flow，可添加热流量荷载，对应的分支名称为 Heat Flow，其 Details 设置如图 8-18 所示。

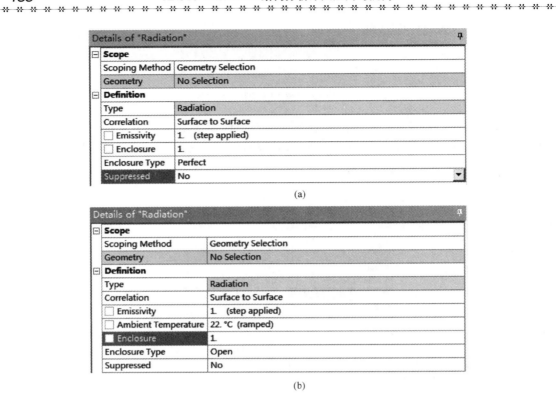

图 8-17 Enclosure 类型的影响

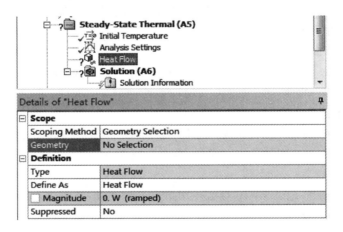

图 8-18 热流量

热流量荷载可以施加到点、线、面或体上，单位是功率（W），在 Details 中需要指定的选项包括：

a. Geometry

在 Scope 部分的 Geometry 区域可通过 Geometry Selection 或 Named Selection 选择 Geometry 对象。

b. Define As

此选项用于定义指定方式,如图 8-19 所示。缺省为 Heat Flow,即热流荷载,需指定热流的 Magnitude;选择 Perfect Insulation 时成为绝热边界,这种情况下 Magnitude 为 0,且不可更改。

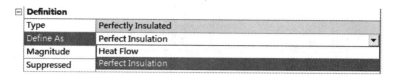

图 8-19 Define As 选项

c. Magnitude

Magnitude 选项用于指定热流荷载的数值,其 Magnitude 可以是 Constant(常数),也可以通过 Tabular(表格)或 Function(函数)的方式来指定,如图 8-20 所示。

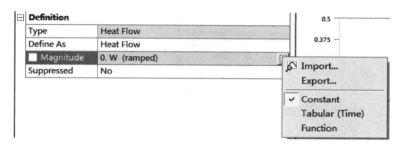

图 8-20 热流的数值定义

对于 Constant 情况,直接输入荷载数值。对于 Tabular 情况,需在界面右下侧 Tabular Data 中输入热流对时间的数据表格,在 Graph 中显示数据曲线,在 Magnitude 中显示为 Tabular Data。对于 Function 情况,需在 Magnitude 中输入热流关于变量时间(time)的函数关系。

⑤Perfectly Insulated

Perfectly Insulated 即绝热边界条件,在此边界上不发生热量的传递,可以通过以下两种方式施加绝热边界条件:

a. 直接施加绝热边界条件

在 Steady-State Thermal 稳态热分析环境分支的鼠标右键菜单中选择 Insert→Perfectly Insulated,这时在分析环境分支下出现一个 Heat Flow 分支,其 Details 设置如图 8-21 所示。这种情况下 Type 属性为 Perfectly Insulated,而不是 Heat Flow;Define As 属性为 Perfect Insulation;Magnitude 为 0 W,表示热功率为零,即没有热交换。这种情况下,唯一需要用户指定的是 Scope 部分的 Geometry,通过 Geometry Selection 或 Named Selection 两种方式之一指定绝热面的几何对象即可。

b. 通过热流荷载施加绝热边界条件

在 Steady-State Thermal 稳态热分析环境分支中选择 Insert→Heat Flow,插入前述的热流量荷载,在分析环境分支下将出现一个 Heat Flow 分支,在其 Details 中选择 Define As 属性,在下拉列表中选择 Perfect Insulation,随后 Heat Flow 的 Type 属性自动改为 Perfectly Insulated,Magnitude 会自动改为 0 W,与上述第一种方式的 Details 设置完全一致,如图 8-22 所示,这时用户只需要选择绝热面的几何对象即可。

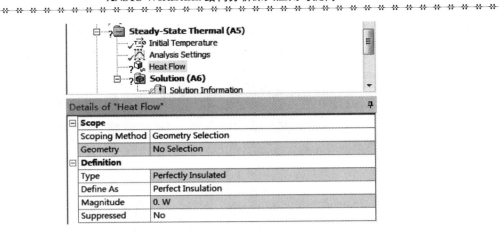

图 8-21 绝热边界条件

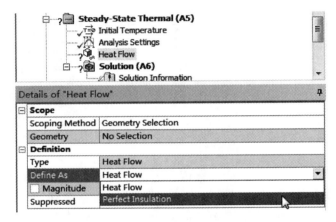

图 8-22 Heat Flow 改为绝热边界

⑥Heat Flux

Heat Flux 是热通量荷载,其施加方法是在 Steady-State Thermal 稳态热分析环境分支的鼠标右键菜单中选择 Insert→Heat Flux,插入此荷载后在分析环境分支下会出现一个 Heat Flux 分支,其 Details 设置如图 8-23 所示。热通量荷载的单位是 W/m^2,即单位面积上的功率,Heat Flux 荷载因此只能施加到面上。

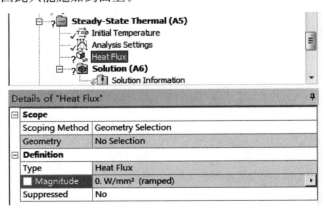

图 8-23 热通量

Heat Flux 荷载的 Details 中需要指定的参数包括：

a. 施加热通量荷载的面

在 Scope 部分的 Geometry 区域可通过 Geometry Selection 或 Named Selection 选择热通量荷载施加的 Geometry 对象，可以是 3D 模型的表面或 2D 模型的边。

b. 热通量荷载的 Magnitude

Magnitude 选项用于指定热通量荷载的数值，其 Magnitude 可以是 Constant（常数），也可以通过 Tabular（表格）或 Function（函数）的方式来指定，如图 8-24 所示。

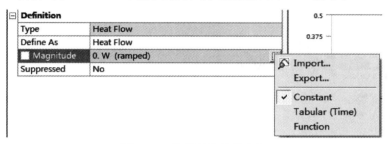

图 8-24　热通量的数值定义

对于 Constant 情况，直接输入荷载数值。对于 Tabular 情况，需在界面右下侧 Tabular Data 中输入热流对时间的数据表格，在 Graph 中显示数据曲线，在 Magnitude 中显示为 Tabular Data。对于 Function 情况，需在 Magnitude 中输入热流关于变量时间（time）的函数关系。目前，不支持随位置变化的 Tabular 或 Function 类型的 Heat Flux 荷载。

⑦Internal Heat Generation

Internal Heat Generation 即体积内部热生成荷载，其施加方法是在 Steady-State Thermal 稳态热分析环境分支的鼠标右键菜单中选择 Insert→Internal Heat Generation，插入此荷载后在分析环境分支下出现一个 Internal Heat Generation 分支，其 Details 设置如图 8-25 所示。Internal Heat Generation 的单位是 W/m^3，即单位体积上的热功率，因此 Internal Heat Generation 只能施加于体积上。

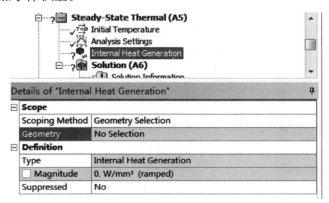

图 8-25　内部生成热设置

在 Internal Heat Generation 荷载分支的 Details 中需要指定的选项包括：

a. Scope 部分

Scope 部分用于指定荷载要施加的 Geometry 体积对象，可以通过 Geometry Selection 或

Named Selection 两种方法之一指定。

b. Definition 部分

Definition 部分的 Type 为荷载类型,Magnitude 域用于指定热荷载的数值,数值可以是常量 Constant,也可以是随时间变化的 Tabular 或 Function 形式,如图 8-26 所示。对于 Tabular 情况,需在界面右下侧 Tabular Data 中输入热荷载关于时间的数据表格,在 Graph 中显示数据曲线,在 Magnitude 中显示为 Tabular Data。对于 Function 情况,需在 Magnitude 中输入热荷载关于变量时间(time)的函数关系。目前,不支持随空间位置变化的 Tabular 或 Function 类型的 Internal Heat Generation 荷载。

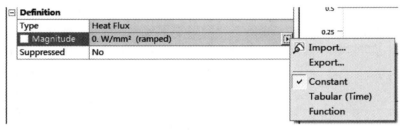

图 8-26　内部生成热数值定义

6. 求解以及后处理

(1) 添加结果项目

完成分析设置以后,在 Project 树中选择 Solution 分支,通过鼠标右键菜单在 Solution 分支下添加所需的结果项目,如温度、总体热通量、方向热通量,如图 8-27(a)所示。除了上述结果外,还可以插入接触工具箱结果以及各种 Probe,如温度、热通量、反作用热流、辐射等,如图 8-27(b)、(c)所示。此外,Coordinate Systems 用于显示单元或节点坐标系,User Defined Result 用于添加用户自定义的结果。

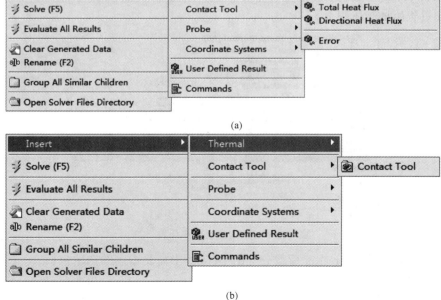

图　8-27

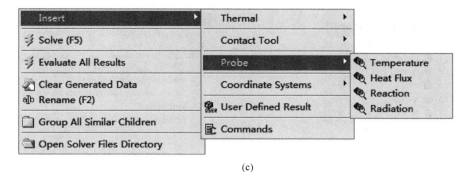

图 8-27　加入热分析的结果项目

对于反作用热流，也可用鼠标左键选择某一个边界条件（如对流边界）在 Project 树中的分支，将其拖放至 Solution 分支上，在 Solution 分支下即出现此边界条件的反作用热流 Probe，如图 8-28(a)、(b)所示。

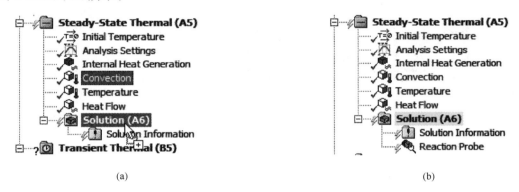

图 8-28　形成 Reaction Probe 的方法

(2) 求解

结果添加完成后，选择 Solution 分支，按下工具条上的 Solve 按钮进行求解。

(3) 结果后处理

求解完成后，选择前述添加的结果项目分支查看热分析的结果。可用结果包括温度、热通量、各种 Probe 曲线等。

8.1.2　瞬态热传导分析的实现方法

1. 瞬态热传导分析系统

在 Workbench 左侧工具箱中，Transient State Thermal 为稳态热分析模板，如图 8-29 所示。

2. Engineering Data 组件定义材料参数

在上述瞬态热传导分析系统中双击 Engineering Data 单元格，即进入工程材料数据定义界面。对于瞬态的热传导问题，Engineering Data 的材料工具箱已经进行了过滤，仅显示与此分析类型相关的材料属性，如图 8-30 所示。

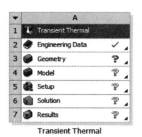

图 8-29 瞬态热分析系统

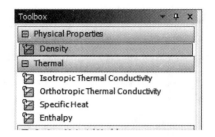

图 8-30 瞬态热传导相关的材料属性

一般情况下,常用的是自行指定材料属性和参数,除了稳态热分析中介绍的 Isotropic Thermal Conductivity 和 Orthotropic Thermal Conductivity 之外,在瞬态分析中还需要指定 Density、Specific Heat 等参数,具体的操作步骤如下:

①定义材料名称

在 Engineering Data 的 Outline 区域,输入一个材料名称,如图 8-31 所示的"MAT"。

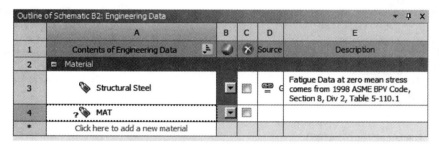

图 8-31 定义材料名称

②选择材料属性

在左侧 Toolbox 中依次选择 Density、Isotropic Thermal Conductivity、Specific Heat,点击鼠标左键依次将其拖放至新材料名称 MAT 上,这时在 MAT 的 Properties 列表中出现 Density、Isotropic Thermal Conductivity、Specific Heat 属性,如图 8-32 所示。

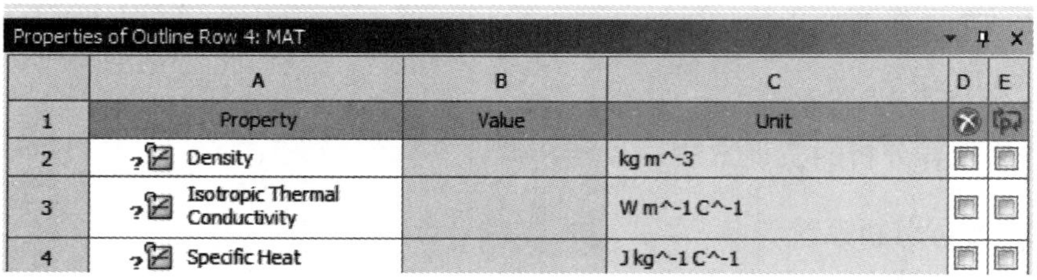

图 8-32 定义的材料参数列表

③输入材料参数

分为两种情况:一种是与温度无关的材料参数,在材料属性列表中高亮度显示的 Value 区域内直接输入所需的参数即可;另一种是与温度相关的材料参数,这时在材料属性列表中选择要指定的材料参数,比如 Specific Heat,然后在右侧 Table 中输入与温度相关的数据列表,如图 8-33(a)所示,在 Graph 区域中显示相关参数随温度变化的曲线,如图 8-33(b)所示。

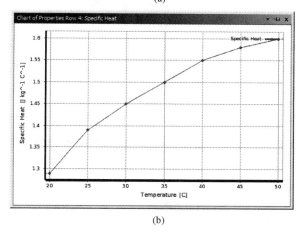

图 8-33 与温度相关的比热参数

3. 建立分析模型

Geometry 单元格、Model 单元格用于建立瞬态热分析的模型。

(1) 几何模型

在 Geometry 单元格中创建几何模型,可以是导入的外部几何文件,也可以通过 ANSYS SCDM 或 DM 创建或经过导入编辑处理的几何文件。

(2) 有限元模型

Model 单元格用于创建瞬态热传导分析的有限元模型,双击此单元格可进入 Mechanical 界面,具体操作方法与稳态分析的建模过程相同。

4. 加载及分析选项设置

与 Setup 单元格相对应的组件也是 Mechanical,这个阶段的任务主要是指定热分析的初始条件、分析设置以及边界条件和荷载。双击 Setup 单元格进入 Mechanical 界面,然后按如下步骤进行具体的操作:

(1) 设置初始温度

① 均匀的初始温度

Transient-State Thermal 分支下包含一个 Initial Temperature 分支,此分支用于定义稳态分析初始温度,其 Details 设置如图 8-34 所示。对于稳态热分析,此处定义的均匀的初始温度作用主要是用于确定与温度相关的材料属性以及作为恒定温度荷载的初始值。

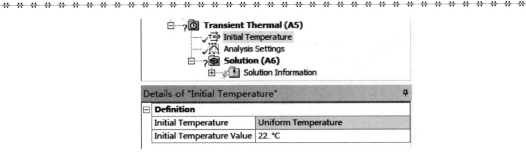

图 8-34 Initial Temperature 分支

② 以稳态分析结果作为初始温度

对于瞬态热分析,还可把稳态热分析的温度场作为其初始温度场。要实现这种效果,首先在 Project Schematic 中添加一个稳态热分析系统 A:Steady-State Thermal,然后在 Toolbox 中选择 Transient Thermal,点击鼠标左键将其拖放至 A6:Solution 单元格中,如图 8-35(a)所示,这时在 Project Schematic 中增加一个瞬态热分析系统 B:Transient Thermal,如图 8-35(b)所示。在 Project Schematic 中可以看到,分析系统 A 和 B 共享 Engineering Data、Geometry 以及 Model 三个单元格,并且分析系统 A 的 Solution 单元格到系统 B 的 Setup 单元格之间有数据连线,连线的右端为一个实心的原点,表示温度计算数据的传递。

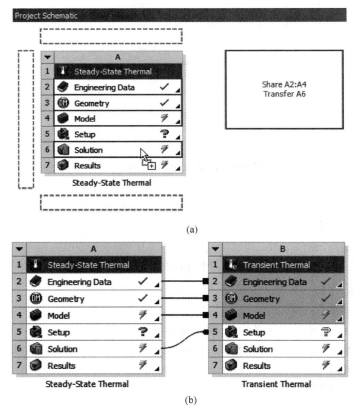

图 8-35 稳态热分析基础上的瞬态热分析

在上述稳态基础上的瞬态分析流程中,双击任意一个系统的 Setup 单元格进入 Mechanical 界面后,在 Transient Thermal 分析环境分支下选择 Initial Temperature 分支,其

Details 中显示其 Initial Temperature 为 Non-Uniform Temperature，Initial Temperature Environment 为稳态热分析环境 Steady-State Thermal，所采用的初始温度场可选择稳态分析的任意“时刻”的温度场，缺省条件下为 End Time，即稳态分析最后时刻（载荷步的结束时刻）的温度场，如图 8-36 所示。

Details of "Initial Temperature"

Definition	
Initial Temperature	Non-Uniform Temperature
Initial Temperature Environment	Steady-State Thermal
Time	End Time

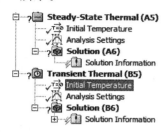

图 8-36　稳态分析结果作为瞬态分析的初始条件

（2）分析设置

Setup 阶段的另一项任务是进行瞬态热分析的分析选项的设置，选择分析环境分支下的 Analysis Settings 分支，设置相关的分析选项。瞬态热分析的 Analysis Settings 具体选项如图 8-37 所示。

Details of "Analysis Settings"

Step Controls	
Number Of Steps	1.
Current Step Number	1.
Step End Time	1. s
Auto Time Stepping	Program Controlled
Initial Time Step	1.e-002 s
Minimum Time Step	1.e-003 s
Maximum Time Step	0.1 s
Time Integration	On
Solver Controls	
Solver Type	Program Controlled
Radiosity Controls	
Radiosity Solver	Program Controlled
Flux Convergence	1.e-004
Maximum Iteration	1000.
Solver Tolerance	1.e-007 W/mm²
Over Relaxation	0.1
Hemicube Resolution	10.
Nonlinear Controls	
Heat Convergence	Program Controlled
Temperature Conver...	Program Controlled
Line Search	Program Controlled
Nonlinear Formulati...	Program Controlled
Output Controls	
Calculate Thermal Fl...	Yes
Nodal Forces	No
Contact Miscellane...	No
General Miscellaneo...	No
Store Results At	All Time Points

图 8-37　瞬态热分析的求解设置

上述大部分计算选项，比如载荷步设置、求解器控制、辐射选项、非线性选项、输出选项等，与前面一节稳态热分析中的选项意义相同。Time Integration 选项为瞬态分析特有的选项，即时间积分开关，对于瞬态分析缺省为 On。

对于一般的问题，上述瞬态分析选项使用程序的缺省设置即可，但对非线性问题需要注意载荷步的设置。当材料特性为温度相关且变化显著时，瞬态分析的加载速率将非常重要，这种情况下需要小的时间步长以达到收敛。瞬态分析结果文件规模较大，可以通过 Output Controls 设置仅在指定时间点输出结果文件。在分析过程中需要调整时间步长或输出结果的频率间隔等选项时，一般都需要将计算过程划分为多个载荷步。

(3) 施加边界条件及热荷载

选择分析环境 Transient-State Thermal 分支，在鼠标右键菜单中选择 Insert 添加边界条件及荷载，如图 8-38 所示。这些边界条件及载荷与稳态热分析中的意义相同，不同之处在于载荷一般是关于时间的函数或表格形式。

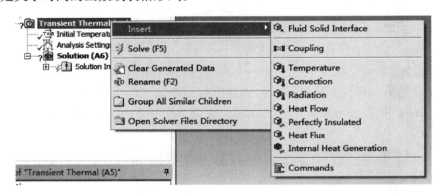

图 8-38　瞬态热分析的边界条件及荷载

5. 求解以及后处理

这部分的操作方法与稳态热分析的基本相同。在 Solution 分支下的结果项目添加完成后，选择 Solution 分支，按下工具条上的 Solve 按钮进行求解。求解完成后，查看热分析的结果，可用结果包括温度、热通量、各种 Probe 曲线等。

8.2　热应力分析方法

热应力分析实质上是一种结构静力计算。热应力分析包括两种类型的问题，分别是计算均匀温度变化以及非均匀的温度变化所引起的热应力。

8.2.1　均匀温度变化引起的热应力计算

对于均匀温度变化引起的热应力计算，按如下的步骤进行：

1. 创建结构静力分析系统

在 Workbench 左侧工具箱中选择静力分析系统 Static Structural，将其拖放至 Project Schematic 中。

第 8 章 热传导分析与热应力计算

2. 指定温度应力计算所需的材料参数

如图 8-39 所示,在热应力分析中除了材料的弹性特性外,还需要指定热膨胀系数(Coefficient of Thermal Expansion)。

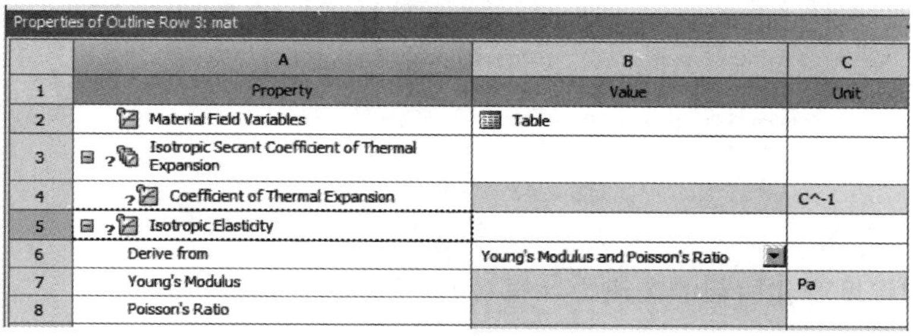

图 8-39 热应力分析的材料参数

3. 指定温度作用并计算

在 Mechanical 中,选择 Static Structural 分支,在其鼠标右键菜单中选择 Insert→Thermal Condition,其 Details 设置如图 8-40 所示。这里定义的 Magnitude 值与环境参考温度之差用于计算温度应力。环境温度在 Static Structural 分支的 Details 中指定,如图 8-41 所示。

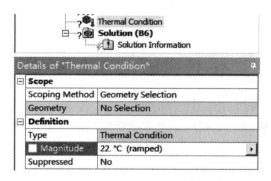

图 8-40 加入 Thermal Condition

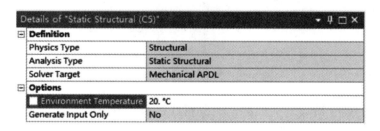

图 8-41 指定环境温度

注意:在计算温度应力时,参考温度还可采用 By Body 方式定义。在每一个体的 Details 中设置 Reference Temperature 为 By Body 并指定参考温度值,如图 8-42 所示。这种情形下,由体参考温度与 Thermal Condition 中指定的温度之差作为计算热应力的温差值。

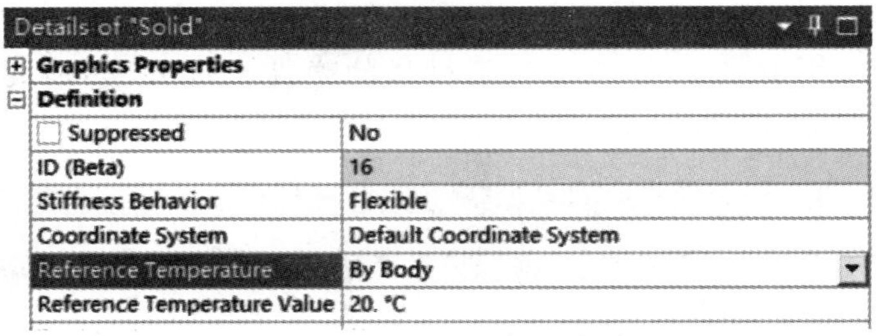

图 8-42 体的参考温度

8.2.2 非均匀温度变化引起的热应力计算

对于非均匀的温度变化,需首先通过稳态热分析计算出温度场,然后把计算的温度场施加到结构上计算热应力。

1. 创建非均匀温度变化热应力分析流程

(1)创建稳态热分析系统

在 Workbench 左侧的 Toolbox 中,选择稳态热分析系统 Steady-State Thermal 并将其拖放至 Project Schematic 中,添加一个稳态热分析系统 A:Steady-State Thermal。

(2)创建结构静力分析系统并实现耦合

在 Workbench 左侧的 Toolbox 中,选择结构静力分析系统 Static Structural 并将其用鼠标左键拖放至 Steady-State Thermal 系统的 A6:Solution 单元格上,添加一个结构静力分析系统 B:Static Structural。此时,在单元格 A6:Solution 与单元格 B5:Setup 之间有一条连线,右端为实心圆点,表示数据的传递。结构静力分析系统与稳态热分析系统联合完成耦合计算,形成非均匀温度变化引起的热应力分析流程,如图 8-43 所示。

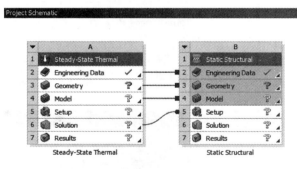

图 8-43 热应力计算的分析流程

热应力分析的两个阶段与一般的结构分析或热分析没有区别,但是在 Engineering Data 中要注意同时输入材料的热膨胀系数、参考温度以及热传导参数。

2. 热应力分析设置

(1)Geometry 设置

在打开 Mechanical 界面后,在 Geometry 下面的每一个体,需要将其 Details 中的 Thermal Strain Effects 设置为 Yes,这样可以把热膨胀系数传递到求解器,如图 8-44 所示的 Part 1。

第 8 章 热传导分析与热应力计算

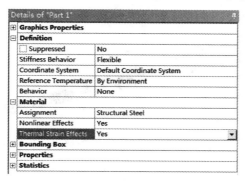

图 8-44 体的设置

为了计算热应力,还需要为每一个体设置参考温度的方式,如图 8-45(a)及(b)所示,可选择 By Environment 或 By Body,其区别在于设置为环境温度时,以环境温度为基准计算热应变;设置为 By Body 选项时,以指定的体参考温度作为基准计算热应变。

在静力分析环境分支 Static Structural(B5)下有一个 Imported Load(A6)分支,下面有一个 Imported Body Temperature 分支,表示热分析的温度场传递到结构分析中,作为静力分析的荷载出现,如图 8-46 所示。

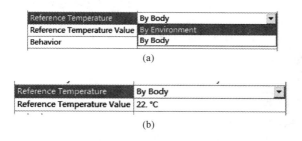

图 8-45 设置物体参考温度的方式

图 8-46 导入的温度场

Mechanical 将根据导入的温度值与参考温度之差来计算各点的热应变以及热应力。计算完成后,可以通过静力分析后处理相同方法查看应力结果。

8.3 热分析与热应力计算实例

瞬态热传导分析用于分析结构上温度场变化的时间历程。在 ANSYS Workbench 环境中,固体结构的瞬态热分析可通过调用预置在工具箱中的瞬态热分析模板系统完成。

8.3.1 带发热元件长杆的瞬态热传导分析

1. 问题描述

方形长杆截面为 25 mm×25 mm,长度为 490 mm,杆端部有一发热元件,厚度为 10 mm,如图 8-47 所示。长杆及发热元件均为铜合金材料,长杆表面与周围环境的对流换热系数为 100 W/(m²·℃),发热元件初始温度为 50 ℃,环境温度为 20 ℃,在 20~25 s 及 50~55 s 内,发热元件内部热功率为 6e7 W/m³,求 300 s 内结构的温度变化。在计算中以一个稳态分析开始,并以稳态分析的结果作为瞬态分析的初始温度场。

图 8-47 方形长杆及发热片示意图

2. 基于 DM 建立几何模型

在 Workbench 中首先创建项目分析流程，然后在 DM 中创建问题的几何模型，具体操作步骤如下：

（1）启动 ANSYS Workbench。

（2）在 Workbench 窗口左侧工具箱中的分析系统中，拖动 Steady-State Thermal 分析系统至右侧的项目图解窗口中。

（3）拖动 Transient Thermal 分析系统至 A6 Solution 单元格上，创建瞬态热分析系统，如图 8-48 所示。

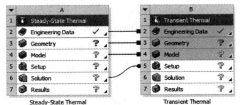

图 8-48 瞬态热分析系统

（4）单击 File→Save，输入"Transient Thermal"作为名称，保存项目文件。

（5）添加铜合金材料，具体操作过程如下：

① 双击 A2 Engineering Data 单元格。

② 单击 Engineering Data Sources 按钮 。

③ 单击 Engineering Data Sources 表格中的 General Materials。

④ 在 Contents of General Materials 表格中找到 Copper Alloy 并单击右侧的"＋"号，将 Copper Alloy 添加至当前项目，如图 8-49 所示。

⑤ 单击工具栏按钮 Return to Project，返回 Workbench 界面。

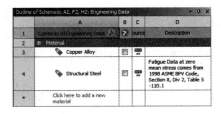

图 8-49 添加铜合金材料类型

（6）双击 A3 Geometry 进入 DM，在弹出的单位选择面板中选择"mm"作为基本单位，然后单击 OK。

（7）选中项目树中的 XY Plane，单击 Sketching 标签打开草图绘制工具箱，然后在 XY 平面上绘制方形长杆草图，具体操作如下：

① 单击 Draw→Rectangle，以坐标原点为矩形的一个角点绘制矩形（鼠标放置于原点位置时会出现"P"字符）。

②单击 Dimension→General，对矩形长边、宽边进行标注。

③在左侧明细栏中，按图 8-50 所示输入各标注尺寸的数值。

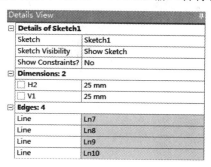 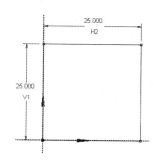

图 8-50　绘制方形长杆草图

(8)单击工具栏中的 Extrude 工具，拉伸方形长杆草图，创建方形长杆实体模型，具体操作如下：

①在明细栏中的 Geometry 项中选定方形长杆草图 Sketch1。

②确保 Operation 为 Add Material，Direction 为 Normal，Extent Type 为 Fixed。

③输入 FD1，Depth(>0)为 490 mm。

④单击工具栏中的 Generate 工具，完成方形长杆实体模型的创建，如图 8-51 所示。

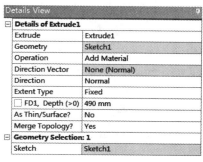 

图 8-51　创建方形长杆实体模型

(9)单击工具栏中的 Extrude 工具，拉伸方形长杆端面，创建发热元件实体模型，具体操作步骤如下：

①在 Details 中的 Geometry 项中选择+Z 方向长杆端面。

②更改 Operation 为 Add Frozen。

③Direction Vector 中选择方形长杆沿 Z 向的任意一侧边，并调整方向为+Z 方向。

④确保 Direction 为 Normal，Extent Type 为 Fixed。

⑤输入 FD1，Depth(>0)为 10 mm。

⑥单击工具栏中的 Generate 工具，完成发热元件实体模型的创建，如图 8-52 所示。

(10)在项目树中，选中方形长杆及发热元件模型，单击鼠标右键选择 Form New Part，创建多体部件，保证后续网格连续。

(11)几何建模完成，关闭 DM 返回 Workbench。

3. 热分析及后处理

在 Mechanical 组件中，按照如下步骤完成后续的分析流程：

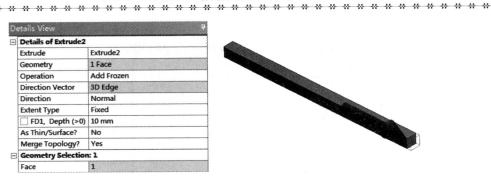

图 8-52　创建发热元件实体模型

(1) 在 Workbench 中，双击 A4 Model 单元格，启动 Mechanical 界面。

(2) 选中项目树中的 Model→Geometry→Part，在其明细栏中将 Material→Assignment 改为 Cooper Alloy。

(3) 选中项目树中的 Model→Mesh 分支，在其明细栏中，确保 Sizing 下的 Use Advanced Size Function 为 Off，Relevance Center 为 Coarse。

(4) 选中 Mesh 分支，在上下文工具栏中选择 Mesh Control→Sizing，然后在明细栏中进行如下设置：

①Scope→Geometry 中选择-Z 方向杆端的 4 条边。

②设置 Definition→Type 为 Number of Divisions，并输入 Number of Divisions 为 2，如图 8-53 所示。

(5) 选择 Mesh 分支，在右键菜单中选择 Insert→Sizing，然后在 Sizing 的 Details 中进行如下设置：

①Scope→Geometry 中选择方形长杆沿 Z 向的任意一条侧边。

②设置 Definition→Type 为 Element Size，并输入 Element Size 为 10 mm，如图 8-54 所示。

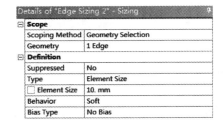

图 8-53　杆端边线尺寸控制明细设置　　　图 8-54　杆长度方向尺寸控制明细设置

(6) 鼠标右键单击项目树中的 Mesh 分支，选择 Generate Mesh 划分网格得到有限元模型如图 8-55 所示。

(7) 选择 Model 分支，鼠标右键选择 Insert→Named Selection，创建 Z＝250 mm 杆件中心处节点的 Named Selection，具体操作如下：

①更改明细栏中 Scope→Scoping Method 为 Worksheet。

②在 Worksheet 中，鼠标右键选择 Add Row，更改 Action 为 Add，Entity Type 为 Mesh

图 8-55 离散后的有限元模型

Node,Criterion 为 Location Z,Operator 为 Equal,Value 为 250,然后单击 Generate。

③在 Worksheet 中,鼠标右键选择 Add Row,更改 Action 为 Filter,Entity Type 为 Mesh Node,Criterion 为 Location X,Operator 为 Equal,Value 为 12.5,然后单击 Generate。

④在 Worksheet 中,鼠标右键选择 Add Row,更改 Action 为 Filter,Entity Type 为 Mesh Node,Criterion 为 Location Y,Operator 为 Equal,Value 为 12.5,然后单击 Generate,如图 8-56 所示。

Action	Entity Type	Criterion	Operator	Units	Value	Lower Bound	Upper Bound	Coordinate S...
Add	Mesh Node	Location Z	Equal	mm	250.	N/A	N/A	Global Coor...
Filter	Mesh Node	Location X	Equal	mm	12.5	N/A	N/A	Global Coor...
Filter	Mesh Node	Location Y	Equal	mm	12.5	N/A	N/A	Global Coor...

图 8-56 $Z=250$ mm 杆件中心节点命名选择设置

(8)参照上一步创建 $Z=450$ mm 杆件中心处节点的 Named Selection。

(9)选中项目树中的 Steady-State Thermal(A5)→Initial Temperature,在明细栏中输入 Initial Temperature Value 为 20 ℃。

(10)选中项目树中的 Steady-State Thermal(A5)分支,在上下文工具栏中选择 Temperature,在明细栏中进行如下设置:

①在 Scope→Geometry 项中选择发热元件实体。

②在 Definition→Magnitude 中输入 50 ℃。

(11)选中项目树中的 Steady-State Thermal(A5)分支,在上下文工具栏中选择 Convection,在明细栏中进行如下设置:

①在 Scope→Geometry 项中选择方形长杆−Z 方向的端面及 4 个侧面。

②在 Definition→Film Coefficient 中输入 100 W/(m² · ℃)。

③在 Definition→Ambient Temperature 中输入 20 ℃。

(12)选择项目树中的 Transient Thermal(B5)→Analysis Settings,在 Details 中进行如下设置:

①输入 Step End Time 为 300 s。

②将 Auto Time Stepping 改为 On。

③设置 Define By 为 Time 并输入 Initial Time Step 为 0.1 s,Minimum Time Step 为 0.01 s,Maximum Time Step 为 1 s。

④设置 Time Integration 为 On,如图 8-57 所示。

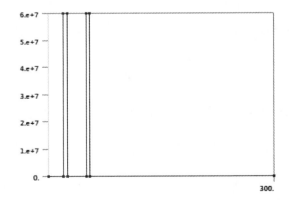

图 8-57 瞬态热分析设置

（13）选择项目树中的 Transient Thermal(B5)分支，在上下文工具栏中选择 Convection，在明细栏中进行如下设置：

①在 Scope→Geometry 项中选择方形长杆－Z 方向的端面及 4 个侧面。

②在 Definition→Film Coefficient 中输入 100 W/(m² · ℃)。

③在 Definition→Ambient Temperature 中输入 20 ℃。

（14）选中项目树中的 Transient Thermal(B5)分支，在上下文工具栏中选择 Heat→Internal Heat Generation，在明细栏中进行如下设置：

①在 Scope→Geometry 项中选择发热元件实体。

②更改 Definition→Magnitude 为 Tabular Data，并按图 8-58 所示定义内部热生成数据。

图 8-58 定义内部热生成

（15）选择 Solution(B6)分支，鼠标右键菜单中选择 Solve，进行求解。

（16）后处理。按如下步骤进行计算结果的后处理：

①选中项目树中的 Solution(A6)分支，在上下文工具栏中选择 Thermal→Temperature。

②右键单击 Solution(A6)分支，选择 Evaluate All Results，此时图形显示窗口中绘出在发热元件为 50 ℃时方形长杆的温度分布云图，方形杆端最低温度为 22.607 ℃，如图 8-59 所示。

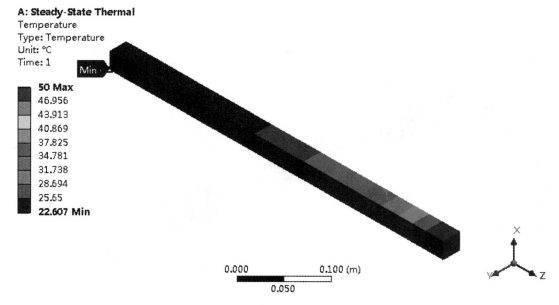

图 8-59 初始条件下的温度分布云图

③选中项目树中的 Solution(B6) 分支，在上下文工具栏中选择 Thermal→Temperature，在明细栏中 Scope→Geometry 项中选择方形长杆实体。

④右键单击 Solution(B6) 分支，选择 Evaluate All Results，此时窗口下方绘出了方形长杆的温度变化曲线，如图 8-60 所示，300 s 末时最高温度的最大值为 24.851 ℃，接近于环境温度。

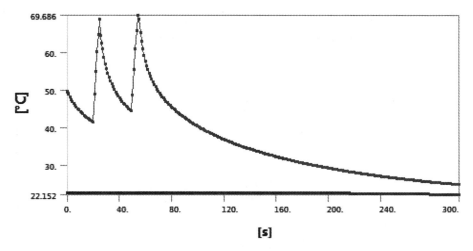

图 8-60 方形长杆温度变化曲线

⑤在 Solution(B6)→Temperature 的明细栏中，将 Definition→Display Time 改为 54.061。

⑥右键单击 Solution(B6) 分支，选择 Evaluate All Results，此时图形显示窗口中绘出 $t=54.061$ s 的温度分布云图，如图 8-61 所示。由图 8-61 可知，当 $t=54.061$ s 时，最高温度值为

69.686 ℃。

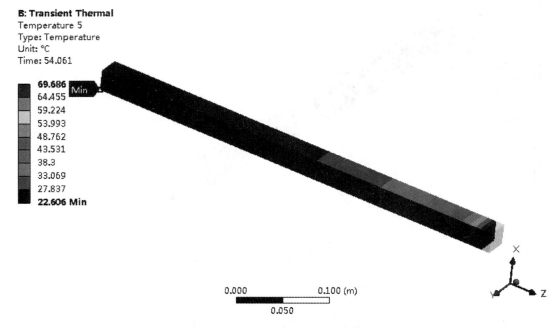

图 8-61　$t=54.061$ s 方形长杆温度分布云图

⑦选中项目树中的 Solution(B6)分支,在上下文工具栏中选择 Thermal→Temperature,在明细栏中将 Scope→Scoping Method 改为 Named Selection,指定 Named Selection 为 Selection($Z=250$ mm 节点命名选择)。

⑧参照上一步插入 $Z=450$ mm 杆件中心节点处的温度结果。

⑨右键单击 Solution(B6)分支,选择 Evaluate All Results,此时窗口下方绘出了 $Z=250$ mm 和 $Z=450$ mm 杆件中心节点处的温度变化曲线,如图 8-62 所示。

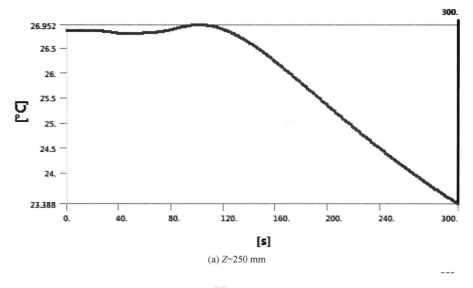

(a) $Z=250$ mm

图　8-62

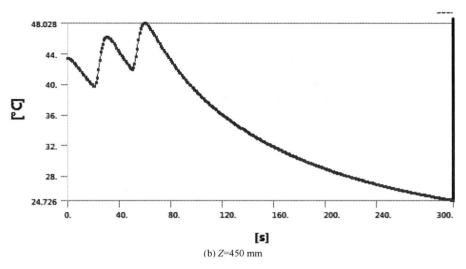

(b) Z=450 mm

图 8-62　杆件截面的温度变化曲线

8.3.2　换热器管的稳态热传导与热应力计算

1. 问题描述

某铜制翅片换热器管段长 200 mm，内部流道直径 50 mm，壁厚 6 mm，翅片外径 142 mm，厚度 5 mm，其中端部两翅片 2.5 mm，各翅片间距为 20 mm，详细尺寸如图 8-63 所示。内部流体入口和出口处的壁面温度分别为 130 ℃和 70 ℃。该换热器管段符合对称条件，本例将采用 1/4 模型进行建模和分析。

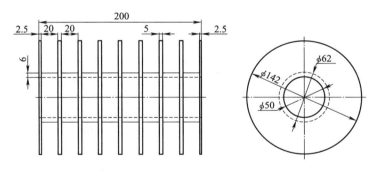

图 8-63　换热器管示意图(单位:mm)

2. 创建换热器管段的实体几何模型

(1)通过开始菜单独立启动 SCDM。在 SCDM 中单击文件→保存，输入"Heat Exchanger Tube 1"作为文件名称，保存文件。

(2)选择工作平面。启动 SpaceClaim 后，程序会自动打开一个设计窗口，并自动激活至草图模式，且当前激活平面为 XZ 平面，如图 8-64 所示。因轴对称分析必须在 XY 平面内建模，Y 轴为回转轴线，故需要将当前激活的草图平面切换至 XY 平面，具体操作如下：

①单击图形显示区下方微型工具栏中的 图标，移动鼠标至 XY 平面高亮显示，然后单击鼠标左键，此时草图平面已激活至 XY 平面，如图 8-65 所示。

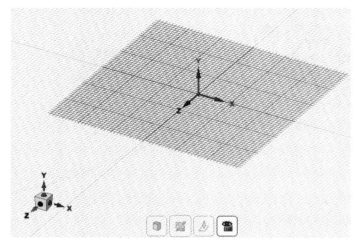

图 8-64　XZ 平面草图模式

②依次单击主菜单中的设计→定向→▦图标或微型工具栏中的▦图标,也可直接单击字母"V"键,正视当前草图平面,如图 8-66 所示。

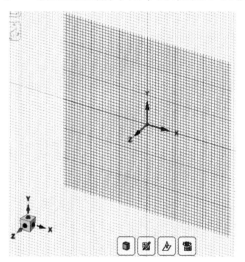

图 8-65　切换草图平面

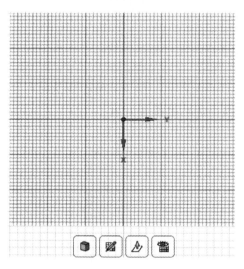

图 8-66　正视草图平面

(3)单击主菜单中的设计→草图→▢矩形工具或按快捷键"R",以坐标原点为起点,在第一象限内绘制一个长×宽为 200 mm×6 mm 的长方形,如图 8-67 所示。

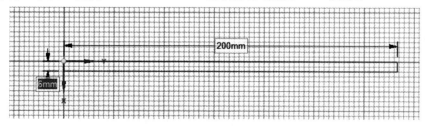

图 8-67　绘制管壁草图

(4)单击主菜单中的设计→草图→▭矩形工具或按快捷键"R",以长方形左下角为起点,绘制一个长×宽为 40 mm×2.5 mm 的长方形,如图 8-68 所示。

(5)参照上面一步的操作方法,以长方形右下角为起点,绘制一个长×宽为 40 mm×2.5 mm 的长方形,如图 8-69 所示。

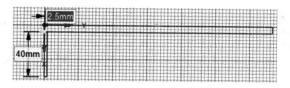 

图 8-68　绘制左侧端部翅板草图　　　　图 8-69　绘制右侧端部翅板草图

(6)参照上面一步的操作方法,以长方形下边任意处为起点,绘制一个长×宽为 40 mm×5 mm 的长方形,如图 8-70 所示。

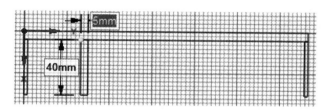

图 8-70　绘制中间翅板草图

(7)单击主菜单中的设计→编辑→移动工具或按快捷键"M",利用鼠标左键选中上一步创建的中间翅板草图,拖动移动原点至翅板左侧边上,再次单击窗口左侧选项面板中的标尺工具,标注两个翅板之间的间距,并输入 20 mm,如图 8-71 所示。

(8)单击主菜单中的设计→编辑→移动工具或按快捷键"M",利用鼠标左键选中上一步创建的中间翅板草图,勾选窗口左侧选项面板中☑创建阵列前的复选框,向右(+Y 向)拖动移动箭头,通过切换"Tab"键分别输入阵列计数为 7 个,阵列间隔为 25 mm,如图 8-72 所示。

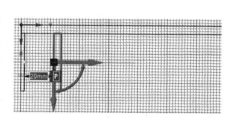

图 8-71　定位中间翅板位置

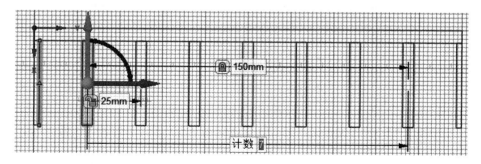

图 8-72　创建中间翅板阵列

(9) 单击主菜单中的设计→草图→剪掉工具或按快捷键"T",删除多余短边线,如图 8-73 所示。

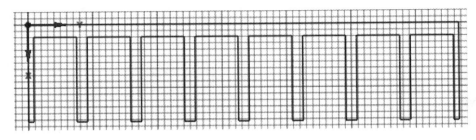

图 8-73　删除草图多余线段

(10) 单击主菜单中的设计→编辑→移动工具或按快捷键"M",利用鼠标左键选中先前创建的所有草图,拖动向下(+X 向)的移动箭头,输入移动距离为 25 mm,如图 8-74 所示。

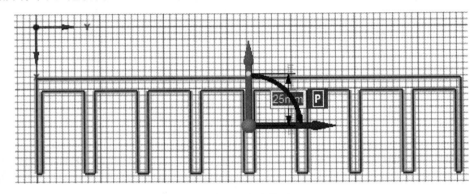

图 8-74　移动草图

(11) 单击主菜单中的设计→模式→三维模式,或按快捷键"D",此时将自动进入三维模式中,换热器模型剖面如图 8-75 所示。

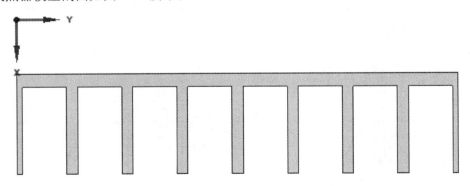

图 8-75　换热器管段的轴对称模型

(12) 创建换热器管段的 1/4 模型。具体操作如下:
① 单击主菜单中的设计→编辑→拉动工具,或按快捷键"P",激活拉动工具。
② 按住滚轮并拖动鼠标调整至便于观察的视角。

③利用鼠标左键选中换热器管段的二维平面,激活图形显示窗口左侧的旋转工具,选择 Y 轴作为旋转轴,如图 8-76 所示。

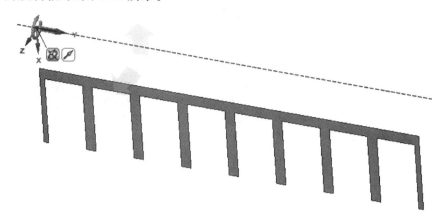

图 8-76 指定旋转轴

④绕 Y 轴拖动鼠标,按空格键输入旋转角度为 90°,如图 8-77 所示。

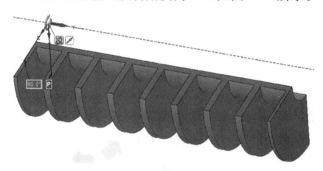

图 8-77 创建旋转拉伸

⑤单击窗口空白位置,完成换热器管段 1/4 模型的创建。选择文件→另存为菜单,输入 "Heat Exchanger Tube 2"作为文件名称,保存当前模型。最终的换热器管段 1/4 模型如图 8-78 所示。

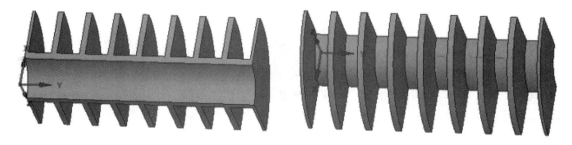

图 8-78 换热器管段的 1/4 模型

3. 稳态热传导与热应力分析

按照如下步骤进行操作:

(1)建立分析系统

启动 Workbench,从左侧 Toolbox 中选择 Steady-State Thermal 模板并将其拖放至 Project Schematic 中,形成分析系统 A;再从左侧 Toolbox 中选择 Static Structural 模板,将其拖放至 A6:Solution 上,形成如图 8-79 所示的分析流程。

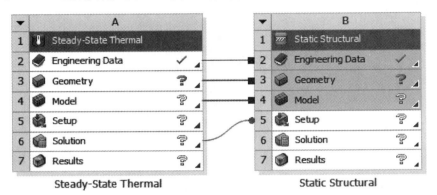

图 8-79　添加分析系统

(2)定义材料数据

在分析系统中双击 A2:Engineering Data,进入 Engineering Data,按下 Engineering Data Sources 按钮,选择 General Materials,在材料列表中选择 Copper Alloy,单击右侧的"+"号,添加到分析项目中,如图 8-80 所示。关闭 Engineering Data,返回 Workbench。

图 8-80　添加材料

(3)导入几何模型

选择 View→Properties 菜单,在分析系统中选择 Geometry,在其 Properties 中设置 Analysis Type 为 3D。在 A3:Geometry 单元格的右键菜单中选择 Import,导入前面保存的几何文件 Heat Exchanger Tube 2.scdoc。在分析系统中双击 A4:Model 单元格,启动 Mechanical 界面,将几何模型导入至 Mechanical 中,如图 8-81 所示。

(4)设置单位系统

在 Mechanical 界面右下角的单位设置栏中,选择分析采用的单位系统为"mm,kg,N"系统,如图 8-82 所示。

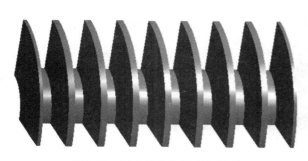

图 8-81　导入的换热器实体模型

Unit Systems

- Metric (m, kg, N, s, V, A)
- Metric (cm, g, dyne, s, V, A)
- ✔ Metric (mm, kg, N, s, mV, mA)
- Metric (mm, t, N, s, mV, mA)
- Metric (mm, dat, N, s, mV, mA)
- Metric (μm, kg, μN, s, V, mA)
- U.S. Customary (ft, lbm, lbf, °F, s, V, A)

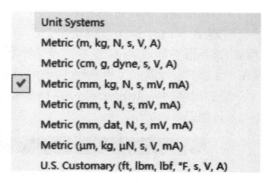

图 8-82　选择单位系统

(5)分配材料

选择 Geometry 分支下面的几何体分支，在其 Details 中选择 Material-Assignment 为 Copper Alloy，如图 8-83 所示。

(6)划分网格

①选择 Mesh 分支，在其 Details 中设置 Element Size 为 2.0 mm，如图 8-84 所示。

Material	
Assignment	Copper Alloy
Nonlinear Effects	Yes
Thermal Strain Effects	Yes

图 8-83　材料设置

Details of "Mesh"

Display	
Display Style	Use Geometry Setting
Defaults	
Physics Preference	Mechanical
Element Order	Program Controlled
Element Size	2.0 mm

图 8-84　设置网格尺寸

②选择 Mesh 分支，在其右键菜单中选择 Generate Mesh，生成的网格如图 8-85 所示。

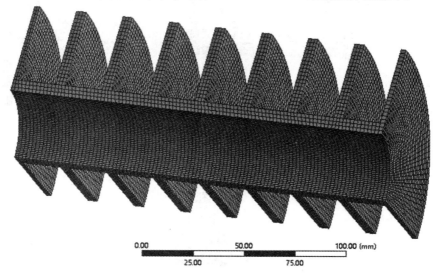

图 8-85　划分形成的计算网格

(7) 添加温度函数边界条件

① 选择 Steady-State Thermal(A5)目录,在图形窗口中按下 Ctrl+F 组合键切换至面选择模式,选择散热器内表面,在右键菜单中选择 Insert→Temperature,在 Steady-State Thermal(A5)目录下添加温度边界条件 Temperature。

② 在温度边界 Temperature 的 Details 中设置 Magnitude 为 Function,输入表达式为 $130-0.3 \times y$,如图 8-86 所示。

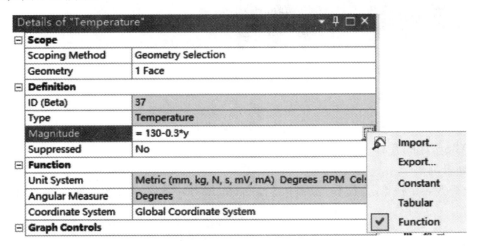

图 8-86　添加温度函数边界

添加温度函数分布边界后,温度等值线的显示效果如图 8-87 所示,图中沿着 Y 轴正向,温度由一端的 130 ℃线性渐变至另一端的 70 ℃。

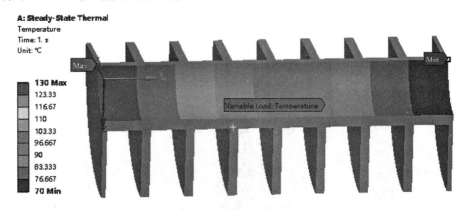

图 8-87　添加的函数分布边界条件

(8) 添加对流边界

① 选择 Steady-State Thermal(A5)目录,在图形窗口中用鼠标右键 Select All,选择所有的面,然后按住 Ctrl 键,取消选择两个端面、两个对称面以及内表面,在 Mechanical 界面最下方的状态提示栏中显示 33 Faces Selected 信息,然后在图形区域右键菜单中选择 Insert→Convection,在 Steady-State Thermal(A5)目录添加对流边界条件 Convection,如图 8-88 所示。

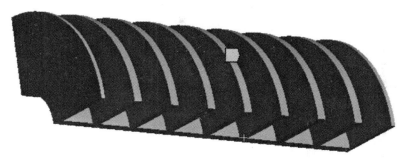

图 8-88　对流边界条件

②在对流边界 Convection 的 Details 中设置 Film Coefficient 为 Tabular Data，设置 Ambient Temperature 为 25 ℃，设置独立变量(Independent Variable)为 Temperature，如图 8-89 所示。

Details of "Convection"

Scope	
Scoping Method	Geometry Selection
Geometry	33 Faces
Definition	
ID (Beta)	40
Type	Convection
Film Coefficient	Tabular Data
Coefficient Type	Average Film Temperature
Ambient Temperature	25. °C (ramped)
Convection Matrix	Program Controlled
Suppressed	No
Edit Data For	Film Coefficient
Tabular Data	
Independent Variable	Temperature

图 8-89　对流边界设置

③在右侧的 Tabular Data 表格中输入如图 8-90(a)所示的 Temperature 以及 Convection Coefficient 数据，在 Graph 区域显示对流换热系数与温度关系曲线，如图 8-90(b)所示。

Tabular Data

	Temperature [°C]	Convection Coefficient [W/mm
1	0.	3.5e-003
2	25.	6.e-003
3	50.	6.5e-003
4	75.	6.7e-003
5	100.	7.e-003
*		

(a) 对流换热系数表格

图　8-90

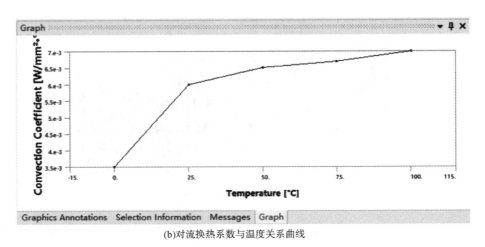

(b)对流换热系数与温度关系曲线

图 8-90　对流换热系数的定义

(9)添加热传导分析结果

①选择 Solution(A6)目录,在右键菜单中选择 Insert→Thermal→Temperature,添加温度结果。

②选择 Solution(A6)目录,在右键菜单中选择 Insert→Thermal→Total Heat Flux,添加热通量结果。

(10)热传导分析与结果查看

①结果添加完成后,再次选择 Solution 目录,在其右键菜单中选择 Solve,求解此稳态热传导问题。

②计算完成后,在 Solution 目录下查看结果。

a. 查看温度分布

选择 Temperature,查看温度分布等值线,如图 8-91 所示。

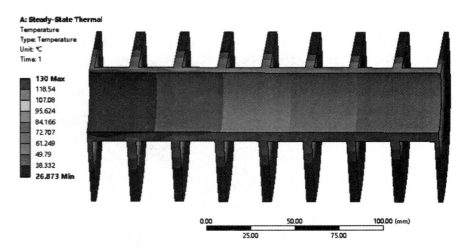

图 8-91　温度分布情况

b. 查看热通量分布

选择 Solution(A6)目录下的 Total Heat Flux,查看总体的热通量分布情况,如图 8-92 所示。

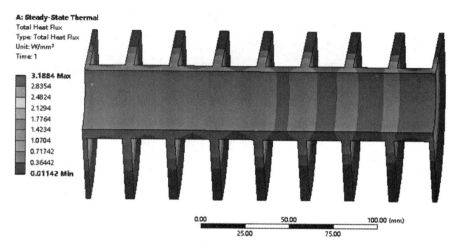

图 8-92　热通量分布

(11)添加结构约束

在 Static Structural 目录下添加结构温度应力计算所需的约束条件。选择两个端面和两个对称面,然后用右键菜单 Insert→Frictionless Support,在 Static Structural 目录下添加一个 Frictionless Support,如图 8-93 所示。

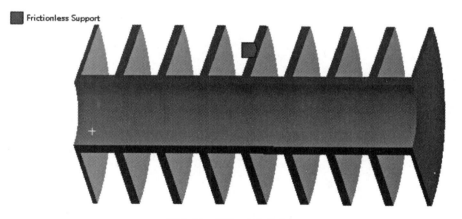

图 8-93　添加对称约束

(12)添加结构分析结果并求解

选择 Solution(B6)目录,在右键菜单中选择 Insert→Stress→Equivalent(Von-Mises),添加等效应力结果 Equivalent Stress。添加结果后在 Solution(B6)目录右键菜单中选择 Solve 进行求解。

(13)查看结构分析结果

结构分析完成后,选择 Solution(B6)下的 Equivalent Stress 结果,查看等效应力分布及变形情况,如图 8-94 所示。

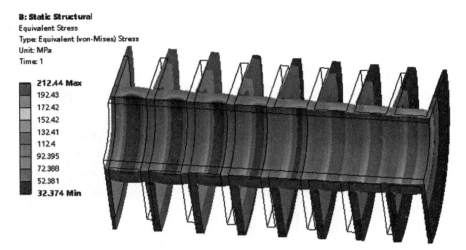

图 8-94　热应力分布情况

第 9 章　结构非线性与接触分析专题

本章是结构非线性与接触分析的专题，内容包括非线性分析的一般选项、非线性计算过程监控、非线性屈曲问题、非线性接触类型及高级选项等问题。本章还提供了拱壳结构屈曲大变形计算、带间隙的隔板卡槽接触问题等非线性分析典型案例。

9.1　非线性分析的一般选项与求解监控

工程结构非线性问题的类型和一般求解方法，在本书第 1 章中已经做过相关的介绍。本节介绍 Mechanical 非线性问题求解的一般选项。

9.1.1　非线性分析的一般设置选项

在 Analysis Settings 分支的 Details 中包含了一般性的分析设置选项，如图 9-1 所示，这些选项包括 Step Controls、Solver Controls、Restart Controls、Nonlinear Controls、Output Controls 以及 Analysis Data Management，本节介绍其中与非线性分析有关的选项。

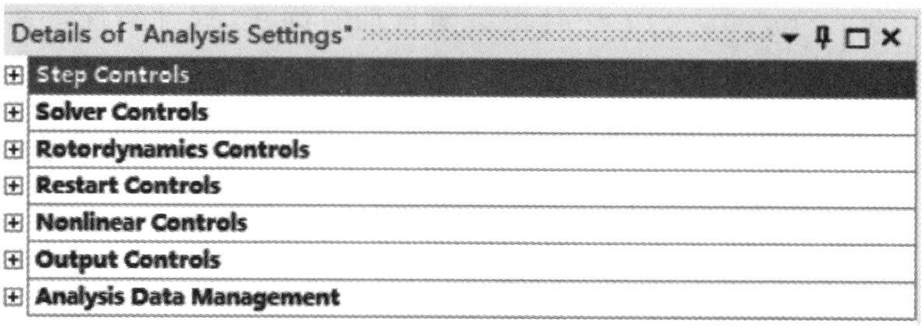

图 9-1　一般分析选项

1. Step Controls

Step Controls 为载荷步控制选项，如图 9-2 所示。Number Of Steps 为载荷步数，Current Step Number 为当前载荷步数，Step End Time 为当前载荷步结束时间。

Step Controls	
Number Of Steps	1.
Current Step Number	1.
Step End Time	1. s
Auto Time Stepping	Program Controlled

图 9-2　Step Controls 选项

一般非线性分析中建议打开 Auto Time Stepping，即自动时间步选项，这一选项可用于非线性静力或瞬态分析类型，其选项如图 9-3 所示的下拉列表，缺省的选项为程序控制。选择

Auto Time Stepping 选项为 On 表示打开自动时间步。

Auto Time Stepping	On
Define By	Program Controlled
Initial Substeps	On
Minimum Substeps	Off

图 9-3　自动时间步选项

自动时间步打开时，根据 Define By 选项的不同，又有两种不同的定义方式。

选择 Define By 为 Substeps 时，需要设置 Initial Substeps、Minimum Substeps 及 Maximum Substeps，如图 9-4(a)所示。选择 Define By 为 Time 时，需要设置 Initial Time Step、Minimum Time Step 及 Maximum Time Step，如图 9-4(b)所示。

Auto Time Stepping	On
Define By	Substeps
Initial Substeps	1.
Minimum Substeps	1.
Maximum Substeps	10.

(a) 设置子步数方式

Define By	Time
Initial Time Step	1. s
Minimum Time Step	0.1 s
Maximum Time Step	1. s

(b) 设置时间步长方式

图 9-4　自动时间步设置

选择 Auto Time Stepping 为 Off 时将关闭自动时间步，这种情况下需要指定固定的 Substeps 或 Time Step，如图 9-5 所示。

Auto Time Stepping	Off
Define By	Substeps
Number Of Substeps	1.

(a) 设置子步数方式

Auto Time Stepping	Off
Define By	Time
Time Step	1. s

(b) 设置时间步长方式

图 9-5　关闭自动时间步的载荷步设置

2. Solver Controls

Solver Controls 为求解器选项，包含的选项如图 9-6 所示，这些选项的意义在第 4 章中已经介绍过。

Solver Controls	
Solver Type	Program Controlled
Weak Springs	Off
Solver Pivot Checking	Program Controlled
Large Deflection	Off

图 9-6　Solver Controls 选项

对于几何非线性问题，要打开 Large Deflection 选项，如图 9-7 所示。当此选项设为 On 时，几何非线性开关被打开，可以考虑大变形、大转动、大应变、应力刚化、旋转软化等几何非线性行为。设为 Off 时关闭几何非线性开关，不考虑所有的几何非线性行为。

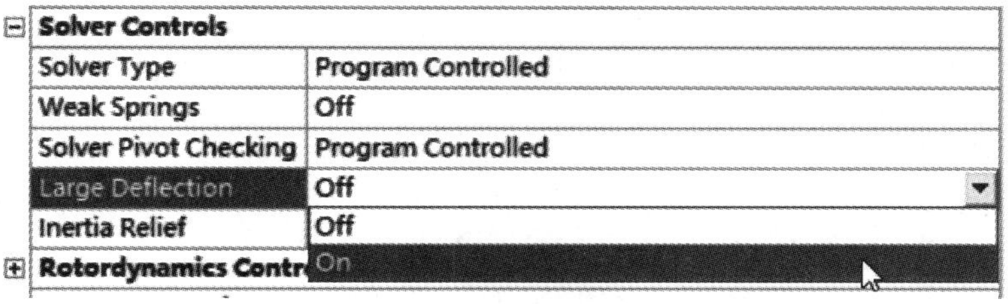

图 9-7　大变形开关

3. Restart Controls

Restart Controls 选项用于指定重启动，如图 9-8 所示。Generate Restart Points 指定在哪些时刻生成重启动点。Retain Files After Full Solve 选项用于设置重启动文件在重启动分析完成后是否保留。Combine Restart Files 选项用于设置分布式并行计算中的重启动文件合并选项。

Restart Controls	
Generate Restart Points	Program Controlled
Retain Files After Full Solve	No
Combine Restart Files	Program Controlled

图 9-8　重启动控制

4. Nonlinear Controls

Nonlinear Controls 选项用于设置一般的非线性分析选项，包括 Newton-Raphson 选项、收敛准则、线性搜索及非线性稳定性，如图 9-9 所示。

Nonlinear Controls	
Newton-Raphson Option	Program Controlled
Force Convergence	Program Controlled
Moment Convergence	Program Controlled
Displacement Convergence	Program Controlled
Rotation Convergence	Program Controlled
Line Search	Program Controlled
Stabilization	Program Controlled

图 9-9　非线性控制选项

(1)Newton-Raphson 选项

此选项用于选择 N-R 迭代的刚度矩阵更新选项，如图 9-10 所示。缺省设置 Program Controlled 表示程序根据问题特性自动选择 N-R 选项；Full 选项表示采用完全 N-R 迭代，每一次平衡迭代刚度矩阵都会更新；Modified 选项表示采用修正的 N-R 迭代，每个子步内的刚度矩阵保持不变；Unsymmetric 选项表示采用完全 N-R 迭代但是刚度矩阵为非对称的，用于收敛困难的问题。

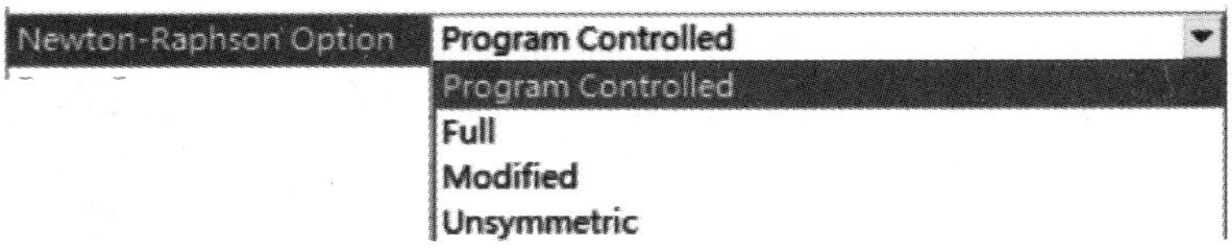

图 9-10　N-R 选项

(2) 收敛准则选项

包括力(力矩)和位移(转动)的收敛准则,对于平衡迭代而言,力(力矩)的收敛是必不可少的,位移(转动)的收敛准则可以作为补充。以力的收敛准则为例,可以采用 Program Controlled,也可以设为 On 然后自行指定,如图 9-11 所示。Tolerance 乘以 Value 即收敛容差。Value 可以由程序计算,也可以由用户输入。Minimum Reference 用于 Value 计算值很小的情形,避免求解器迭代过程出现极小的收敛容差。

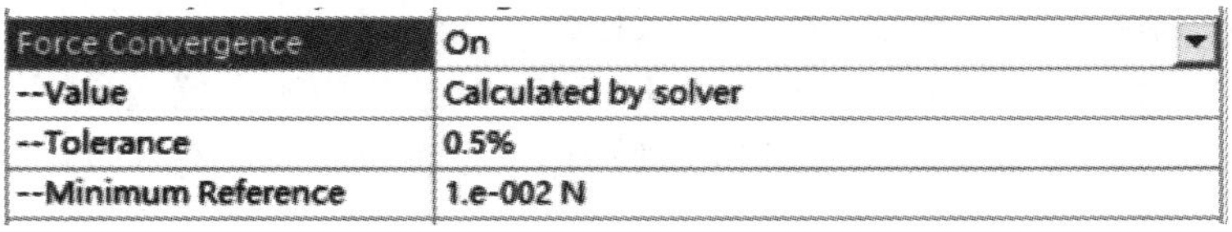

图 9-11　力的收敛准则

(3) Line Search

此选项用于设置线性搜索,可选择 Program Controlled、On、Off。线性搜索可以增强收敛性,但是也会增加计算成本。预测到结构可能有刚化行为或有振荡的,建议打开 Line Search 选项。Line Search 选项在不同的载荷步中可以有不同的设置。

(4) Stabilization

此选项用于设置非线性稳定性,可选择 Program Controlled、Off、Constant 及 Reduce 等选项,如图 9-12 所示。此选项用于对不稳定结构的节点施加人工阻尼,以改善收敛性。缺省为 Program Controlled,设为 Constant 和 Reduce 选项将激活非线性稳定性人工阻尼。Constant 选项通过指定的能量耗散率或阻尼系数在一个载荷步内施加恒定不变的阻尼;而 Reduce 选项则是在载荷步内将能量耗散率或阻尼系数由指定值线性渐变至 0(载荷步结束时刻)。能量耗散率应介于 0 和 1 之间,缺省值为 1×10^{-4},阻尼系数要大于 0。

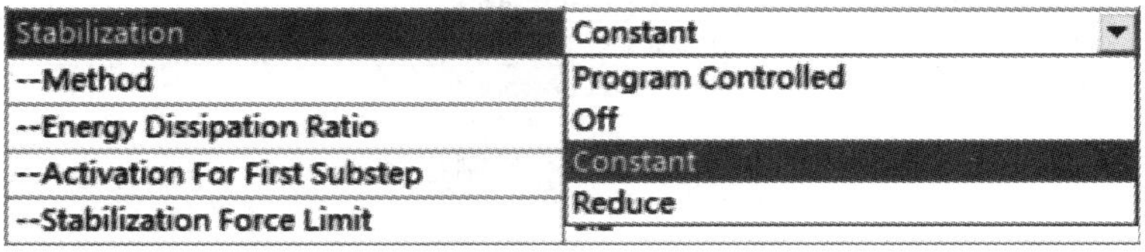

图 9-12　稳定性设置

5. Output Controls

Output Controls 为输出控制选项,相关列表选项与具体分析类型相关,结构分析的输出控制选项如图 9-13 所示。列表中的结果类型选项控制着写入结果文件可供后处理的内容。Store Results At 选项用于指定写结果文件的时间点间隔。对于一些大模型的非线性分析,采用相关设置可以控制计算结果文件的规模,节约求解所需的时间。

Output Controls	
Stress	Yes
Surface Stress	No
Back Stress	No
Strain	Yes
Contact Data	Yes
Nonlinear Data	No
Nodal Forces	No
Contact Miscellaneous	No
General Miscellaneous	No
Store Results At	All Time Points
Cache Results in Memory (Beta)	Never
Combine Distributed Result Files (Beta)	Program Controlled
Result File Compression	Program Controlled

图 9-13 输出控制选项

9.1.2 非线性分析的求解过程监控

在 Mechanical 非线性分析计算过程中,一般情况下可通过 Solution Information 的迭代残差曲线及输出信息对求解过程进行监控。

1. 迭代残差曲线

选择 Solution Information 分支,在 Solution Output 选项列表中选择 Force Convergence,如图 9-14 所示,可以查看 N-R 迭代的不平衡力残差曲线,如图 9-15 所示。迭代过程不平衡力的残差曲线可以在求解的过程中实时动态监控,也可以在求解后查看。

图 9-14 选择力的收敛曲线

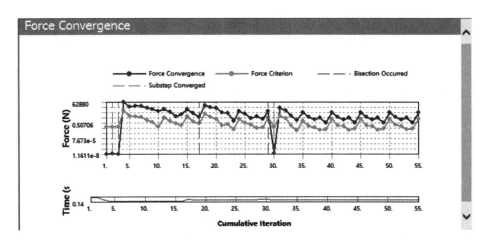

图 9-15 不平衡力的迭代曲线

在残差迭代曲线中,紫色曲线(Force Convergence)表示残差,蓝色曲线(Force Criterion)表示收敛法则。紫色线低于蓝色线时,表示当前子步达到收敛。对于每一个收敛的子步,用绿色虚线(Substep Converged)标注。如果达到当前子步的最大迭代次数还未收敛,则用红色虚线(Bisection Occurred)标注并将当前子步二分,减少增量步重新进行迭代求解。在底部的 Time 曲线中,对于非线性静力分析来说,Time 可以理解为施加的载荷分数,如果计算结束"时间"为 1 s,则 0.7 s 表示施加了总荷载的 70%。Cumulative Iteration 为累计的平衡迭代次数。

2. 输出信息

在求解过程中,选择 Solution Information 分支,Solution Output 选项在缺省条件下显示 Solver Output,即求解器实时输出的信息,在 Worksheet 视图中显示这些输出内容,如图 9-16 所示。

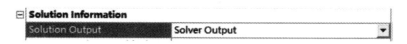

图 9-16 选择求解器输出信息

在求解器的计算输出信息中,可以确认相关的非线性设置选项,如图 9-17 所示的分析选项和图 9-18 所示的载荷步选项信息输出。

```
                S O L U T I O N   O P T I O N S

    PROBLEM DIMENSIONALITY. . . . . . . . . . . . .3-D
    DEGREES OF FREEDOM. . . . . . UX   UY   UZ    ROTX ROTY ROTZ
    ANALYSIS TYPE . . . . . . . . . . . . . . . . .STATIC (STEADY-STATE)
    OFFSET TEMPERATURE FROM ABSOLUTE ZERO . . . . . 273.15
    NONLINEAR GEOMETRIC EFFECTS . . . . . . . . . .ON
    EQUATION SOLVER OPTION. . . . . . . . . . . . .SPARSE
    NEWTON-RAPHSON OPTION . . . . . . . . . . . . .PROGRAM CHOSEN
    GLOBALLY ASSEMBLED MATRIX . . . . . . . . . . .SYMMETRIC
```

图 9-17 打印输出的求解选项

```
                  L O A D   S T E P   O P T I O N S

    LOAD STEP NUMBER. . . . . . . . . . . . . . . .     1
    TIME AT END OF THE LOAD STEP. . . . . . . . . . 1.0000
    AUTOMATIC TIME STEPPING . . . . . . . . . . . .    ON
        INITIAL NUMBER OF SUBSTEPS . . . . . . . .     25
        MAXIMUM NUMBER OF SUBSTEPS . . . . . . . .    100
        MINIMUM NUMBER OF SUBSTEPS . . . . . . . .     10
    MAXIMUM NUMBER OF EQUILIBRIUM ITERATIONS. . . .    15
    STEP CHANGE BOUNDARY CONDITIONS . . . . . . . .    NO
    STRESS-STIFFENING . . . . . . . . . . . . . . .    ON
    TERMINATE ANALYSIS IF NOT CONVERGED . . . . . .YES (EXIT)
    CONVERGENCE CONTROLS. . . . . . . . . . . . . .USE DEFAULTS
    PRINT OUTPUT CONTROLS . . . . . . . . . . . . .NO PRINTOUT
```

图 9-18 打印输出的载荷步选项信息

在求解的过程中,求解器还将输出每一次平衡迭代的残差和收敛准则的数值,如图 9-19 所示。对于收敛的子步,以 <<<CONVERGED 表示。可以从这些信息中查看当前子步的自由度最大增量、刚度矩阵是否更新及平衡迭代是否收敛等信息。

在求解的过程中,如果出现问题,求解器还会输出 Waring 或 Error 信息,这些内容将是后

```
EQUIL ITER  19 COMPLETED.   NEW TRIANG MATRIX.   MAX DOF INC= -0.1528E-01
 DISP CONVERGENCE VALUE   =  0.1528E-01   CRITERION=  0.4494E-01 <<< CONVERGED
 LINE SEARCH PARAMETER    =  1.000        SCALED MAX DOF INC = -0.1528E-01
 FORCE CONVERGENCE VALUE  =  0.5404       CRITERION=  0.1745E-01
 MOMENT CONVERGENCE VALUE =  0.6817E-02   CRITERION=  0.1449      <<< CONVERGED
EQUIL ITER  20 COMPLETED.   NEW TRIANG MATRIX.   MAX DOF INC=  0.1639
 DISP CONVERGENCE VALUE   =  0.8193E-02   CRITERION=  0.4585E-01 <<< CONVERGED
 LINE SEARCH PARAMETER    =  0.5000E-01 SCALED MAX DOF INC =  0.8193E-02
 FORCE CONVERGENCE VALUE  =  188.6        CRITERION=  4.954
 MOMENT CONVERGENCE VALUE =  0.6486E-02   CRITERION=  0.1404      <<< CONVERGED
EQUIL ITER  21 COMPLETED.   NEW TRIANG MATRIX.   MAX DOF INC=  0.7646E-01
 DISP CONVERGENCE VALUE   =  0.7646E-01   CRITERION=  0.4679E-01
 LINE SEARCH PARAMETER    =  1.000        SCALED MAX DOF INC =  0.7646E-01
 FORCE CONVERGENCE VALUE  =  16.22        CRITERION=  0.1494
 MOMENT CONVERGENCE VALUE =  0.2915E-01   CRITERION=  0.1092      <<< CONVERGED
EQUIL ITER  22 COMPLETED.   NEW TRIANG MATRIX.   MAX DOF INC= -0.3238E-03
 DISP CONVERGENCE VALUE   =  0.3238E-03   CRITERION=  0.4774E-01 <<< CONVERGED
 LINE SEARCH PARAMETER    =  1.000        SCALED MAX DOF INC = -0.3238E-03
 FORCE CONVERGENCE VALUE  =  3.454        CRITERION=  0.9572E-01
 MOMENT CONVERGENCE VALUE =  0.2548E-04   CRITERION=  0.2232      <<< CONVERGED
EQUIL ITER  23 COMPLETED.   NEW TRIANG MATRIX.   MAX DOF INC= -0.8778E-01
```

图 9-19 平衡迭代残差信息输出

续求解不收敛或错误诊断的重要信息。

9.2 非线性接触类型及选项

接触是一类常见的典型非线性问题。Mechanical 的接触类型中包含的线性接触类型,即绑定接触和法向不分离接触,其实质是自由度约束方程(通常采用 MPC 方法),关于线性接触以及接触定义方法等内容,请参考本书第 3 章的相关内容。本节着重介绍 Mechanical 中的 Frictional、Frictionless 以及 Rough 三种非线性接触类型及其选项,这几种接触类型都是典型的状态非线性问题。

1. 不同接触类型的力学行为与选项

在 Mechanical 中,根据接触的法向以及切向的力学行为可以分为 Bonded、No Separation、Frictionless、Rough 以及 Frictional 五种类型。各种接触类型的法向和切向的力学行为见表 9-1。

表 9-1 接触类型及其法向和切向行为

接触类型	法 向	切 向
Bonded	绑定,无分离	绑定,无滑移
No Separation	不分离	可滑移
Frictionless	可分离	可滑移
Rough	可分离	无滑移
Frictional	可分离	可滑移

在这些接触类型中,Bonded、No Separation 实际上是线性接触类型,在求解过程中无需进行迭代。Frictionless、Rough 以及 Frictional 属于非线性接触类型,求解过程需要进行非线性迭代。

Mechanical 中的接触选项设置是基于每一个 Contact Region 来定义的,如图 9-20 所示。

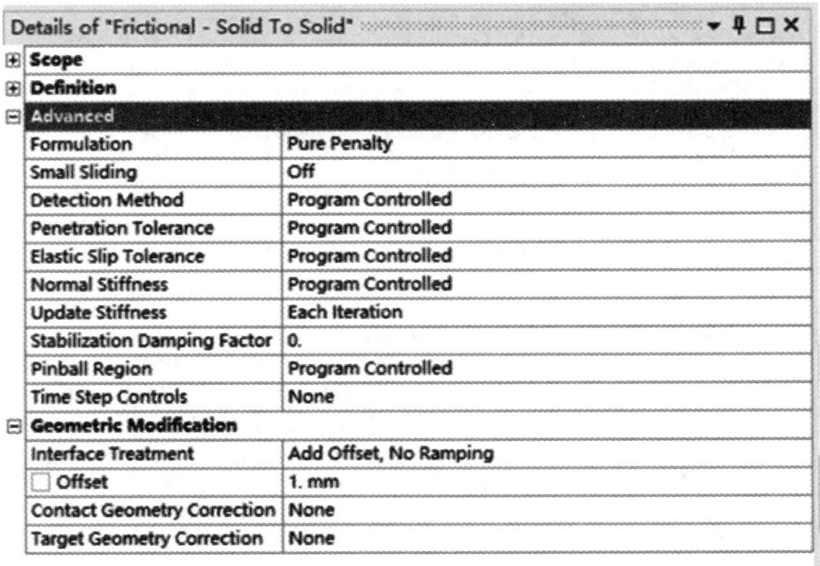

Details of "Frictional - Solid To Solid"	
Scope	
Definition	
Advanced	
Formulation	Pure Penalty
Small Sliding	Off
Detection Method	Program Controlled
Penetration Tolerance	Program Controlled
Elastic Slip Tolerance	Program Controlled
Normal Stiffness	Program Controlled
Update Stiffness	Each Iteration
Stabilization Damping Factor	0.
Pinball Region	Program Controlled
Time Step Controls	None
Geometric Modification	
Interface Treatment	Add Offset, No Ramping
Offset	1. mm
Contact Geometry Correction	None
Target Geometry Correction	None

图 9-20　高级接触选项

在接触的各种选项设置中，Scope 和 Definition 部分的相关选项设置已经在前面建模部分中介绍过了，本节仅介绍与非线性分析相关的 Advanced 以及 Geometric Modification 设置选项。

2. 高级接触选项

高级接触选项位于接触选项的 Advanced 部分。

(1) Formulation 选项

即接触的算法选项，可供选择的选项如图 9-21 所示的下拉菜单。如果选择了 Program Controlled，对于刚体间接触采用 Pure Penalty，对其他接触采用 Augmented Lagrange。MPC 算法仅用于 Bonded 和 No Separation 接触类型。Beam 算法通过使用无质量的线性梁单元将接触的体缝合在一起，仅用于 Bonded 类型的接触。

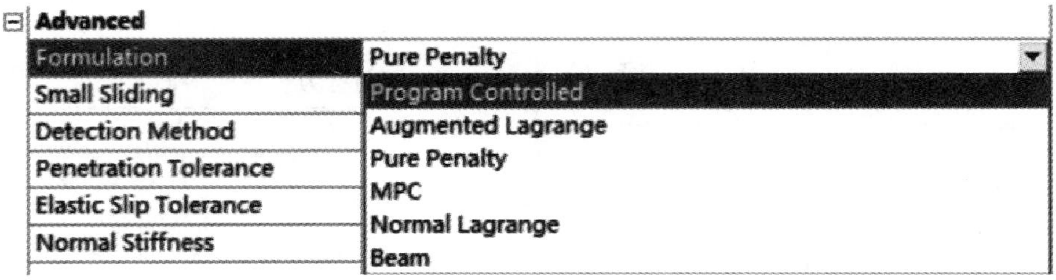

Advanced	
Formulation	Pure Penalty
Small Sliding	Program Controlled
Detection Method	Augmented Lagrange
Penetration Tolerance	Pure Penalty
Elastic Slip Tolerance	MPC
Normal Stiffness	Normal Lagrange
	Beam

图 9-21　接触算法选项

(2) Small Sliding 选项

此选项用于激活小滑移假设，如图 9-22 所示。如已知存在小的滑移，此选项能够使分析更为有效和稳健。设为 On 选项为打开小滑移，设为 Off 选项为关闭小滑移。如果选择 Program Controlled，在大变形未打开或绑定接触时，程序大多数情况会自动设置此选项为 On。

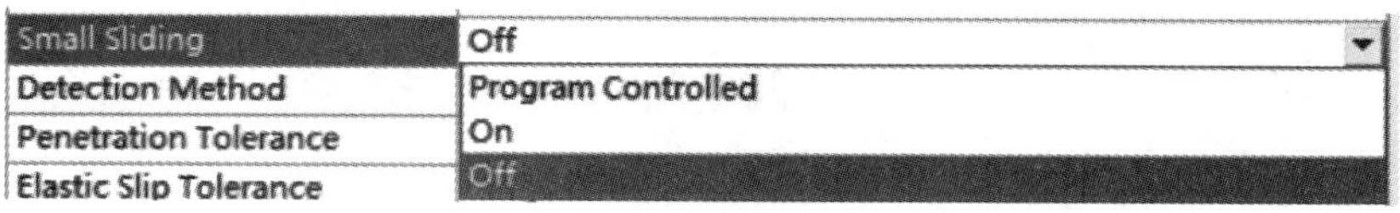

第 9 章 结构非线性与接触分析专题

图 9-22 小滑移选项

(3) Detection Method 选项

Detection Method 选项用于设置接触探测的位置,以便获得较好的收敛性。此选项适用于 3D 的面—面接触以及 2D 的边—边接触,可用的选项有高斯点探测、节点探测等,如图 9-23 所示,各选项的说明见表 9-2。

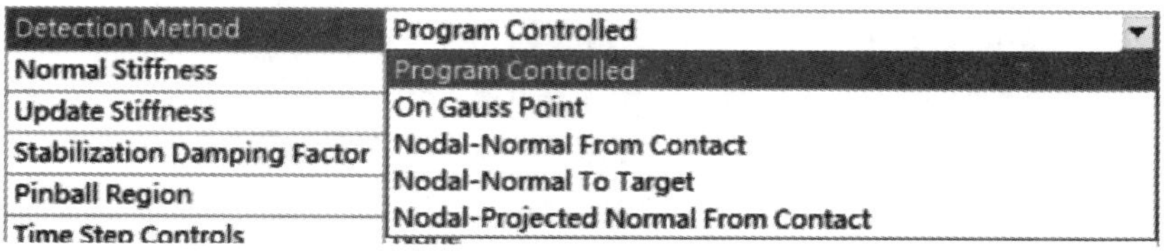

图 9-23 接触探测位置选项

表 9-2 接触探测位置选项的说明

探测位置选项	说　明
Program Controlled	此选项为缺省选项。对于 Pure Penalty 和 Augmented Lagrange 算法,采用 On Gauss Point 选项;对于 MPC 和 Normal Lagrange 算法,则采用 Nodal-Normal to Target 选项
On Gauss Point	积分点探测,此选项不适用于 MPC 或 Normal Lagrange 算法
Nodal-Normal From Contact	探测位置在节点,接触的法向垂直于接触面
Nodal-Normal To Target	探测位置在节点,接触的法向垂直于目标面
Nodal-Projected Normal From Contact	探测位置在接触节点,接触面和目标面的重叠区域(基于投影的方法)

(4) Penetration Tolerance 选项

此选项用于设置接触的法向穿透容差,可通过 Value 和 Factor 两种方式指定,如图 9-24 所示。

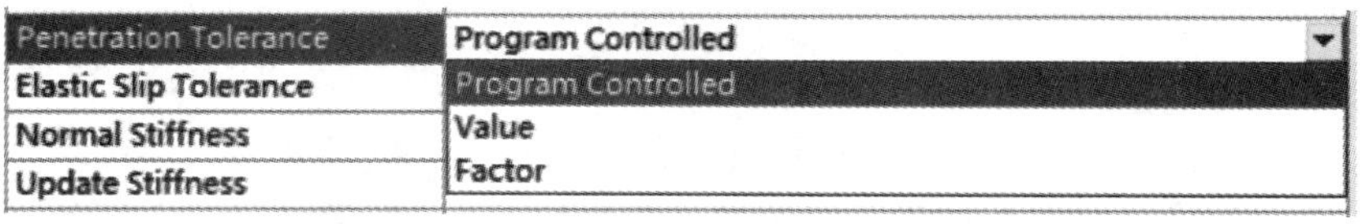

图 9-24 穿透容差选项

如果选择 Program Controlled 选项,则穿透容差由程序自动计算。选择 Value 选项时需要输入 Penetration Tolerance Value(长度量纲);选择 Factor 选项时需要输入 Penetration Tolerance Factor,此因子的数值应介于 0 和 1 之间。

(5) Elastic Slip Tolerance 选项

即接触的切向滑移容差选项,与法向容差相似,可通过 Value 和 Factor 两种方式指定,如图 9-25 所示。

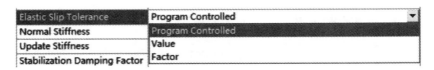

图 9-25 弹性滑移容差选项

如果选择 Program Controlled 选项,则穿透容差由程序自动计算。选择 Value 选项时需要输入 Elastic Slip Tolerance Value(长度量纲);选择 Factor 选项时需要输入 Elastic Slip Tolerance Factor,此因子的数值应介于 0 和 1 之间。注意此选项不用于 Frictionless 和 No Separation 接触类型。

(6) Normal Stiffness 选项

Normal Stiffness 为接触法向刚度,只用于 Pure Penalty 和 Augmented Lagrange 算法。Program Controlled 为程序控制,一般情况可选择 Factor(因子)或 Absolute Value(绝对值)两种方式定义,如图 9-26 所示。

图 9-26 法向接触刚度设置

如果选择 Factor,需要输入 Normal Stiffness Factor,这是一个相对的因子,是计算法向接触刚度的乘子。一般体积问题建议设为 1.0,对弯曲变形为主的情况,如果收敛困难,可以设置为 0.01~0.1 之间的值。Normal Stiffness Factor 因子的数值越小,法向刚度越小,越容易收敛,但是会造成更大的法向穿透量。

如果选择 Absolute Value,则需要输入 Normal Stiffness Value 值,注意此刚度值必须为正值。对于面—面接触,在 kg-m-s 单位制中其单位是 N/m^3;对于面—边或边—边接触,其单位是 N/m。

(7) Update Stiffness 选项

即接触刚度更新选项,包括 Program Controlled、Never、Each Iteration 及 Each Iteration Aggressive 等选项,如图 9-27 所示。仅用于 Augmented Lagrange 及 Pure Penalty 接触算法。如果选择 Program Controlled 选项,对刚体间接触设置为 Never 选项,对其他情况设置为 Each Iteration 选项。如果选择 Never 选项,将闭程序自动更新刚度功能。如果选择 Each Iteration 选项,将在每一次平衡迭代结束时更新接触刚度,一般情况建议采用此选项。接触刚度在求解中可自动调整,如果收敛困难,可降低刚度。如果选择 Each Iteration Aggressive 选项,将在每一次平衡迭代结束时更新接触刚度,与 Each Iteration 选项相比,此选项的调整数值范围可以更大些。

图 9-27 接触刚度更新选项设置

(8) Pinball Region 设置选项

Pinball Region 选项用于定义一个与接触计算有关的尺寸范围，Pinball Region 设置选项如图 9-28 所示。

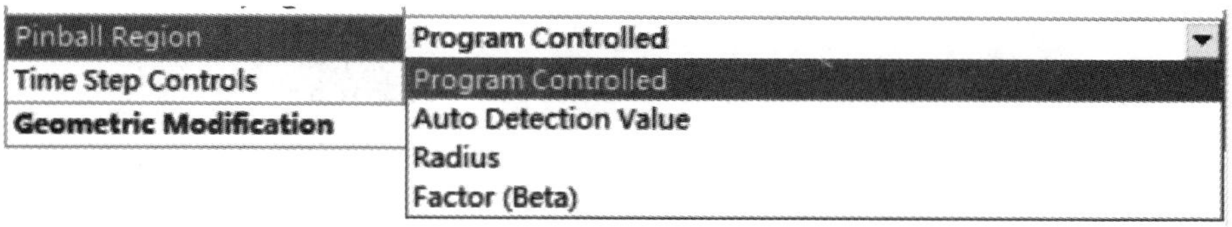

图 9-28　Pinball Region 设置

设置 Pinball Region 的作用有两个方面。对于非线性类型接触，Pinball Region 用于区分所谓的近场和远场。初始时刻相距较远的接触表面，如果目标面位于 Pinball 以外，程序认为这些接触对在当前子步不可能发生接触，属于远场，因此将不对这些位置的接触探测点进行密切监测；对于初始时刻目标面位于接触探测点 Pinball 以内的情形，程序则会密切监测目标面与此积分探测点之间的位置关系。通过 Pinball 对于远场和近场的区分，可节省计算时间，提高接触计算的效率。另一方面，对于 Bonded 和 No Separation 类型的线性接触，Pinball 区域则起到另外一种作用，即初始位于 Pinball 以内才实际发生接触，而位于 Pinball 以外则不发生接触。

一般可采用 Radius 选项直接输入 Pinball 的半径数值，手工定义 Pinball Region 范围，根据 Pinball Radius 的值，在图形显示区域内会以一个半透明蓝色球体的形式出现，如图 9-29 所示。

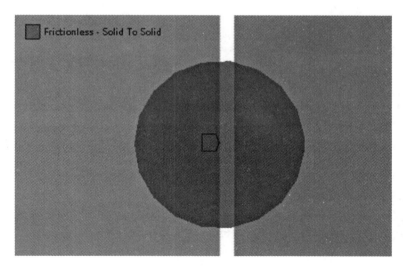

图 9-29　Pinball 显示效果

3. 几何修正选项

几何修正类型的接触选项位于接触选项最下面的 Geometric Modification 部分。

(1) Interface Treatment 选项

此选项位于接触选项的 Geometric Modification 中，用于处理存在干涉或间隙接触界面，适用于 Frictionless、Rough 或 Frictional 类型的接触。其包含的选项如图 9-30 所示。

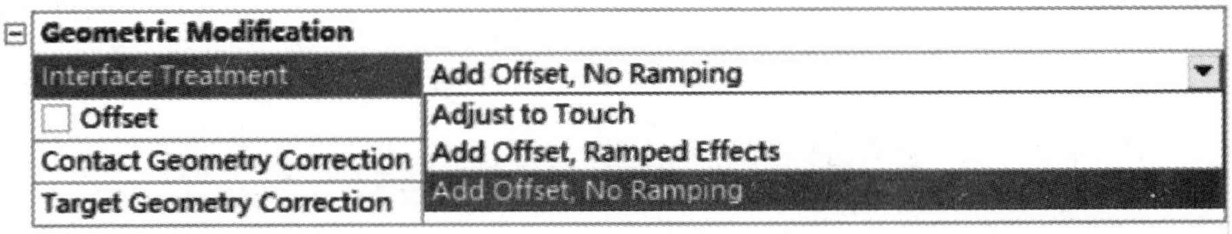

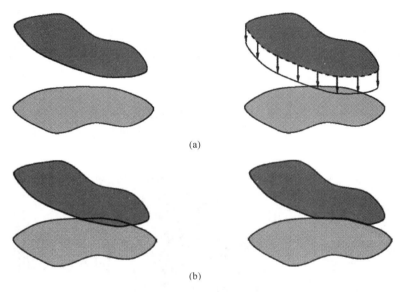

图 9-30　界面处理选项

Adjust to Touch 选项用于调整至恰好接触。采用这一选项时，所有的间隙将闭合，所有初始穿透将被忽略，并创建一个无初应力的状态。该选项对于初始间隙和初始穿透的处理效果，分别如图 9-31(a)以及(b)所示。Add Offset,Ramped Effects 选项用于设置一个偏移量，并且加载为渐变的。Add Offset,No Ramping 选项的作用也是设置一个偏移量，但加载不是渐变的。

(a)

(b)

图 9-31　调整到恰好接触

(2)Contact Geometry Correction 选项

即接触面的几何修正选项，如图 9-32 所示。None 表示不修正。Smoothing 用于对曲面基于精确的几何形状而不是网格来评估接触检测。Bolt Thread 用于模拟螺栓螺纹，仅适用于 2D 轴对称分析的边—边接触和 3D 的面—面接触。如果不发生螺纹连接处的强度失效，则无需进行这一修正。

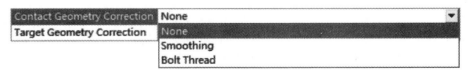

图 9-32　接触面的几何修正选项

(3) Target Geometry Correction 选项

即目标面的几何修正选项,如图 9-33 所示。None 表示不修正,Smoothing 选项的作用同 Contact Geometry Correction 中的 Smoothing 选项。

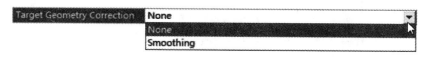

图 9-33　目标面的几何修正选项

9.3　结构非线性与接触分析案例

9.3.1　拱壳非线性屈曲分析

1. 问题描述

本节对第 6.3 节中的浅拱形壳结构进行非线性屈曲分析。如果拱壳板采用钢材,弹性模量为 2.0×10^{11} Pa,屈服强度为 300 MPa,屈服后切线模量为 2.1×10^{9} Pa。计算此拱壳的极限受压承载能力。

2. 建立分析系统并引入缺陷

(1)添加分析系统

由于非线性屈曲分析是非线性的结构静力分析,因此在 Workbench 的 Toolbox 中选择 Static Structural 并将其用鼠标左键拖放至 Project Schematic 中,添加一个系统 C,如图 9-34 所示。

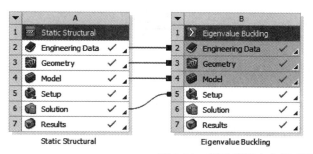
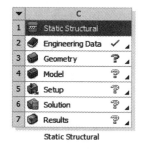

图 9-34　新建的静力分析系统

(2)共享 Engineering Data

连接 Eigenvalue Buckling 系统的 B2:Engineering Data 单元格与 Static Structural 系统的 C2:Engineering Data 单元格。

(3)引入模态缺陷

连接 Eigenvalue Buckling 系统的 B6:Solution 单元格与 Static Structural 系统的 C4:Model 单元格。选择 B6:Solution 单元格,选择 View→Properties,在 Update Settings for Static Structural(Component ID:Model 2)一栏中,设置 Scale Factor 为 0.05,选择 Mode 为 1,如图 9-35 所示。

3. 非线性屈曲加载

双击系统 C 的 Model 单元格启动 Mechanical 界面,需要施加的约束及载荷包括固定端位

Update Settings for Static Structural (Component ID: Model 2)	
Process Nodal Components	✓
Nodal Component Key	
Process Element Components	✓
Element Component Key	
Scale Factor	0.05
Mode	1

图 9-35 引入几何缺陷

移约束、压力荷载。

(1) 施加约束

在工具条上按下边选择过滤按钮，切换至边选择模式。在 Project 树中选择 Static Structural(C4)分支，在模型上选择拱壳的两个底边，用鼠标右键菜单 Insert→Fixed Support，添加 Fixed Support 约束。

(2) 施加压力荷载

在工具条上按下边选择过滤按钮，切换至面选择模式。在 Project 树中选择 Static Structural(C4)分支，选择拱壳的表面，用鼠标右键菜单 Insert→Pressure，添加 Pressure 荷载，并设置其数值为一阶特征值 1.5989e+5 Pa，如图 9-36 所示。

Details of "Pressure"	
Scope	
Scoping Method	Geometry Selection
Geometry	1 Face
Definition	
ID (Beta)	33
Type	Pressure
Define By	Normal To
Applied By	Surface Effect
Magnitude	1.5989e+005 Pa (ramped)
Suppressed	No

图 9-36 位移荷载的数值

施加了荷载和固定约束的非线性屈曲分析模型如图 9-37 所示。

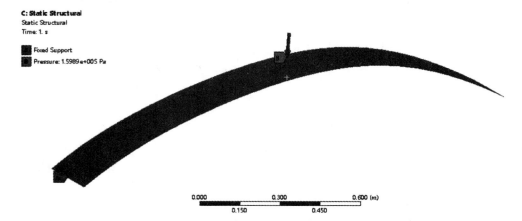

图 9-37 施加了荷载和约束的模型

4. 分析选项设置

选择 Static Structural(C4)下的 Analysis Settings 分支；在其 Details 中进行非线性屈曲分析的求解选项设置。

(1)打开大变形选项。在 Analysis Settings 的 Details 设置中，设置 Large Deflection 为 On，如图 9-38 所示。

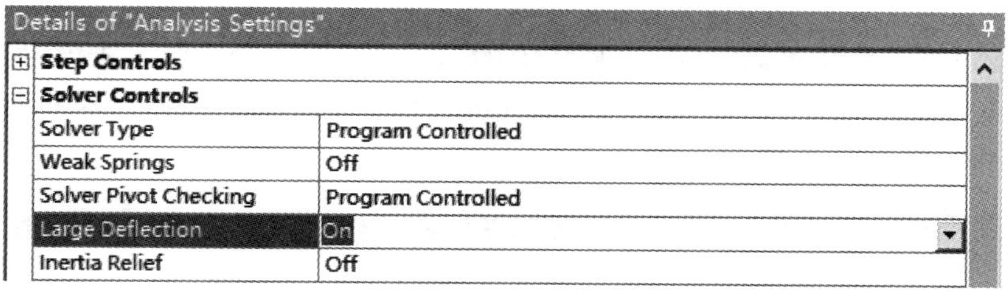

图 9-38　打开大变形选项

(2)设置计算输出控制选项。在 Analysis Settings 的 Details 设置中的 Output Controls 部分，设置 Store Results At 为 All Time Points，如图 9-39 所示。

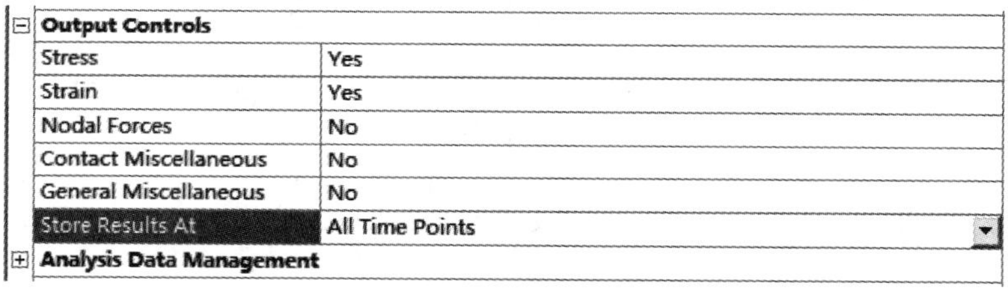

图 9-39　求解输出设置

(3)设置弧长法选项。在 Project 树中选择 Static Structural(C4)目录，在其右键菜单中选择 Insert→Command Object，添加一个 APDL 目录对象，在右侧的 Commands 窗口中按照如图 9-40 所示填写用于非线性屈曲弧长法的设置命令。

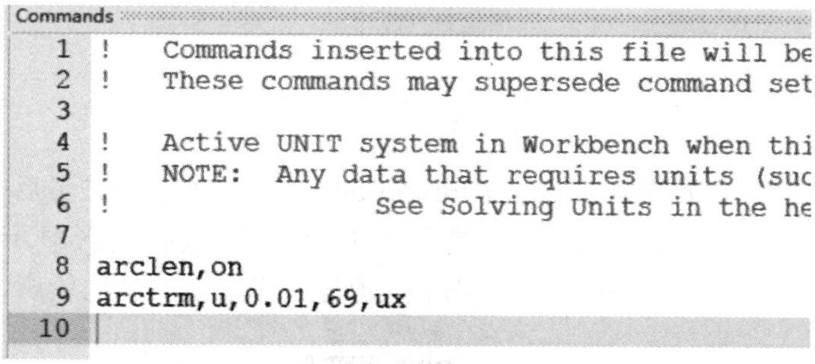

图 9-40　APDL 命令对象

5. 添加后处理结果项目

按照如下步骤添加后处理结果项目：

(1)添加总体变形结果项目。在 Solution(C5)分支的右键菜单中选择 Insert→Deformation→Total，在 Solution(C5)分支下添加一个 Total Deformation 结果。

(2)添加等效应力结果项目。在 Solution(C5)分支的右键菜单中选择 Insert→Stress→Equivalent(von-Mises),在 Solution(C5)分支下添加一个 Equivalent Stress 结果。

(3)添加塑性应变结果项目。在 Solution(C5)分支的右键菜单中选择 Insert→Strain→Equivalent Plastic,在 Solution(C5)分支下添加一个 Equivalent Plastic Strain 分支。

6.求解及后处理

(1)求解

加载以及求解设置完成后,通过工具栏上的 Solve 按钮进行求解。求解过程中,可选择 Solution Information,在其 Details 中设置 Solution Output 选项为 Force Convergence,在右侧显示收敛残差曲线,如图 9-41 所示。

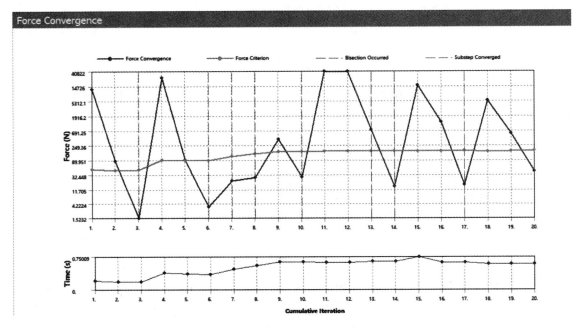

图 9-41 残差监控曲线

(2)结果后处理

计算完成后,按照如下步骤对结果进行观察与后处理:

①查看总体变形结果

在 Solution(C5)分支下选择 Total Deformation 分支,查看结构在最后一步的总体变形分布等值线图。首先在工具栏的 Result 工具条中进行设置,选择变形显示比例为 1.0(True Scale),并选择 Show Undeformed WireFrame 选项显示变形前的结构轮廓,如图 9-42 所示。

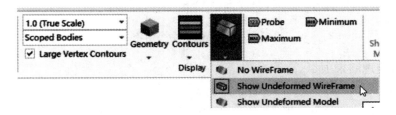

图 9-42 后处理显示设置

观察拱壳结构的总体变形情况,如图 9-43 所示。

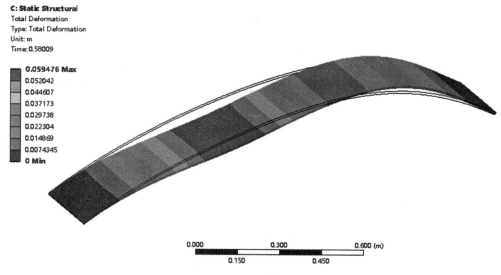

图 9-43 拱壳的总体变形情况

② 查看等效应力分布

在 Solution(C5)目录下选择 Equivalent Stress,查看结构在最后一步的 von-Mises 等效应力分布等值线图,在工具栏的 Result 工具条选择变形显示比例为 1.0(True Scale),选择 Show Undeformed WireFrame 选项显示变形前的结构轮廓,拱壳等效应力分布如图 9-44 所示。

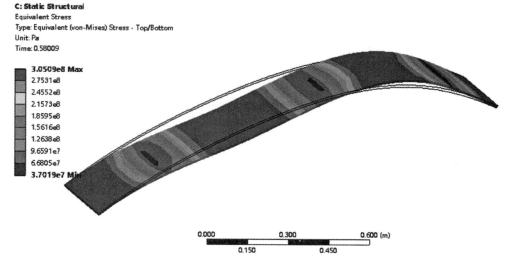

图 9-44 等效应力分布情况

③ 查看塑性应变分布结果

在 Solution(C5)分支下选择 Equivalent Plastic Strain 分支,查看结构在最后一步的等效塑性应变分布等值线图,在工具栏的 Result 工具条中选择变形显示比例为 1.0(True Scale),并选择 Show Undeformed WireFrame 选项显示变形前的结构轮廓,悬臂板的等效塑性应变的分布情况如图 9-45 所示。

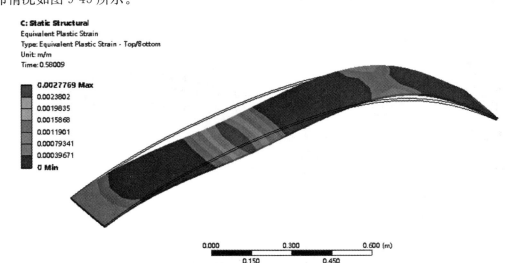

图 9-45　等效塑性应变分布情况

④查看载荷—变形曲线

在 Project 树中按住 Ctrl 键，选择 Directional Deformation 和 Force Reaction 两个分支，单击 Home 工具栏上的 Chart 按钮 Chart，在模型树的底部添加一个 Chart。在 Details of "Chart" 中，Outline Selection 区域显示 2 Objects。在界面右下角的 Tabular Data 面板中仅勾选 Directional Deformation(Max)和 Pressure，在 Details of "Chart" 中进行如图 9-46 所示的选项设置。

Details of "Chart"	
Definition	
Outline Selection	2 Objects
Chart Controls	
X Axis	Directional Deformation (Max)
Plot Style	Both
Scale	Linear
Gridlines	None
Axis Labels	
X-Axis	Displacement-X
Y-Axis	Pressure
Report	
Content	Chart And Tabular Data
Caption	
Input Quantities	
Time	Omit
[A] Pressure	Display

图 9-46　Chart 设置

通过 Chart 绘制结构的压力—侧移曲线如图 9-47 所示，结构极限承载力大约为 1.0256×10^5 Pa，低于特征值屈曲的第一阶临界荷载。

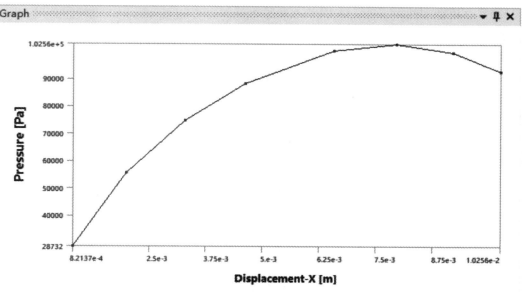

图 9-47　压力—侧移曲线

9.3.2　接触问题诊断案例：带有间隙的隔板与卡槽

1. 问题描述

某圆柱形筒体长度 40 mm，内、外径分别为 46 mm、54 mm，距离筒体上端 5 mm 处开有 2 mm×1.6 mm 的一圈卡槽用于隔板的安装。隔板厚度 1.5 mm，内、外径分别为 20 mm、50 mm。隔板下表面承受竖直向上的压力 1000 Pa，筒体及隔板材料一致，其弹性模量为 $1×10^7$ Pa，泊松比为 0.3。隔板和筒体整个结构的尺寸及接触部位的局部放大如图 9-48 所示。

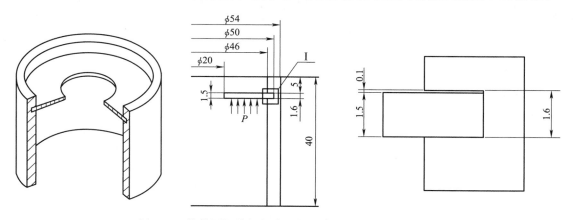

图 9-48　筒体隔板接触部位及剖面局部放大图（单位：mm）

2. 建立几何模型

按照如下步骤在 SCDM 中创建问题的几何模型：

（1）启动 SCDM

通过系统开始菜单独立启动 SCDM 界面。

(2)保存模型文件

单击 SCDM 中的文件→保存,输入"Cylinder and Plate"作为文件名称,保存文件。

(3)更改工作平面

启动 SpaceClaim 后,程序会自动打开一个设计窗口,并自动激活至草图模式,且当前激活平面为 XZ 平面,如图 9-49 所示。

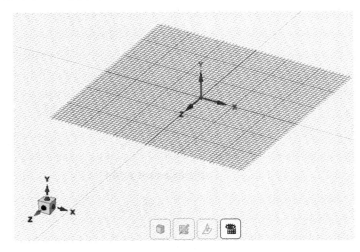

图 9-49 XZ 平面草图模式

因轴对称分析必须在 XY 平面内建模,Y 轴为回转轴线,故需要将当前激活的草图平面切换至 XY 平面,具体操作如下:

①单击图形显示区下方微型工具栏中的 图标,移动鼠标至 XY 平面高亮显示,然后单击鼠标左键,此时草图平面已激活至 XY 平面,如图 9-50 所示。

②依次单击主菜单中的设计→定向→ 图标或微型工具栏中的 图标,也可直接单击字母"V"键,正视当前草图平面,如图 9-51 所示。

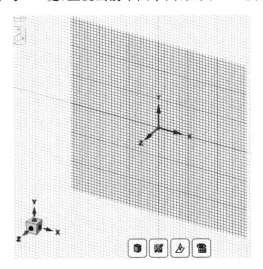

图 9-50 切换草图平面

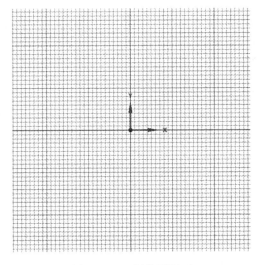

图 9-51 正视草图平面

(4)绘制一个矩形

单击主菜单中的设计→草图→▢矩形工具或按快捷键"R",移动鼠标至坐标原点,按住"Shift"键向右上方拖动鼠标,通过按"Tab"键切换并输入水平距离 27 mm,竖直距离 40 mm,然后单击鼠标左键确定矩形的第一个角点,如图 9-52 所示。向左下方拖动鼠标,通过按"Tab"键切换并输入水平间距 4 mm,竖直间距 40 mm,然后单击鼠标左键确定矩形的第二个角点,如图 9-53 所示。

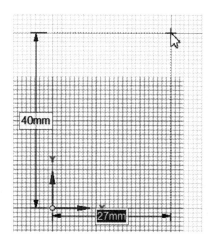 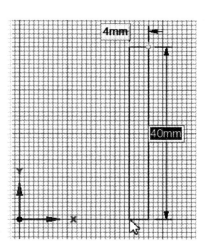

图 9-52 绘制筒壁草图第一个角点　　　　图 9-53 绘制筒壁草图第二个角点

(5)绘制卡槽

单击主菜单中的设计→草图→╲线工具或按快捷键"L",在靠近筒臂上方处绘制三条直线段,构成槽口边线;再次单击草图→✂剪掉工具,删除槽口开口处的边线,如图 9-54 所示。

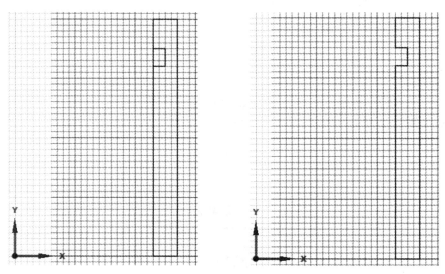

图 9-54 筒壁槽口绘制前后

(6)尺寸标注

单击主菜单中的设计→编辑→移动工具 或按快捷键"M",利用鼠标左键选中上一步创建的槽口上边线,再次单击窗口左侧选项面板中的 标尺工具,标注两个翅板之间的间距,并输入 5 mm;类似地,标注槽口竖向间距 1.6 mm,槽口右边线距筒臂右边线距离 2 mm,如图 9-55 所示。

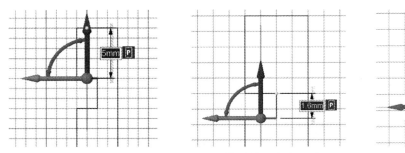

图 9-55　修改槽口定位尺寸

(7)完成筒壁的创建

单击主菜单中的设计→模式→ 按钮或按快捷键"D",进入 3D 模式,此时左侧结构树中出现了一个名为"剖面"的面体,鼠标右键单击该面并选择"移到新组件",更改组件名称为"Cylinder",完成筒壁模型的创建,如图 9-56 所示。

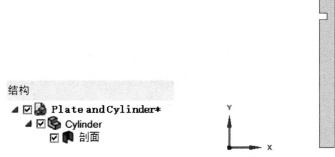

图 9-56　完成筒臂模型

(8)绘制隔板

①在图形显示窗口中鼠标左键选中已完成的表面,参照前面绘制矩形的操作,以卡槽右下角点为起点绘制一个宽 15 mm、高 1.5 mm 的矩形,如图 9-57 所示。

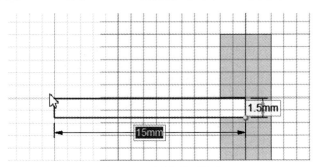

图 9-57　绘制隔板草图

②单击主菜单中的设计→模式→按钮或按快捷键"D",进入 3D 模式,此时左侧结构树中又出现了一个名为"剖面"的面体,鼠标右键单击该面并选择"移到新组件",更改组件名称为"Plate",完成隔板模型的创建,如图 9-58 所示。

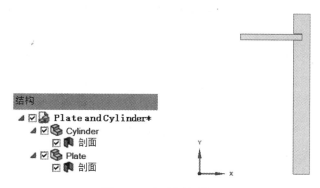

图 9-58　完成隔板模型

(9)单击文件→保存,保存模型。

(10)导入 Workbench

单击 SCDM 顶部工具栏 Workbench 标签下的 ANSYS 转换,将模型导入 Workbench。

3. Mechanical 前处理

(1)添加分析系统

进入 Workbench 后,项目图解窗口中仅有一个"Geometry"组件系统,从窗口左侧的"Toolbox"中拖动"Static Structural"分析系统至已有"Geometry"组件系统的 A2 Geometry 单元格上,完成项目流程的搭建,如图 9-59 所示。

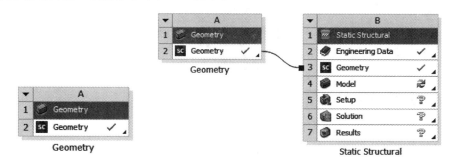

图 9-59　创建静力分析系统

(2)保存项目文件

单击 Workbench 的主菜单 File→Save,输入"Cylinder and Plate"作为项目名称,保存项目文件。

(3)设置几何属性

勾选菜单 View→Properties,选择"Geometry"组件系统的 A2 Geometry 单元格,在窗口右侧的属性窗口中将 Analysis Type 由"3D"改为"2D"。

(4)设置材料参数

鼠标左键双击 B2 Engineering Data 单元格,打开材料编辑窗口,此时程序的默认材料为

Structure Steel,选择该材料并在其下方的材料属性窗口中,修改 Young's Modulus 为 1E+7 Pa,Poisson's Ratio 为 0.3,如图 9-60 所示。定义完成后关闭 Engineering Data,返回 Workbench。

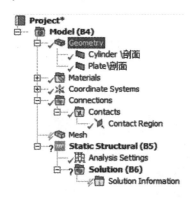

图 9-60 修改材料属性

(5)设置轴对称选项

鼠标左键双击 B4 Model 单元格,进入 Mechanical;在 Mechanical 窗口左侧的项目树中,鼠标左键选中 Model → Geometry,在其下方的明细设置中更改"2D Behavior"为"Axisymmetric",如图 9-61 所示。

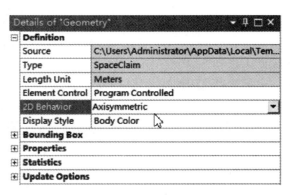

图 9-61 更改分析类型

(6)定义接触

①展开 Project 树中的 Connections 分支,可以看到程序自动创建了一个名为"Contact Region"的接触对,鼠标右键单击该项,然后选择"Suppress"将其抑制。

②鼠标右键单击 Connections→Contacts,选择 Insert→Manual Contact Region,添加新的接触,并在其 Details 中将隔板的上边线作为 Contact Bodies,卡槽的上边线作为 Target Bodies,更改 Definition→Type 为"Frictionless",Advanced→Formulation 为"Augmented Lagrange",其他选项采用默认设置,如图 9-62 所示。

③参照上一步操作,分别创建隔板侧边线与卡槽侧边线之间的接触对、隔板底边线与卡槽下边线之间的接触对,至此共创建了三个 Contact Region。

(7)网格划分

①鼠标右键单击 Mesh,选择 Insert→Sizing,并在其明细中更改 Geometry 选项内容为卡

Details of "Frictionless - Plate\剖面 To Cylinder \剖面"	
Scope	
Scoping Method	Geometry Selection
Contact	1 Edge
Target	1 Edge
Contact Bodies	Plate\剖面
Target Bodies	Cylinder\剖面
Shell Thickness Effect	No
Protected	No
Definition	
Type	Frictionless
Scope Mode	Manual
Behavior	Program Controlled
Trim Contact	Program Controlled
Suppressed	No
Advanced	
Formulation	Augmented Lagrange
Small Sliding	Program Controlled

图 9-62　接触设置

槽的三条边线及隔板的上、下及右侧边线，输入 Element Size 为 0.3 mm，如图 9-63 所示。

②鼠标右键再次单击 Mesh，选择 Generate Mesh 进行网格划分，网格离散后的模型如图 9-64 所示。

Details of "Edge Sizing" - Sizing	
Scope	
Scoping Method	Geometry Selection
Geometry	6 Edges
Definition	
Suppressed	No
Type	Element Size
Element Size	0.3 mm
Advanced	
Behavior	Soft
Growth Rate	Default (1.2)
Capture Curvature	No
Capture Proximity	No
Bias Type	No Bias

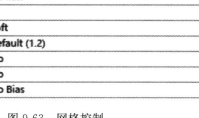

图 9-63　网格控制

图 9-64　划分网格后的模型

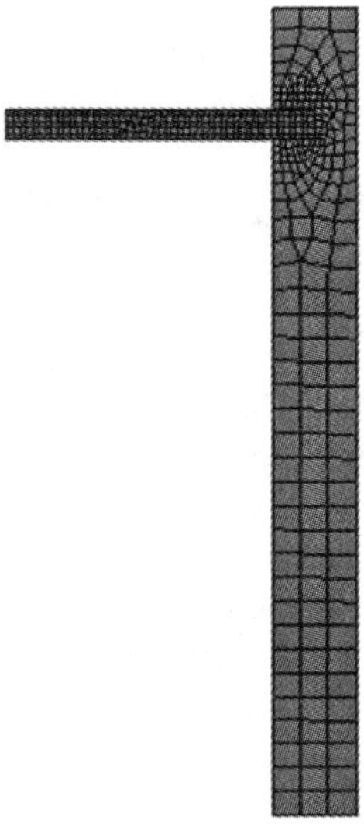

4. 第一次分析及问题诊断

(1)分析选项设置

在 Project 树中选择 Static Structural (B5)→Analysis Settings，在其明细中进行如下设置：将 Auto Time Stepping 改为“On”；Define By 改为“Substeps”，输入 Initial Substeps 为“10”，Minimum Substeps 为“1”，Maximum Substeps 为“1000”；将 Large Deflection 改为“On”。以上设置如图 9-65 所示。

分析设置

Step Controls	
Number Of Steps	1.
Current Step Number	1.
Step End Time	1. s
Auto Time Stepping	On
Define By	Substeps
Initial Substeps	10.
Minimum Substeps	1.
Maximum Substeps	1000.
Solver Controls	
Solver Type	Program Controlled
Weak Springs	Off
Solver Pivot Checking	Program Controlled
Large Deflection	On
Inertia Relief	Off
Rotordynamics Controls	

图 9-65 分析设置

(2)施加载荷及约束

①施加隔板底面的压力

在 Project 树中选择 Static Structural(B5),在其右键菜单中选择 Insert→Pressure,在添加的 Pressure 的 Details 中进行如下设置:在 Geometry 选项中选中隔板下边线,更改 Define By 为"Components",输入 Y Component 为 1000 Pa,如图 9-66 所示。

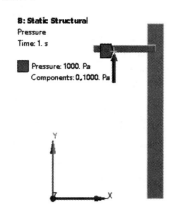

图 9-66 压力载荷施加

②施加筒体底面的固定约束

在 Project 树中选择 Static Structural(B5),在其右键菜单中选择 Insert→Fixed Support,在添加的固定边界条件的 Details 中选择 Geometry 为筒壁的下边线,如图 9-67 所示。

(3)添加计算结果

在 Project 树中选择 Solution(B6),在其右键菜单中分别选择 Insert→Deformation→Total 以及 Insert→Stress→Equivalent(von-Mises),添加位移及等效应力结果项目。

第 9 章 结构非线性与接触分析专题

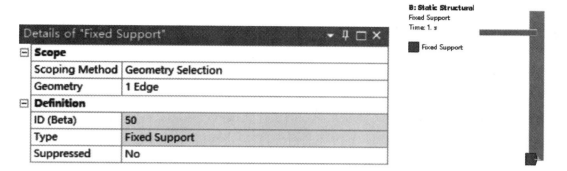

图 9-67 固定边界条件施加

(4) 选择 Solution(B6)，在右键菜单中选择 Solve，执行求解。

(5) 求解问题诊断

本次分析并未收敛。从图 9-68 的位移云图中可以看出，隔板发生了刚体位移，且其运动方向与载荷加载方向相反，与预期位移方向不一致，但注意到该结果并非收敛解。

卡槽区域网格局部放大图如图 9-69 所示，从图中可以看出隔板上边线与卡槽上边线之间存在一个 0.1 mm 的间隙，导致此处的初始接触没有建立，故在压力载荷施加于隔板下边线上时隔板没有足够的约束从而发生刚体位移，最终导致求解失败。在 Project 树中选择 Solution (B6)→Solution Information，查看"Solver Output"，在 Worksheet 标签下可以找到下面信息，如图 9-70 所示。

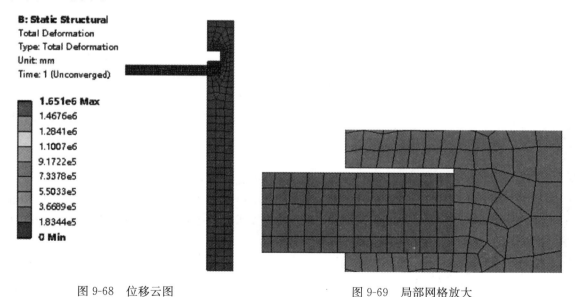

图 9-68 位移云图　　　　　　　图 9-69 局部网格放大

```
Min. Initial gap 1.E-04 was detected between contact element 673 and
target element 684.
You may move entire target surface by: x= 2.246128666E-18, y= -1.E-04,
z= 0, to bring it in contact.
*******************************************
```

图 9-70 求解器输出信息

从图 9-70 中可以看出，程序已经探测出了 1E—04 m(0.1 mm)的间隙，并建议对目标面进行移动使其相互接触。经过分析，下面将对几何模型进行调整，使得卡槽上边线处的接触边与目标边"刚好"接触。

5．修正几何及二次求解

（1）修正几何模型并刷新

①打开几何模型，单击 SCDM 主菜单中的设计→编辑→移动工具 或按快捷键"M"，利用鼠标左键选中隔板面体，拖动＋Y 方向的箭头，按空格键输入移动距离 0.1 mm，单击空白区域完成移动，使得隔板上边线与卡槽"刚好"接触，如图 9-71 所示，其中，右图为局部的放大。

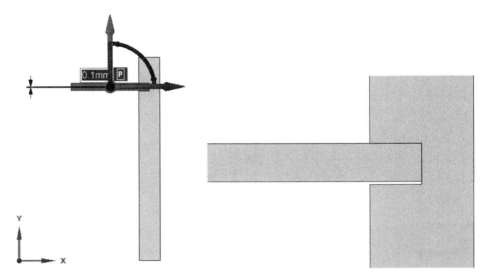

图 9-71　修正几何模型

②在 Mechanical 窗口中，单击 File→Refresh All Data 进行数据刷新，传递最新的几何模型至 Mechanical 中。

（2）重新求解

①检查先前创建的接触对及网格控制等是否有变化，如有变化将其更改回先前设置。

②在 Project 树中选择 Solution(B6)→Solution Information，在其 Details 中将 Solution Output 改为"Force Convergence"，执行求解后图形显示窗口中将绘出计算过程中的残差收敛曲线。

③选择 Solution(B6)，在鼠标右键菜单中选择 Solve，执行求解。本次计算结果收敛，求解过程中的残差迭代曲线如图 9-72 所示。

（3）结果查看

①选择之前插入的 Equivalent Stress 分支，绘制等效应力云图，最大应力点位于卡槽开口角点与隔板上边线接触处，如图 9-73 所示。

②在 Project 树中选择 Solution(B6)，在鼠标右键菜单中依次选择 Insert→Contact Tool→Contact Tool，并在 Contact Tool 的右键菜单中分别选择 Insert→Pressure 及 Gap，插入接触压力及间隙结果。

第 9 章 结构非线性与接触分析专题

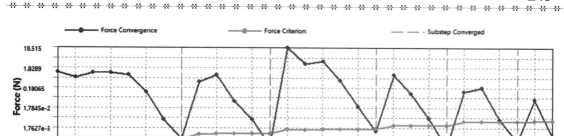

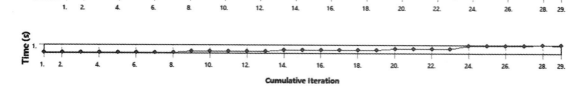

图 9-72 残差收敛曲线

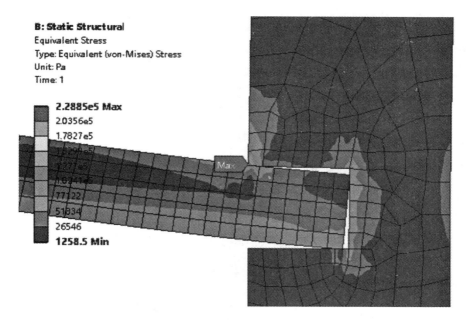

图 9-73 等效应力云图

③在 Solution(B6)右键菜单中选择 Evaluate All Results,评估结果。

④查看接触状态。选中 Contact Tool 下的 Status 分支,查看接触状态图,如图 9-74 所示。从图中可以看出,卡槽上部开口角点、隔板的右侧角点分别与对应边发生了点—线滑动(Sliding)接触,其他区域没有发生接触。

⑤查看接触压力与间隙。选中 Contact Tool 下的 Pressure 及 Gap 分支,可分别查看接触压力及间隙,如图 9-75 所示。

⑥扩展显示结果。在 Project 树中选择 Model→Symmetry,在其 Details 中更改 Num Repeat 为"28",Type 为"2D Axisymmetric",$\Delta\theta$ 为 10°,如图 9-76 所示。

通过以上设置可将模型轴对称展开 270°,相关设置及模型展开后的等效应力云图如图 9-77 所示。

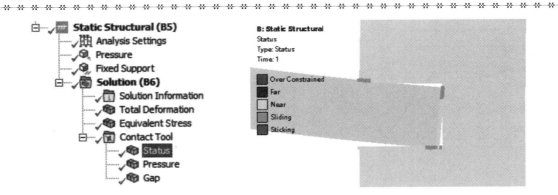

图 9-74 接触状态云图

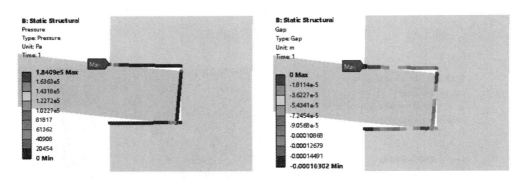

图 9-75 接触压力及间隙云图

Details of "Symmetry"	
Graphical Expansion 1 (Beta)	
Num Repeat	28
Type	2D AxiSymmetric
Δθ	10. °
Coordinate System	Global Coordinate System

图 9-76 轴对称扩展设置

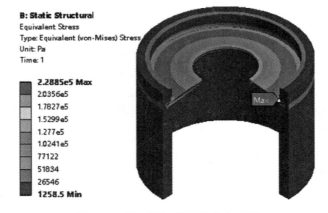

图 9-77 展开设置及等效应力云图

第 10 章 多体动力学分析

多体动力学分析包括刚体动力学分析以及刚柔混合多体动力学分析。本章介绍在 Workbench 中多体动力学分析的实现方法和要点,并给出典型的铰链四杆机构刚体动力学以及刚柔混合动力学分析案例。

10.1 ANSYS 多体动力学分析方法

10.1.1 刚体动力学分析

在 ANSYS Workbench 中,刚体动力学分析可以通过预置的 Rigid Dynamics 分析系统模板来完成。双击 Workbench 界面左侧 Toolbox→Analysis Systems→Rigid Dynamics,在 Project Schematic 区域就会出现一个刚体动力分析系统 A:Rigid Dynamics,如图 10-1 所示。

上述 Rigid Dynamics 分析系统与其他的结构分析系统类似,也包括 Engineering Data、Geometry、Model、Setup、Solution、Results 等多个单元格。在 Engineering Data 中定义材料时,要特别注意定义材料的密度,以正确计算系统的质量。Geometry 可以直接导入外部几何模型,也可以在 ANSYS DM 中创建模型。几何模型创建或导入完成后,Model 及以下的各单元格均是在 Mechanical

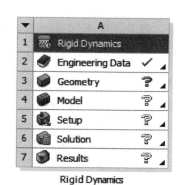

图 10-1 Rigid Dynamics 分析系统模板

组件下进行操作。双击 Model 单元格即进入 Mechanical 组件,在其中按照如下的步骤操作完成刚体动力学分析:

1. Geometry 分支

在启动 Mechanical 界面时,几何模型自动被导入 Mechanical 中。需要注意的是,Rigid Dynamics 仅支持 3D Sold Body、Surface Body,不支持 Line Body 以及 2D Plane Body。对刚体动力分析而言,在 Geometry 分支下的各 Part,其 Stiffness Behavior 缺省为 Rigid,如图 10-2 所示。在 Geometry 分支下,还可以指定模型中的集中质点或转动惯性,通过选择 Geometry 分支,在其鼠标右键菜单中选择 Insert→Point Mass,在 Geometry 分支下即出现新增加的 Point Mass 分支,在 Point Mass 分支的 Details 中需要选择质点位置、指定质点质量及转动惯量等参数。质量点与模型中所选择的几何对象之间的连接可以是 Rigid,也可以是 Deformable,这个属性通过 Details 中的 Behavior 参数来设置。通过 Point Mass 分支 Details

中的 Pinball Region 参数,还可以进一步指定质点与所选择的几何对象的连接半径范围,这样仅在质点周围指定半径范围的节点与 Point Mass 相连接。Point Mass 分支的 Details 设置选项如图 10-3 所示。

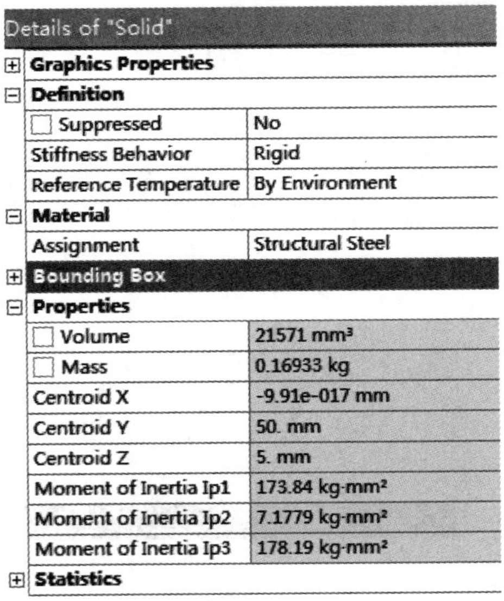

图 10-2　Solid 的 Details 设置

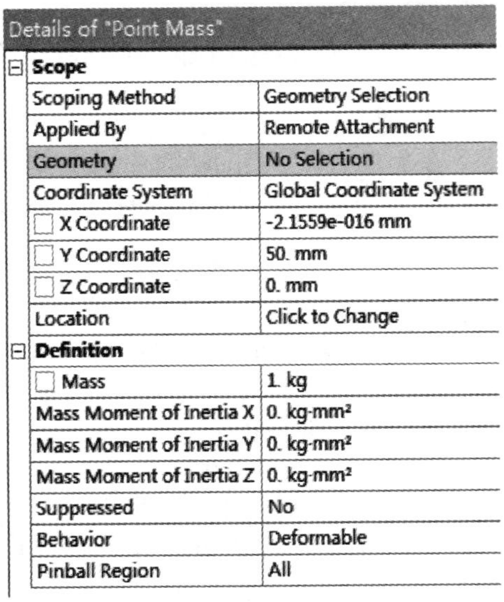

图 10-3　Point Mass 的定义

2. Connection 分支

多体动力学分析实际上就是计算一系列通过 Joint 和 Spring 相连接的刚体系统的响应过程,系统的各个体之间可能还有 Contact(接触面)。Connection 分支的任务就是定义系统的这些体之间的连接关系,因此 Connection 分支在刚体动力学分析中具有十分重要的作用。

(1)Joint 连接

Joint 是体之间的一种常见连接形式,常用于指定运动副。在模型导入过程中可以自动生成圆柱铰链类型的 Joint,也可以选择手工定义 Joint。每一个 Joint 都是在其参考坐标系下定义的。ANSYS 提供的 Joint 类型及其约束的相对自由度见表 10-1。

表 10-1　Joint 及约束的相对自由度

Joint 类型	约束的相对运动自由度
Fixed Joint	All
Revolute Joint	UX,UY,UZ,ROTX,ROTY
Cylindrical Joint	UX,UY,ROTX,ROTY
Translational Joint	UY,UZ,ROTX,ROTY,ROTZ
Slot Joint	UY,UZ
Universal Joint	UX,UY,UZ,ROTY
Spherical Joint	UX,UY,UZ
Planar Joint	UZ,ROTX,ROTY
Bushing Joint	None

续上表

Joint 类型	约束的相对运动自由度
General Joint	Fix All,Free X,Free Y,Free Z,Free All
Point on Curve Joint	UY,UZ,ROTX,ROTY,ROTZ

Joint 的具体指定方法请参考本章例题,设置 Joint 之后,在 Mechanical 中通过 Joint Configure 工具条进行相关的设置,如图 10-4 所示。在工具栏上选择 Body Views 按钮,可以在边视图中分别查看 Joint 所连接的两侧的体,如图 10-5 所示。

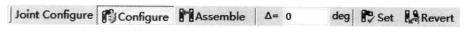

图 10-4　Joint Configure 工具栏

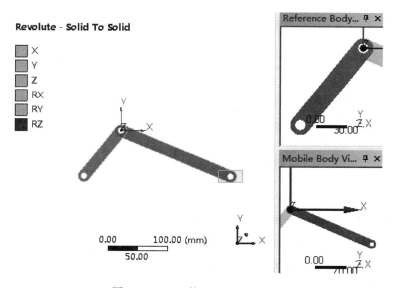

图 10-5　Joint 的 Body View 显示

(2) 定义 Contact

Contact 即接触,其具体的定义方法请参考本书第 3 章和第 8 章的有关内容。

(3) 定义 Spring

Spring 即弹簧,其具体的定义方法请参考本书第 3 章的有关内容。Spring 还可以向模型中引入黏滞阻尼。

3. Mesh 分支

对于刚体动力学而言,Mesh 仅仅用于定义接触的表面。

4. Analysis Settings 分支

Analysis Settings 分支的 Details 选项如图 10-6 所示。Step Controls 允许设置多个求解步,多步分析适用于计算不同时刻添加或删除载荷的整个历程。时间步控制方面,刚体动力学求解器可以自动调整时间步以获取最优的计算效率,也可以手工设置时间步以固定时间步长,但手工设置时间步可能导致更长的计算时间。缺省的时间积分方法是 Runge-Kutta 4 阶算法。Energy Accuracy Tolerance 选项用于控制自动时间步积分步长的增加或减小。Output Controls 选项用于控制结果的输出频率。

Details of "Analysis Settings"

Step Controls	
Number Of Steps	1
Current Step Number	1
Step End Time	1. s
Auto Time Stepping	On
Initial Time Step	1.e-002 s
Minimum Time Step	1.e-007 s
Maximum Time Step	5.e-002 s
Solver Controls	
Time Integration Type	Runge-Kutta 4
Use Stabilization	Off
Use Position Correction	Yes
Use Velocity Correction	Yes
Dropoff Tolerance	1.e-006
Nonlinear Controls	
Relative Assembly Tolerance	On
Value	0.01%
Energy Accuracy Tolerance	On
Value	0.01%
Output Controls	
Store Results At	All Time Points

图 10-6 Analysis Settings 选项

5. 加载

刚体动力学分析中,加载方法与其他分析中的操作方法相同。可以施加的荷载类型包括 Acceleration、Standard Earth Gravity、Joint Load、Remote Displacement、Remote Force、Constraint Equation,其中 Acceleration、Standard Earth Gravity 的数值必须为常数。

6. Solution 分支

Solution 分支用于插入后处理所需的结果项目,包括各种位移、速度、加速度以及 Joint 所传递的力等。加入结果项目后选择工具栏的 Solve 按钮进行求解并查看结果。

10.1.2 刚柔混合体动力学分析

对于刚柔混合体动力学分析,可通过 Workbench 的 Transient 分析系统实现。在 Transient Structural 分析中,对柔性部件需要划分网格,计算结果中可以得到柔性部件的变形以及应力的分布,其他与 Rigid Dynamics 分析的操作方法相同,但会耗费更多的计算资源。

10.2 多体动力学分析实例:铰链四杆机构

本节介绍一个典型的多体动力分析实例,包括建模方法、体装配关系及刚体运动和刚柔动力学模拟。如图 10-7 所示,4 根构件名称分别为机架(Ground)、曲柄(Crank)、连杆(Link)以及摇杆(Rocker),设各构件的厚度均为 3 mm。

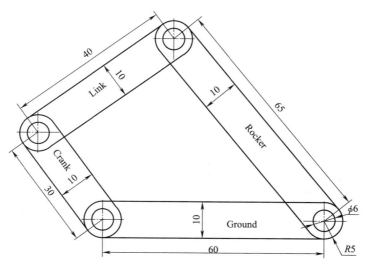

图 10-7 连杆机构示意图(单位:mm)

10.2.1 创建几何模型

本节介绍在 SCDM 中创建多根连杆并进行位置装配的方法,按照如下步骤进行操作:

1. 启动 SCDM

(1)通过开始菜单,独立启动 SCDM。

(2)单击文件→保存,输入"4 Bar"作为文件名称,保存文件。

2. 创建机架(Ground)模型

(1)调整视图方向

启动 SCDM 后,会自动打开设计窗口,并自动激活至草图模式,且当前激活平面为 XZ 平面。依次单击主菜单中的设计→定向→图标或微型工具栏中的图标,也可直接单击字母"V"键,正视当前草图平面,如图 10-8 所示。

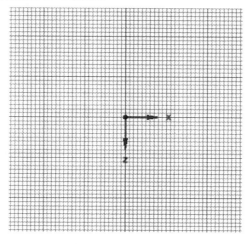

图 10-8 正视草图平面

(2) 绘制草图

① 单击主菜单中的设计→草图→▣ 矩形工具或按快捷键"R",绘制一个长×宽为 60 mm× 10 mm 的长方形,如图 10-9 所示。

② 单击主菜单中的设计→草图→◉ 圆形工具或按快捷键"C",以左侧短边中心为圆心绘制一个直径为 10 mm 的圆,如图 10-10 所示。

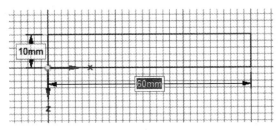

图 10-9　绘制长方形

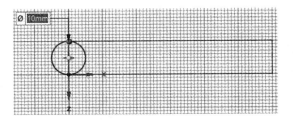

图 10-10　绘制端部圆(一)

③ 参照上面一步操作,再次以左侧短边中心为圆心绘制一个直径为 6 mm 的圆,如图 10-11 所示。以右侧短边中心为圆心绘制两个直径分别为 10 mm、6 mm 的圆,如图 10-12 所示。

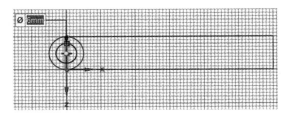

图 10-11　绘制端部圆(二)

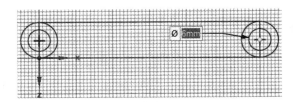

图 10-12　绘制端部圆(三)

④ 单击主菜单中的设计→草图→✂ 剪掉工具或按快捷键"T",删除左右侧短边及大圆内侧半圆环,如图 10-13 所示。

(3) 拉伸形成实体

① 单击主菜单中的设计→编辑→拉动工具➤,或按快捷键"P",此时将自动进入三维模式中。

② 按住滚轮,然后拖动鼠标将视角调至便于观察的视角。

③ 向 Y 方向拖动鼠标,按空格键并输入 3 mm 作为杆的厚度。

④ 单击窗口空白位置,完成机架(Ground)模型的创建,如图 10-14 所示。

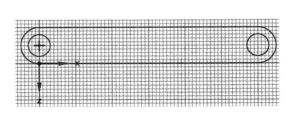

图 10-13　删除无关边线

图 10-14　创建机架(Ground)模型

⑤在窗口左侧的结构面板中,鼠标右键单击"实体",然后选择"移到新组件",再将组件名称更改为"Ground";右键单击"剖面",选择删除,操作过程如图10-15所示。

图 10-15 项目树操作

3. 创建曲柄(Crank)模型

由于本例连杆机构中各构件的尺寸除了杆长不一致外,其他尺寸均相同,因此接下来不再采用上述通过绘制草图再生成实体的方法,而是通过编辑已经创建的机架模型快速地创建其他构件的三维模型,具体操作步骤如下:

(1)单击主菜单中的设计→编辑→移动工具或按快捷键"M",在项目树中利用鼠标左键选中"Ground"组件,按住"Ctrl"键,然后在图形显示窗口中拖动 Y 方向的箭头,按空格键,输入距离 20 mm,即在距离原模型 20 mm 处创建了一个模型副本,如图 10-16 所示。

 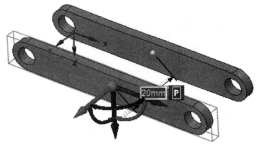

图 10-16 创建机架模型副本

(2)当前结构面板中包括两个"Ground"组件,鼠标右键单击第二个"Ground"组件,依次选择源→使其独立,解除两个组件之间的关联关系,并将第二个"Ground"组件重命名为"Crank",如图 10-17 所示。

(3)单击主菜单中的设计→编辑→移动工具或按快捷键"M",按住"Ctrl"键,在图形显示窗口中利用鼠标左键依次选择"Crank"右侧端部半圆及圆孔,拖动 X 方向的箭头向 $-X$ 方向移动,按空格键输入 30 mm,完成曲柄模型的创建,如图 10-18 所示。

  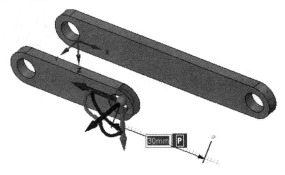

图 10-17 创建 Crank 组件   图 10-18 创建曲柄模型

4. 创建连杆(Link)模型

按如下步骤进行操作：

(1)单击主菜单中的设计→编辑→移动工具 或按快捷键"M"，在项目树中利用鼠标左键选中"Crank"组件，按住"Ctrl"键，然后在图形显示窗口中拖动 Y 方向的箭头，按空格键，输入距离 20 mm，即在距离原模型 20 mm 处创建了一个模型副本，如图 10-19 所示。

(2)当前结构面板中包括两个"Crank"组件，鼠标右键单击第二个"Crank"组件，依次选择源→使其独立，解除两个组件之间的关联关系，并将第二个"Crank"组件重命名为"Link"，如图 10-20 所示。

图 10-19　创建曲柄模型副本　　　　　　图 10-20　创建 Link 组件

(3)单击主菜单中的设计→编辑→移动工具 或按快捷键"M"，按住"Ctrl"键，在图形显示窗口中利用鼠标左键依次选择"Link"右侧端部半圆及圆孔，拖动 X 方向的箭头向+X 方向移动，按空格键输入 15 mm，完成连杆模型的创建，如图 10-21 所示。

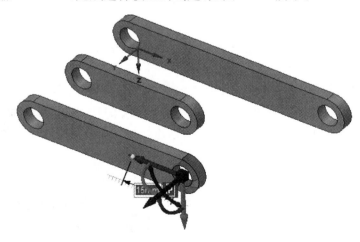

图 10-21　创建连杆模型

5. 创建摇杆(Rocker)模型

按如下步骤进行操作：

(1)单击主菜单中的设计→编辑→移动工具 或按快捷键"M"，在项目树中利用鼠标左键选中"Link"组件,按住"Ctrl"键,然后在图形显示窗口中拖动 Y 方向的箭头,按空格键,输入距离 20 mm,即在距离原模型 20 mm 处创建了一个模型副本,如图 10-22 所示。

(2)当前结构面板中包括两个"Link"组件,鼠标右键单击第二个"Link"组件,依次选择源→使其独立,解除两个组件之间的关联关系,并将第二个"Link"组件重命名为"Rocker",如图 10-23 所示。

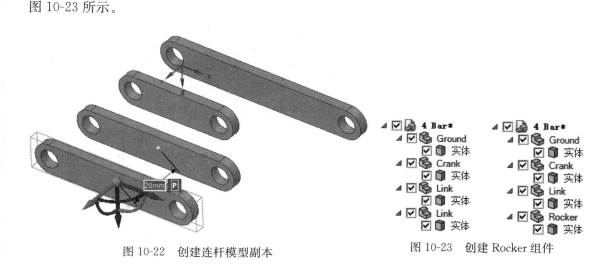

图 10-22　创建连杆模型副本　　　　图 10-23　创建 Rocker 组件

(3)单击主菜单中的设计→编辑→移动工具 或按快捷键"M",按住"Ctrl"键,在图形显示窗口中利用鼠标左键依次选择"Rocker"右侧端部半圆及圆孔,拖动 X 方向的箭头向+X 方向移动,按空格键输入 20 mm,完成摇杆模型的创建,如图 10-24 所示。

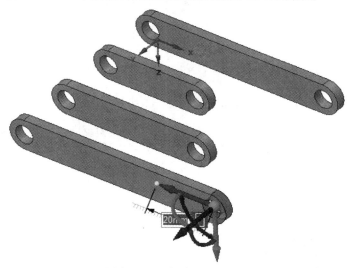

图 10-24　创建摇杆模型

6. 创建各杆之间的配合关系

按照如下步骤操作,将平行的构件配合为机构:

(1)选择结构面板中的"Ground"组件,单击组件→ 定位工具,固定该组件的位置,项目树如图 10-25 所示。

(2) 按住"Ctrl"键，利用鼠标左键分别选中"Ground"及"Crank"杆左孔，单击组件→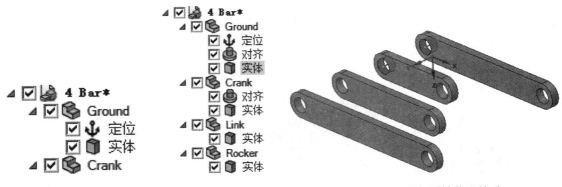对齐工具，建立两者的同轴装配关系，如图 10-26 所示。

图 10-25　项目树　　　　　　图 10-26　建立"Crank"及"Ground"左侧同轴装配关系

(3) 按住"Ctrl"键，利用鼠标左键分别选中"Crank"杆右侧面及"Ground"杆的左侧，单击组件→相切工具，建立两者的侧面相切装配关系，如图 10-27 所示。

图 10-27　建立"Crank"及"Ground"侧面相切装配关系

(4) 单击主菜单中的设计→编辑→移动工具或按快捷键"M"，然后在项目树中选中"Crank"组件，在图形显示窗口中将移动工具图标中心移至左侧轴孔，拖动绕 Y 轴回转的箭头将曲柄转动适当角度以便于观察及后续操作，如图 10-28 所示。

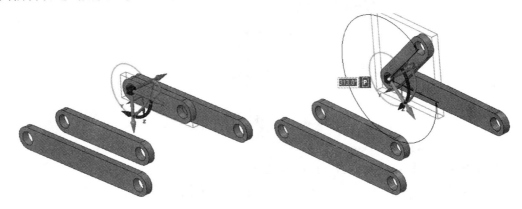

图 10-28　转动曲柄

(5)按住"Ctrl"键,利用鼠标左键分别选中"Link"杆左孔及"Crank"杆右孔,单击组件→ 对齐工具,建立两者的同轴装配关系。

(6)按住"Ctrl"键,利用鼠标左键分别选中"Link"杆左侧面及"Crank"杆的右侧面,单击组件→ 相切工具,建立两者的侧面相切装配关系,如图 10-29 所示。

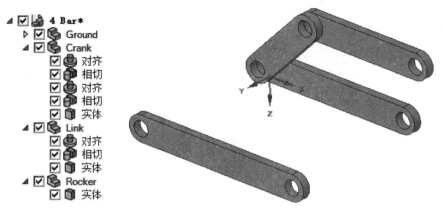

图 10-29　建立"Link"及"Crank"的同轴及相切装配关系

(7)按住"Ctrl"键,利用鼠标左键分别选中"Rocker"杆左孔及"Link"杆右孔,单击组件→ 对齐工具,建立两者的同轴装配关系。

(8)按住"Ctrl"键,利用鼠标左键分别选中"Rocker"杆右孔及"Ground"杆右孔,单击组件→ 对齐工具,建立两者的同轴装配关系。

(9)按住"Ctrl"键,利用鼠标左键分别选中"Rocker"杆右侧面及"Link"杆的左侧面,单击组件→ 相切工具,建立两者的侧面相切装配关系,如图 10-30 所示。

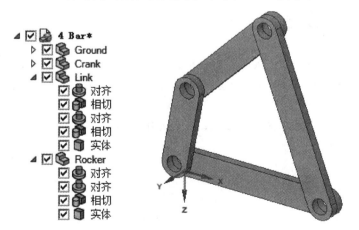

图 10-30　建立"Rocker"与"Link""Ground"的同轴及相切装配关系

(10)单击主菜单中的设计→编辑→移动工具 或按快捷键"M",然后在项目树中选中"Crank"组件,在图形显示窗口中将移动工具图标中心移至左侧轴孔,拖动绕 Y 轴回转的箭头将曲柄转动,其他杆件将相应联动,如图 10-31 所示。

(11)单击文件→保存,保存几何文件。

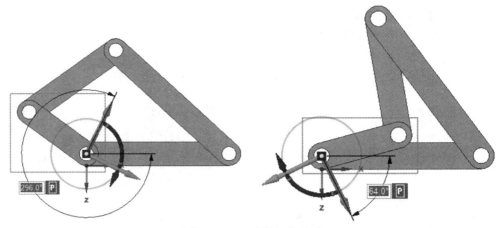

图 10-31 四连杆机构联动

10.2.2 刚体运动分析

1. 问题描述

本节将基于刚体动力学对四连杆机构进行分析,其中曲柄在电动机的带动下以 20 rad/s 的速度匀速旋转,计算机构各部件的位移、速度、加速度等。

2. 创建刚体动力学分析系统

(1) 启动 Workbench。

(2) 在左侧"Toolbox"中拖动"Rigid Dynamics"分析系统模板至项目图解窗口中,如图 10-32 所示。

(3) 单击主菜单 File→Save,输入"Rigid Dynamics"作为项目名称,保存项目文件。

3. Mechanical 前处理

(1) 导入几何模型

① 鼠标右键单击 A3 Geometry 单元格然后依次选择 Import Geometry→Browse…,定位至上面一节创建的"4 Bar.scdoc"几何模型文件,将其导入。

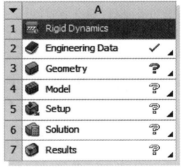

图 10-32 刚体动力学分析系统

② 双击 A4 Model 单元格进入 Mechanical,此时图形显示窗口中的四连杆机构几何模型如图 10-33 所示。

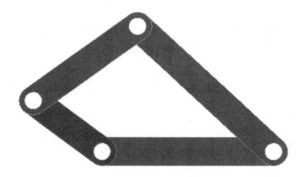

图 10-33 四连杆机构几何模型

(2) 确认工作单位

在 Home 标签中依次单击 Tools→Units 或通过底部状态栏上的单位工具,检查并确认当前的单位。本次分析采用的单位系统为 Metric(mm,kg,N,s,mV,mA),Angle 为 Degrees,Rotational Velocity 为 rad/s,如图 10-34 所示。

(3) 定义 Joint

① 在 Project 树中依次展开 Project→Model(A4)→Connections 分支,鼠标右键单击 Contacts,选择 Delete,将程序自动创建的接触对删除。

② 鼠标右键单击 Connections,然后选择 Insert→Joint,在新添加的 Joint 的 Details 中更改 Definition→Connection Type 为 Body-Ground,Type 为 Fixed,在 Mobile→Scope 中选机架的下表面,如图 10-35 所示。

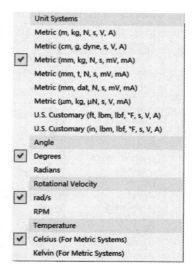

图 10-34 单位设置

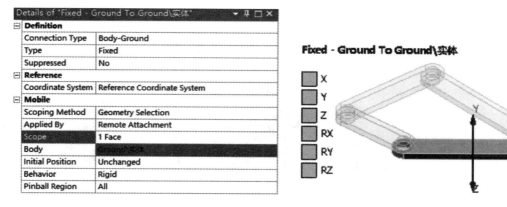

图 10-35 指定机架的固定副

③ 鼠标右键单击 Connections 分支下的 Joints,然后选择 Insert→Joint,在窗口左下方的明细中更改 Definition→Connection Type 为 Body-Body,Type 为 Revolute,在 Reference→Body 中选定机架左侧轴孔面,在 Mobile→Body 中选定曲柄下轴孔面,如图 10-36 所示。

④ 参照上述操作方法,分别在曲柄与连杆、连杆与摇杆、摇杆与机架之间轴孔之间继续创建 Revolute Joint,如图 10-37 所示。

(4) 设置初始构形

① 按住"Ctrl"键,在图形显示窗口中分别选取曲柄左端面及机架底面,此时窗口下方的状态栏中会显示出两个面之间的相关信息,由此可以看出曲柄与机架之间的夹角为 36.61°,如图 10-38 所示。

② 在 Project 树中利用鼠标左键选中 Connections→Joints 下的曲柄与机架之间的旋转副,在主菜单 Connections 标签下的 Joint 中单击 Configure,输入 Delta 为 36.61,按回车键确定,再单击 Set 工具,将该位置设定为机构的初始位置,如图 10-39 所示。

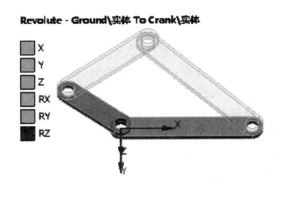

图 10-36 定义曲柄—摇杆旋转副

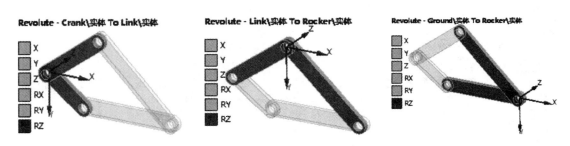

图 10-37 定义各部件间的旋转副

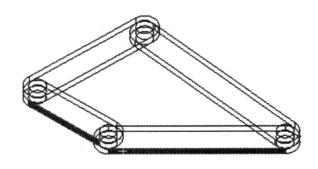

图 10-38 查看曲柄与机架夹角

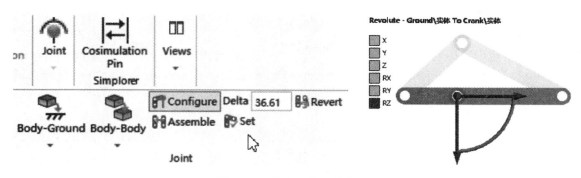

图 10-39　设定机构初始位置

(5)单击主菜单 File→Save,保存模型。

4. 加载及求解

(1)施加转动速度

在项目树中右键单击 Transient(A5),然后选择 Insert→Joint Load,在窗口左下方明细栏的 Scope→Joint 项中选定机架与曲柄之间的旋转副,更改 Definition→Type 为 Rotational Velocity,输入 Magnitude 为 20 rad/s,如图 10-40 所示。

Scope	
Joint	Revolute - Ground\实体 To Crank\实体
Definition	
DOF	Rotation Z
Type	Rotational Velocity
Magnitude	20. rad/s (step applied)
Suppressed	No

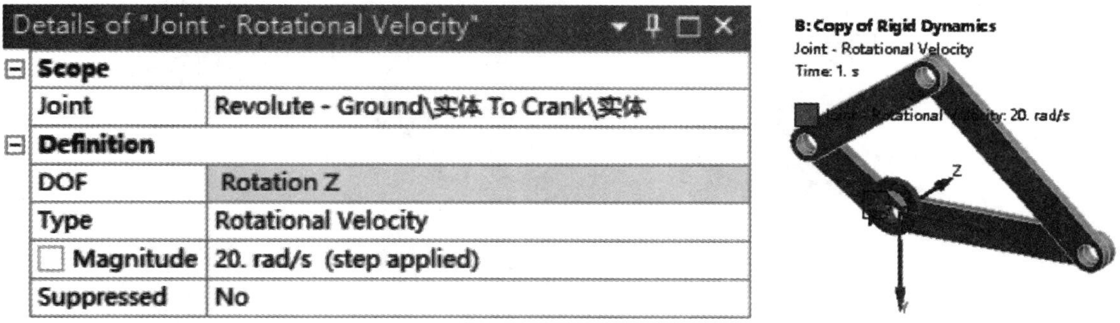

图 10-40　施加角速度

(2)分析设置

在 Project 树中单击 Transient(A5)→Analysis Settings,在其明细栏中将 Auto Time Stepping 改为 Off,输入 Time Step 为 0.005 s,如图 10-41 所示。

Step Controls	
Number Of Steps	1
Current Step Number	1
Step End Time	1. s
Auto Time Stepping	Off
Time Step	0.005

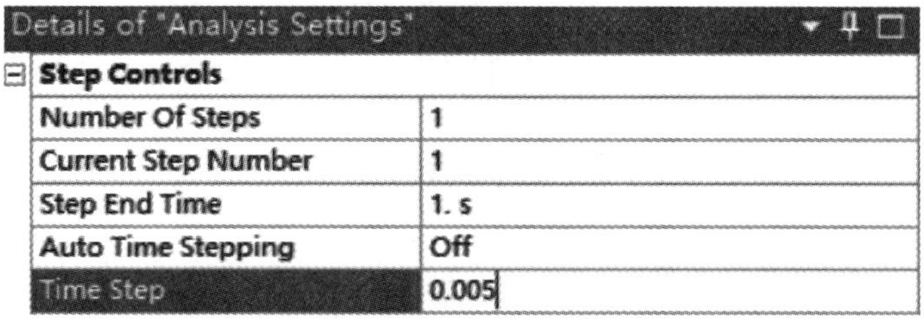

图 10-41　分析设置

(3)在项目树中右键单击 Solution(A6),然后选择 Solve,执行求解。

5. 查看计算结果

(1) 添加并评估结果项目

在项目树中鼠标右键单击 Solution(A6)，然后分别选择 Insert→Deformation→Total, Insert→Deformation→Total Velocity, Insert→Deformation→Total Acceleration。鼠标右键单击 Solution(A6)，选择 Evaluate All Results，进行结果评估。

(2) 查看位移

选择变形结果分支 Total Deformation，在 Display Time 中分别输入 0.01、0.1、0.15、0.28 后单击鼠标右键选择 Retrieve This Result，分别得到如图 10-42 所示的结果。

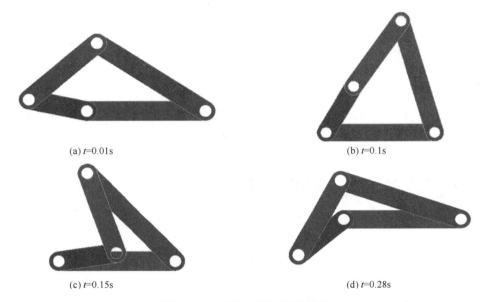

图 10-42　不同时刻机构状态图

(3) 查看速度

选择速度结果分支 Total Velocity。机构的最大速度约为 922.24 mm/s，总体速度的极值变化趋势如图 10-43 所示。

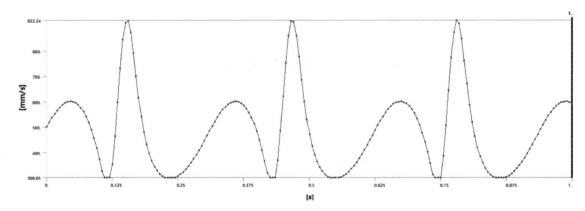

图 10-43　Total Velocity 极值变化趋势

第 10 章 多体动力学分析

(4) 查看加速度

选择加速度结果分支 Total Acceleration。机构的最大加速度约为 28750 mm/s²,总体加速度的极值变化趋势如图 10-44 所示。

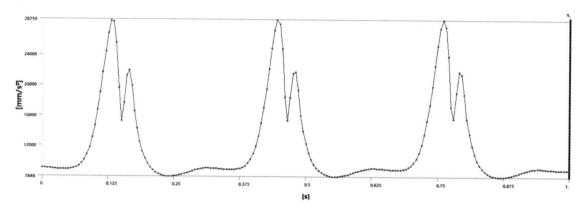

图 10-44 Total Acceleration 极值变化趋势

(5) 查看曲柄的转速

在项目树 Connections→Joints 下,鼠标左键单击曲柄与机架之间的旋转副,将其拖至 Solution(A6) 分支下,此时将自动创建一个 Probe 分支,在其明细栏中将 Options 列表下的 Result Type 改成 Relative Angular Velocity,Result Selection 改为 Z Axis,鼠标右键单击 Solution(A6),然后选择 Evaluate All Results,进行结果评估。因曲柄为匀速转动,故其角速度为恒定值 20 rad/s,如图 10-45 所示。

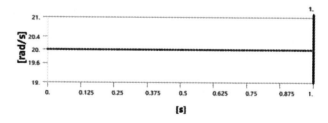

图 10-45 Probe 设置及相对角速度曲线图

(6) 查看其他构件的相对转速

参照上一步操作,可以创建并查看曲柄与连杆、连杆与摇杆之间旋转副处的相对角速度曲线,如图 10-46 以及图 10-47 所示。

(7) 查看 Joint 传递力

①在 Project 树的 Connections→Joints 目录下,鼠标左键单击曲柄与连杆之间的旋转副,将其拖至 Solution(A6) 分支下,此时将自动创建一个 Probe 分支,在其明细栏中将 Options 列表下的 Result Type 改成 Total Force,Result Selection 改为 Total,鼠标右键单击 Solution(A6),然后选择 Evaluate All Results,进行结果评估,窗口下方的图表中绘出连杆轴力的变化曲线,如图 10-48 所示。

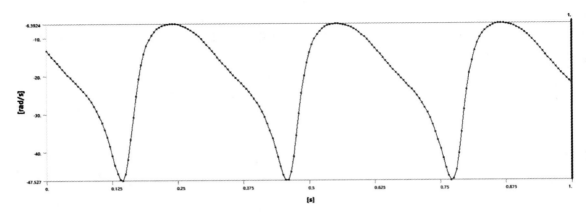

图 10-46　曲柄与连杆间旋转副的相对角速度曲线图

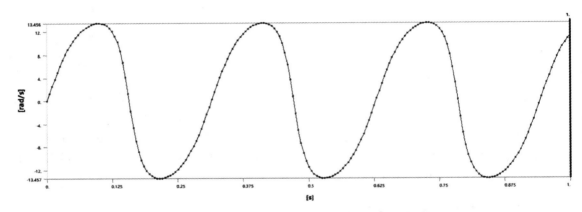

图 10-47　连杆与摇杆间旋转副的相对角速度曲线图

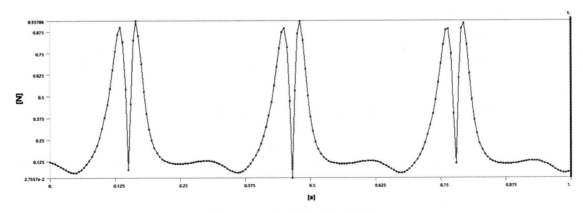

图 10-48　连杆轴力变化曲线图

②机构运转一周的时间为 $2\pi/20=0.314$ s,从图 10-48 中可以看出,在 $t=0.165$ s, $t=0.48$ s, $t=0.795$ s 时,机构状态基本一致,此时连杆最大轴力约 0.94 N。在上一步创建的 Probe 的明细栏中,将 Display Time 改为 0.48 s,鼠标右键单击 Solution(A6),然后选择 Evaluate All Results,进行结果评估后,图形显示窗口中将绘制出连杆轴力最大时刻的机构状态图,如

图 10-49 所示。

图 10-49 连杆轴力最大时的机构状态

(8) 查看运动轨迹

① 在项目树中鼠标右键单击 Solution(A6),然后分别选择 Insert→Probe→Position,在其明细栏中的 Definition→Geometry 项中指定连杆的左侧轴孔面,如图 10-50 所示。

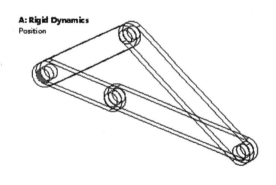

图 10-50 运动位置定义

② 鼠标右键单击 Solution(A6),然后选择 Evaluate All Results 进行结果评估。此时图形显示窗口中将绘制出连杆左端点的运动轨迹曲线,窗口下方的图表也将绘出各方向位移分量变化曲线,如图 10-51 所示。

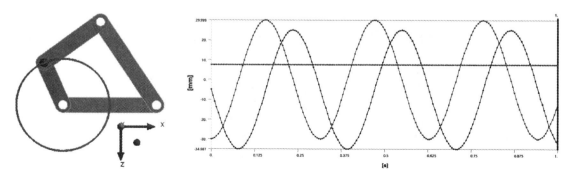

图 10-51 连杆左端点运动轨迹及各方向位移分量变化曲线

③ 参照上面两步操作,通过分别选择摇杆上轴孔面、连杆本体,即可绘制摇杆上端点的运

动轨迹、连杆中心的运动轨迹,分别如图 10-52 和图 10-53 所示。

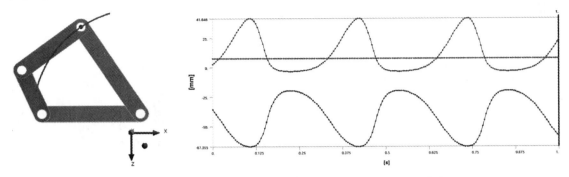

图 10-52　摇杆上端点的运动轨迹及各方向位移分量变化曲线

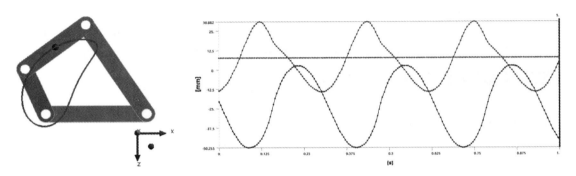

图 10-53　连杆中心的运动轨迹及各方向位移分量变化曲线

10.2.3　刚柔混合体分析

在 Rigid Dynamics 分析中,铰链四杆机构的所有部件都被设定成刚性的。本节假设连杆为柔性体,采用 Transient 分析系统对模型进行重新分析,具体操作步骤如下:

(1)添加分析系统

①在 Workbench 项目图解窗口中,鼠标右键单击 A1 Rigid Dynamics 单元格,然后选择 Duplicate,程序会自动生成一个名为"Copy of Rigid Dynamics"的 B 系统,如图 10-54 所示。

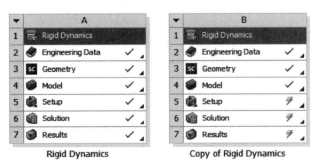

图 10-54　复制原有 Rigid Dynamics 分析系统

②通过复制的方式可以省去一些重复的操作,但因复制后的系统仍然为 Rigid Dynamics

分析系统,因此鼠标右键单击 B1 Rigid Dynamics 单元格,然后选择 Replace With→Transient Structural,如图 10-55 所示。

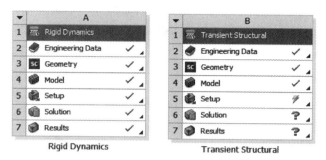

图 10-55　替换生成 Transient Structural 分析系统

(2) 设置柔性体

双击 B4 Model 单元格进入 Mechanical,在 Project 树中选择 Model(B4)→Geometry→Link\实体(即连杆),在左下方的 Details 中更改 Definition→Stiffness Behavior 为 Flexible,将连杆改为柔性体,如图 10-56 所示。

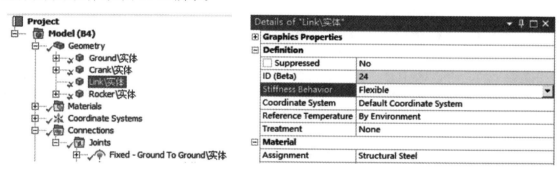

图 10-56　更改连杆为柔性体

(3) 划分柔性体网格

在 Project 树中鼠标右键单击 Mesh 分支,然后选择 Insert→Sizing,并在其明细栏中的 Scope→Geometry 项中选定连杆实体,在 Definition→Element Size 中输入 3 mm。右键再次单击 Mesh 分支,然后选择 Generate Mesh 划分网格,如图 10-57 所示。

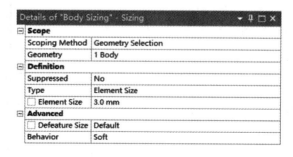

图 10-57　连杆网格的控制及划分

(4)检查 Analysis Settings、角速度载荷等,保证与先前的设置一致。在项目树中右键单击 Solution(B6),然后选择 Solve,执行求解。

(5)查看结果在项目树 Connections→Joints 下,鼠标左键单击曲柄与连杆之间的旋转副,将其拖至 Solution(A6)分支下,此时将自动创建一个 Probe 分支,在其明细栏中将 Options 列表下的 Result Type 改成 Total Force,Result Selection 改为 Total,鼠标右键单击 Solution(A6),然后选择 Evaluate All Results 进行结果评估,窗口下方的图表中绘出连杆轴力的变化曲线,如图 10-58 所示。

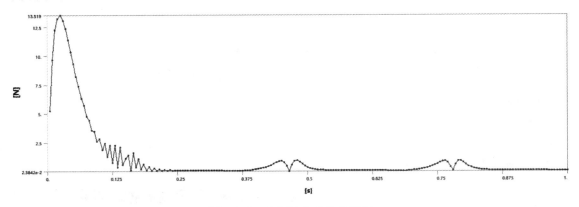

图 10-58 连杆轴力变化曲线图

从图 10-58 中可以很直观地看出,因为施加的曲柄角速度载荷为突变载荷,在瞬态分析初始阶段机构并不稳定。当机构运转稳定后,在 $t=0.48$ s,$t=0.795$ s 时,连杆轴力最大约 0.95 N,这与刚体动力学分析中的所得数据基本一致。

(6)在项目树中鼠标右键单击 Solution(B6),选择 Insert→Stress→Equivalent(von-Mises)插入等效应力结果。鼠标右键再次单击 Solution(B6),然后选择 Evaluate All Results 进行结果评估,窗口下方的图表中绘出连杆最大等效应力的变化曲线,如图 10-59 所示。

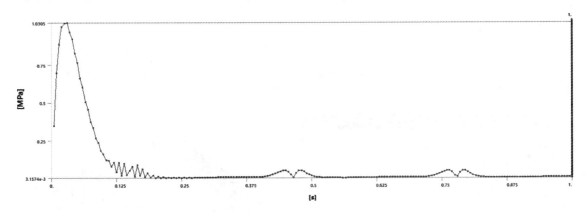

图 10-59 连杆最大等效应力变化曲线图

从图 10-59 中可以看出,连杆的最大等效应力变化曲线与轴力变化曲线的演变规律完全一致。当机构运转稳定后,在 $t=0.48$ s,$t=0.795$ s 时,连杆最大等效应力约 0.053 MPa。

(7)选择变形结果分支 Equivalent Stress,在 Display Time 中分别输入 0.30、0.40、0.45、

0.48、0.50、0.56 后单击鼠标右键选择 Retrieve This Result，分别得到如图 10-60 所示的结果。

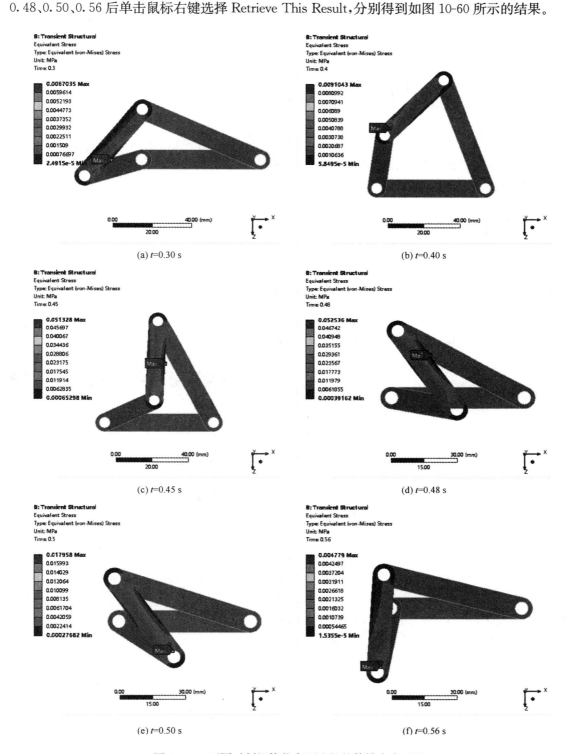

图 10-60　不同时刻机构状态下连杆的等效应力云图

第 11 章 结构动力学分析

本章为 ANSYS Workbench 的结构动力学分析专题,内容包括谐响应分析、瞬态分析、响应谱分析与随机振动分析。在介绍各种动力分析类型在 Workbench 中实现方法的基础上,给出一系列动力分析的计算实例,便于对照学习。

11.1 谐响应分析

谐响应分析的理论背景在第 1 章中已经介绍过了,其作用是计算结构在简谐荷载作用下的稳态响应。谐响应分析有两种计算方法,即完全法和模态叠加法,本节将分别介绍两种方法的实现过程和要点。

11.1.1 完全法(Full 法)谐响应分析

在 Workbench 环境中,完全法谐响应分析可以通过调用 Harmonic Response 分析系统模板来完成,双击 Workbench 界面左侧 Toolbox → Analysis Systems → Harmonic Response,在 Workbench 的 Project Schematic 即出现分析系统 A:Harmonic Response,如图 11-1 所示。

上述系统的各组件中,Engineering Data、Geometry 以及 Mechanical 前处理的操作在前面各章中已经进行了介绍,本节重点介绍与谐响应分析求解相关的问题。在几何模型创建完成后,双击 Harmonic Response 分析系统的 A4 Model 单元格启动 Mechanical,进入 Mechanical 后,对 Project Tree 的 Geometry 分支和 Mesh 分支完成有关的前处理操作,即进入到如下的求解阶段:

图 11-1 Harmonic Response 分析系统

1. 分析设置

在 Mechanical 的 Project 树中选择 Harmonic Response 分析环境下的 Analysis Settings 分支,其 Details 设置如图 11-2 所示。

对于 Full 法 Harmonic 分析,具体的设置选项主要包括:

①Options 设置

Details of "Analysis Settings"的 Options 中需要设置频率范围及间隔、选择计算方法。其中 Range Minimum、Range Maximum 为简谐荷载的频率范围下限及上限;Solution

Details of "Analysis Settings"	
Options	
Range Minimum	0. Hz
Range Maximum	0. Hz
Solution Intervals	10
Solution Method	Full
Variational Technology	Program Controlled
Output Controls	
Stress	Yes
Strain	Yes
Nodal Forces	No
Calculate Reactions	Yes
General Miscellaneous	No
Damping Controls	
Constant Damping...	0.
Stiffness Coefficient D...	Direct Input
Stiffness Coefficient	0.
Mass Coefficient	0.

图 11-2　Analysis Settings 设置

Intervals 为求解频率间隔；Solution Method 用于选择求解方法，完全法谐响应分析选择 Full。

②Output 设置

Output 设置计算输出选项，可选择计算输出应力、应变、节点力、支反力等。

③Damping 设置

对于 Full 法 Harmonic 分析，Constant Damping Ratio 不起作用。可指定瑞利阻尼的刚度阻尼系数(Stiffness Coefficient)及质量阻尼系数(Mass Coefficient)。

瑞利阻尼的指定也可以通过在 Engineering Data 中指定材料阻尼系数的形式，如图 11-3 所示。

Properties of Outline Row 4: NEW_MAT

	A	B	C
1	Property	Value	Unit
2	Density		kg m^-3
3	Constant Damping Coefficient		
4	Damping Factor (α)		
5	Mass-Matrix Damping Multiplier		
6	Damping Factor (β)		
7	k-Matrix Damping Multiplier		
8	Isotropic Elasticity		
9	Derive from	Young's Modulus and Poi...	
10	Young's Modulus		Pa
11	Poisson's Ratio		
12	Bulk Modulus		Pa
13	Shear Modulus		Pa

图 11-3　基于材料的阻尼系数

其中，Constant Damping Coefficient 为频率无关阻尼系数，Damping Factor(α)、Damping Factor(β)分别为质量矩阵阻尼乘子(Mass-Matrix Damping Multiplier)以及刚度矩阵阻尼乘子(k-Matrix Damping Multiplier)，Constant Damping Coefficient 为基于材料的阻尼系数(对应于 MP,DMPR)。

2. 施加约束及载荷

约束以及荷载可以通过 Harmonic Response 分支鼠标右键菜单加入，如图 11-4 所示。完全法谐响应分析的约束如果是非 0 的，也会按简谐规律变化。此外，由于谐响应分析是线性的，所以不能施加 Compression Only Support 等非线性约束类型。

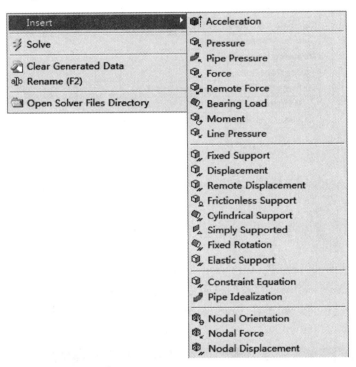

图 11-4　完全法谐响应分析可施加的荷载及约束

在上述荷载中，Acceleration、Bearing Load、Nodal Orientation 类型的加载不允许输入相位角；Pipe Pressure 仅能作用于线体(不能用于模态叠加法谐响应分析)；Force 可作用于面、边或点。以施加于点的 Force 为例，其 Details 如图 11-5 所示。

在简谐荷载 Force 的 Details 中，需要选择 Geometry(图中是作用于 1 Vertex 上)，选择 Vector 或 Components 方式，指定简谐荷载的数值以及相位(Phase Angle)。其中，Phase Angle 用于施加不同相位的简谐荷载。

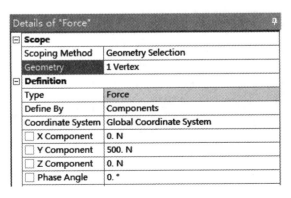

图 11-5　指定 Force 简谐力

3. 求解及后处理

谐响应分析中可以查看的结果类型包括变形、应变、应力、Probe、各种量的频率响应 Frequency Response 以及相位响应 Phase Response。这些结果可通过 Solution 分支的鼠标右键菜单 Insert 加入 Project 树中，如图 11-6 所示。

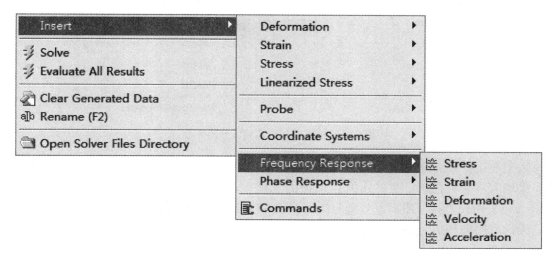

图 11-6　加入频率响应结果项目

11.1.2　模态叠加法（MSUP 法）谐响应分析

在 Workbench 环境下进行模态叠加法谐响应分析时，可以采用以下两种方法：

一种方法是采用预置的 Harmonic Response 分析模板系统来完成，启动 Mechanical 后在 Analysis Settings 中指定 Solution Method 为 Mode Superposition，如图 11-7 所示。

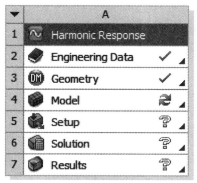
(a)
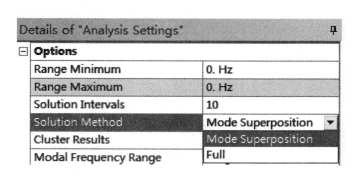
(b)

图 11-7　模态叠加法谐响应分析

另一种方法是采用预置的 Modal 结合 Harmonic Response 系统进行分析。首先创建一个 Modal 分析系统，随后将一个 Harmonic Response 系统从 Workbench 工具箱拖放至 Modal 分析系统的 Solution 单元格，如图 11-8 所示。

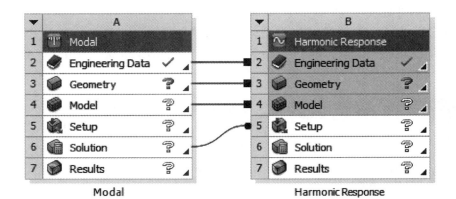

图 11-8 模态叠加法谐响应分析流程

采用前一种方法时,模态分析在内部进行,每一次分析 Harmonic 时都需进行一次模态计算。采用后一种方法时,模态分析是单独的求解阶段,可以在其他的模态叠加 Harmonic Response 分析中直接使用模态分析的结果,而无需每次都重新计算模态。

无论采用哪种方法,模态叠加法谐响应分析的选项设置都是在 Analysis Settings 的 Details 中进行,如图 11-9 所示。

Details of "Analysis Settings"	
Options	
Range Minimum	0. Hz
Range Maximum	500. Hz
Solution Intervals	50
Solution Method	Mode Superposition
Cluster Results	No
Modal Frequency Range	Program Controlled
Store Results At All Frequencies	Yes
Output Controls	
Stress	Yes
Strain	Yes
Nodal Forces	No
Calculate Reactions	Yes
General Miscellaneous	No
Damping Controls	
☐ Constant Damping Ratio	2.e-002
Stiffness Coefficient Define By	Direct Input
☐ Stiffness Coefficient	0.
☐ Mass Coefficient	0.
Analysis Data Management	

图 11-9 谐响应分析设置(一)

以上选项中,大部分与 Full 方法的相同,但需要注意以下几个区别:

①Solution Method 选择 Mode Superposition,主要是针对以上第一种方法。

②Constant Damping Ratio 选项用于输入各振型恒定阻尼比;选择 Direct Input 方式,通过 Stiffness Coefficient 和 Mass Coefficient 可定义瑞利阻尼,如图 11-9 所示。对于 Constant Damping Ratio 和瑞利阻尼都有定义的情况,结构总的阻尼是两部分的叠加。

③Cluster 选项。当采用模态叠加法时,可选择打开 Analysis Settings 中的 Cluster 选项,使更多的点聚集在结构自振频率附近,得到更精确的共振响应(一般而言幅值更大些)。不使用 Cluster 选项的解则是等距离分布,无法精确捕捉自振频率处的共振响应。图 11-10(a)、(b)所示为一组打开和不打开此选项得到的频响曲线比较。

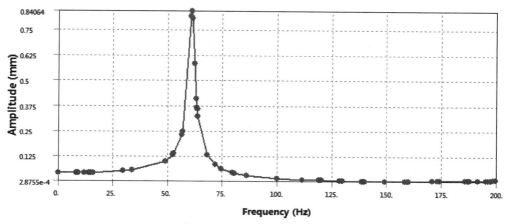

(a) 模态叠加法Cluster=YES

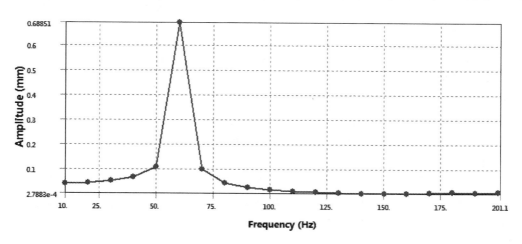

(b) 模态叠加法Cluster=NO

图 11-10　Cluster 选项打开关闭的频响曲线比较

模态叠加法谐响应分析的加载、求解及后处理与完全法谐响应分析相同,这里不再展开介绍,具体操作可参照本章后面的例题。

11.2 瞬态分析

瞬态分析的理论背景在第 1 章已经介绍过,在 Workbench 中瞬态分析可通过两种方法计算,即完全法瞬态分析和模态叠加法瞬态分析。本节介绍在 Workbench 中瞬态分析的实现过程和要点。

11.2.1 完全法瞬态分析

在 Workbench 环境中,完全法瞬态分析可以通过调用 Transient 分析系统模板来完成,双击 Workbench 界面左侧 Toolbox→Analysis Systems→Transient,在 Workbench 的 Project Schematic 中即出现分析系统 A:Transient,如图 11-11 所示。

完全法瞬态分析支持各种非线性选项。对于包含非线性材料的问题,在 Engineering Data 中需要指定相关的材料非线性参数;对于包含非线性接触的问题,在前处理阶段需要定义接触对,接触的指定方法请参照第 9 章中接触分析的相关内容。其他前处理操作在前面几章已经介绍过了,不再重复介绍。下面重点介绍一下瞬态分析求解过程的有关选项设置、操作方法以及需要注意的问题。

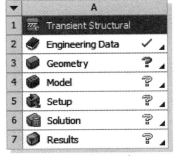

图 11-11 Transient 分析系统

1. 完全法瞬态分析的求解设置

完全法瞬态分析的分析选项在 Analysis Settings 分支的 Details 中指定,主要设置下列几个选项:

(1)时间步设置

时间步设置即 Step Controls 选项,注意此选项可针对不同的载荷步分别进行设置。在每一个载荷步的 Step Controls 中需要设置荷载步数、当前载荷步数、当前载荷步结束时间。Auto Time Stepping 为 On 时用于打开自动时间步,有两种设置方式,通过 Time 或 Sunsteps,如图 11-12 所示。Time 方式需指定初始时间步、最小时间步和最大时间步;Substeps 方式需指定开始的 Substeps 数、最小 Substeps 数以及最大 Substeps 数。Time Integration 用于控制是否打开瞬态积分效应,默认为打开。

(2)求解器设置

在 Solver Controls 中 Solver Type 用于设置求解器类型,可选择直接求解器或迭代求解器;Weak Springs 用于控制弱弹簧;Large Deflection 为大变形几何非线性开关。Solver Controls 选项如图 11-13 所示。

(3)非线性选项设置

在 Full 法瞬态分析中可以包含非线性效应,Nonlinear Controls 用于控制相关的非线性求解选项,包括 N-R 选项、力(矩)收敛法则、位移(转动)收敛法则、线性搜索、非线性稳定性等,如图 11-14 所示。

Details of "Analysis Settings"	
Step Controls	
Number Of Steps	1.
Current Step Number	1.
Step End Time	1. s
Auto Time Stepping	On
Define By	Time
Initial Time Step	0. s
Minimum Time Step	0. s
Maximum Time Step	0. s
Time Integration	On

(a)

Details of "Analysis Settings"	
Step Controls	
Number Of Steps	1.
Current Step Number	1.
Step End Time	1. s
Auto Time Stepping	On
Define By	Substeps
Initial Substeps	0.
Minimum Substeps	0.
Maximum Substeps	0.
Time Integration	On

(b)

图 11-12　瞬态分析时间步设置

Solver Controls	
Solver Type	Program Controlled
Weak Springs	Program Controlled
Large Deflection	On

图 11-13　瞬态分析的求解器设置

Nonlinear Controls	
Newton-Raphson Option	Program Controlled
Force Convergence	Program Controlled
Moment Convergence	Program Controlled
Displacement Convergence	Program Controlled
Rotation Convergence	Program Controlled
Line Search	Program Controlled
Stabilization	Off

图 11-14　瞬态非线性分析选项

(4)输出设置

Output Controls 用于进行输出设置，主要是保存结果频率的 Store Results At 选项(缺省的选项为输出所有时间点的结果)，如图 11-15 所示。

Output Controls	
Stress	Yes
Strain	Yes
Nodal Forces	No
Contact Miscellaneous	No
General Miscellaneous	No
Store Results At	All Time Points

图 11-15　瞬态分析的输出设置选项

(5) 阻尼设置

Damping Controls 用于设置阻尼，如图 11-16 所示。可以通过 Direct Input 方式定义瑞利阻尼，也可通过 Damping vs Frequency 定义一个与频率相关的阻尼比。Numerical Damping 为数值阻尼，缺省为 0.1。

Damping Controls	
Stiffness Coefficient Define By	Direct Input
☐ Stiffness Coefficient	0.
☐ Mass Coefficient	0.
Numerical Damping	Manual
Numerical Damping Value	.1

(a)

Damping Controls	
Stiffness Coefficient Define By	Damping vs Frequency
Frequency	1. Hz
Damping Ratio	0.
Stiffness Coefficient	0.
☐ Mass Coefficient	0.
Numerical Damping	Manual
Numerical Damping Value	.1

(b)

图 11-16　瞬态分析阻尼设置（完全法）

2. 施加约束及瞬态动力荷载

瞬态分析中约束的施加方法与其他分析类似，这里不再重复介绍。瞬态分析荷载的施加，可以通过 Constant、Tabular 以及 Function 三种方式。其中，Constant 方式定义常值荷载，Tabular 用数表方式定义荷载—时间历程，Function 则通过函数方式定义动力荷载的时间变化历程，也可随位置变化，函数的变量包括 x、y、z、time 等，角度单位通过 Angular Measure 指定，对三角函数值的计算有影响。

以 Force 为例，在荷载的具体数值输入栏右侧点三角形按钮，弹出下拉菜单中，可选择荷载数值的指定方法，如图 11-17(a) 所示。如果选择了 Function 方式，则 Force 的 Details 如图 11-17(b) 所示。在 Force 的 X 分量中填写"=1000 * sin(6.28 * time)"，如果载荷步结束时间为 1 s，则荷载历程如图 11-17(c) 所示。这里要注意的是，选择 Function 之前，通过 Units→Radians 菜单选择角度单位为弧度，这样的话，上述定义的正弦函数周期恰为 1 s，即 1 个载荷步正好为一个周期，如果 Units 中选择的 Degrees，那么 sin 函数自变量就是角度单位，所施加的荷载时间历程就是另一种完全不同的效果。

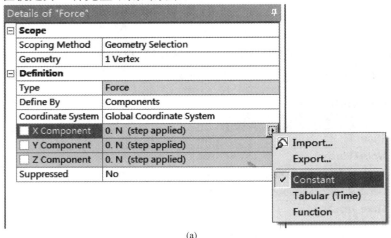

(a)

图　11-17

第 11 章 结构动力学分析

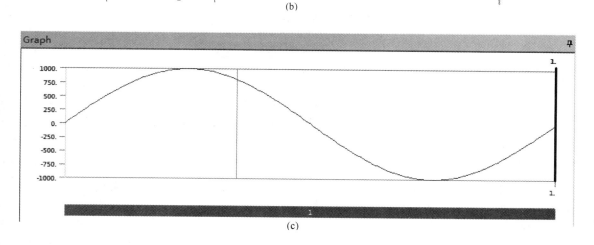

图 11-17 瞬态力的函数数值指定

3. 瞬态分析后处理

瞬态分析后处理方面的一个重点操作是查看变量的时间历程结果，并通过插入 Chart 绘制变量曲线，相关操作请参照本章后面的例题。

11.2.2 模态叠加法瞬态分析

模态叠加法瞬态分析可通过 Modal 系统结合 Transient 系统联合完成。首先创建一个 Modal 分析系统，随后将一个 Transient 系统从 Workbench 工具箱拖放至 Modal 分析系统的 Solution 单元格，如图 11-18 所示。

打开 Mechanical 界面后，模态分析 Modal 成为瞬态分析的一个 Initial Condition，如图 11-19 所示。模态叠加法的加载和后处理的操作方法与完全法基本相同，不再重复介绍。本节仅介绍分析设置中不同于完全法的相关选项。

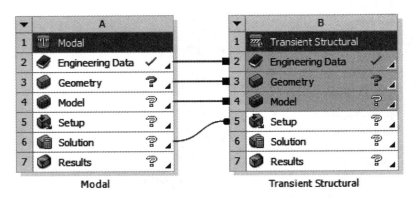

图 11-18　模态叠加瞬态分析系统

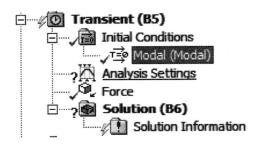

图 11-19　Modal 作为瞬态分析的 Initial Condition

模态叠加法瞬态分析的设置通过 Analysis Settings 的 Details 实现，需要注意的选项包括：

① 基本设置

Step Controls 用于进行载荷步设置，如图 11-20 所示。模态叠加法中不能使用自动时间步，只能采用等步长，步长可以通过 Time 或 Substeps 方式指定。Options 选项中的 Include Residual Vector 用于选择是否在分析中考虑剩余向量。

Step Controls	
Number Of Steps	1.
Current Step Number	1.
Step End Time	1. s
Auto Time Stepping	Off
Define By	Substeps
Number Of Substeps	0.
Time Integration	On
Options	
Include Residual Vector	Yes

图 11-20　基本设置

②输出设置

模态叠加法瞬态分析 Output Controls 选项如图 11-21 所示。其中 Expand Results From 选项用于指定应力、应变的扩展方式,基于 Transient Solution 扩展适用于时间步数远小于模态数的情况,基于 Modal Solution 的扩展推荐用于时间步数远大于模态数的情况,缺省为 Program Controls 程序自动控制。

Output Controls	
Stress	Yes
Strain	Yes
Nodal Forces	No
Calculate Reactions	Yes
Expand Results From	Program Controlled
-- Expansion	Transient Solution
General Miscellaneous	No
Store Results At	All Time Points

图 11-21 输出设置

③阻尼设置

模态叠加法的阻尼中增加了 Constant Damping Ratio 选项,可以与其他的阻尼叠加。可用两种不同的方式定义阻尼,如图 11-22(a)、(b)所示,其他选项的意义与完全法中的一致。

Damping Controls	
☐ Constant Damping Ratio	0.
Stiffness Coefficient Define By	Direct Input
☐ Stiffness Coefficient	0.
☐ Mass Coefficient	0.
Numerical Damping	Program Controlled
Numerical Damping Value	.005

(a)

Damping Controls	
☐ Constant Damping Ratio	0.
Stiffness Coefficient Define By	Damping vs Frequency
Frequency	1. Hz
Damping Ratio	0.
Stiffness Coefficient	0.
☐ Mass Coefficient	0.
Numerical Damping	Program Controlled
Numerical Damping Value	.005

(b)

图 11-22 瞬态分析阻尼设置(模态叠加法)

11.3 响应谱与随机振动分析

11.3.1 响应谱分析要点

在 Workbench 环境中的响应谱分析通过 Modal 系统结合 Response Spectrum 系统来完成。首先创建一个 Modal 分析系统,随后将一个 Response Spectrum 系统从 Workbench 工具箱拖放至 Modal 分析系统的 Solution 单元格,形成如图 11-23 所示的分析流程。

打开 Mechanical 界面后,在 Mechanical 的 Project 树中可以看到 Response Spectrum (B5)下面,Modal 已经成为响应谱分析的初始条件,如图 11-24 所示。

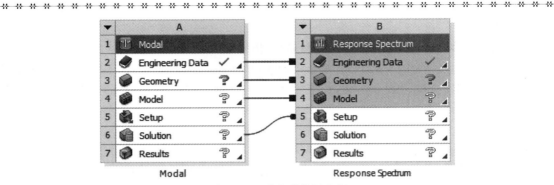

图 11-23　响应谱分析流程

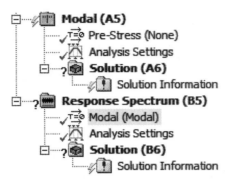

图 11-24　模态分析和响应谱分析的关系

Workbench 环境中的响应谱分析包括模态分析阶段及响应谱分析阶段,模态分析阶段与独立的模态分析方法相同,但是需注意:要在后续施加响应谱的位置定义约束,如果关注响应谱分析的应力、应变结果,在模态分析阶段必须计算名义模态应力、应变。

下面重点介绍响应谱分析阶段的操作实现过程和操作方法,重点介绍响应谱分析的求解设置、施加约束及响应谱激励、求解及后处理。

1. 求解设置

响应谱分析的求解设置通过 Response Spectrum(B5)下的 Analysis Settings 分支完成,如图 11-25 所示。

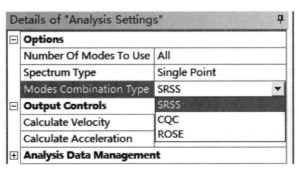

图 11-25　响应谱分析的选项设置

在 Analysis Settings 的 Details 中需要设置的分析选项主要包括:
(1)使用的模态数
Number Of Modes To Use 选项用于指定参与组合的模态数,缺省为 All,即模态分析提

第 11 章 结构动力学分析

取的全部模态。建议模态合并包含的模态的频率范围高于谱曲线的最高频率,通常能够覆盖后续定义的响应谱曲线中最高频率的 1.5 倍为宜。

(2)谱分析类型

Spectrum Type 选项用于指定响应谱分析的类型。对于单点响应谱,选择 Single Point;对于多点响应谱,则选择 Multiple Points。

(3)模态合并方法

Modes Combination Type 选项用于指定响应谱分析的模态合并方法。可选择的方法有 SRSS、CQC、ROSE 等。SRSS 方法一般用于模态之间相关程度不高的情况;CQC 方法和 ROSE 方法则用于模态之间相关程度较高的情况。

(4)计算速度的选项

在 Output Controls 中的 Calculate Velocity 选项用于指定在谱分析中是否计算输出速度结果,选择 Yes 则计算和输出速度响应结果。缺省条件下仅计算位移响应结果。

(5)计算加速度的选项

在 Output Controls 中的 Calculate Acceleration 选项用于指定在谱分析中是否计算输出加速度响应结果,选择 Yes 会计算和输出加速度响应结果。

2. 约束及响应谱激励的施加

(1)约束的施加

响应谱分析的约束必须在模态分析阶段施加,响应谱分析阶段无需重复指定约束。

(2)响应谱激励的施加

响应谱激励的类型可以是位移响应谱、速度响应谱或加速度响应谱,激励必须施加到模态分析中所固定的自由度上。在 Project Tree 中选择 Response Spectrum(B5)分支,在其鼠标右键菜单中分别选择 Insert→RS Acceleration、Insert→RS Velocity、Insert→RS Displacement,即可施加基础加速度响应谱激励、基础速度响应谱激励或基础位移响应谱激励,如图 11-26(a)所示。也可以在选择 Response Spectrum(B5)分支时,在工具条中通过 Environment 工具栏的 RS Base Excitation 下拉列表项目施加 RS Acceleration、RS Velocity、RS Displacement,如图 11-26(b)所示。

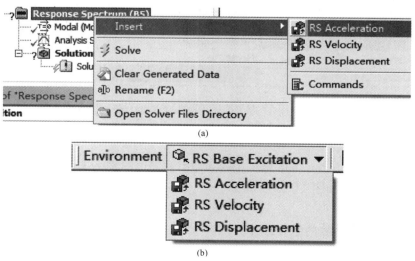

图 11-26 施加基础响应谱激励

下面以基础加速度响应谱激励的施加为例，说明基础响应谱激励的施加方法。无论通过上述哪一种方式选择了加入 RS Acceleration 项目后，在 Response Spectrum(B5)分支下增加一个 RS Acceleration 分支，如图 11-27 所示。

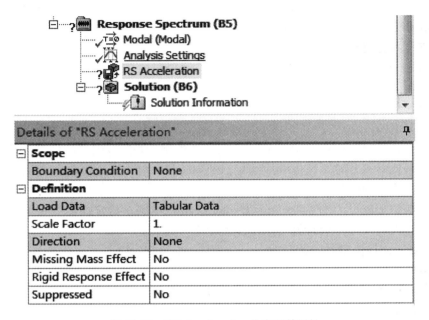

图 11-27　RS Acceleration 分支及其属性

在 RS Acceleration 的 Details 中指定如下的信息和选项：
①Boundary Condition
此选项用于选择施加响应谱激励的支座位置。对于单点响应谱分析，选择所有约束位置 All BC Supports，如图 11-28 所示。

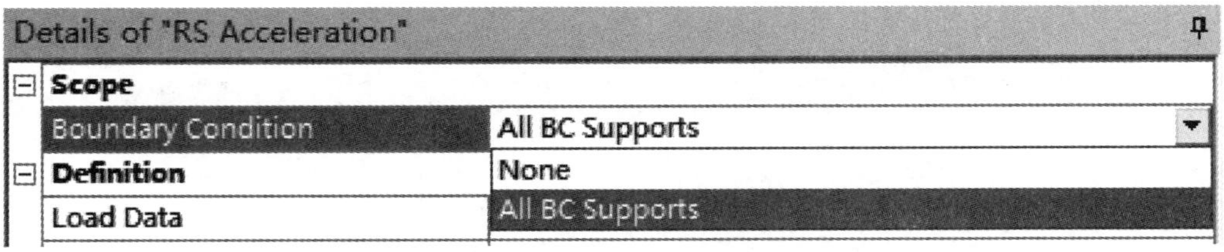

图 11-28　选择 All BC Supports

②定义谱曲线
响应谱曲线通过 Tabular Data 区域中输入频率和谱值的表格进行定义，在 Graph 区域内则显示所定义的谱曲线，如图 11-29 所示。

③Scale Factor
此选项用于定义谱曲线的缩放系数。

④Direction
此选项用于指定响应谱激励的作用方向，可选择 X、Y 或 Z 方向，如图 11-30 所示。

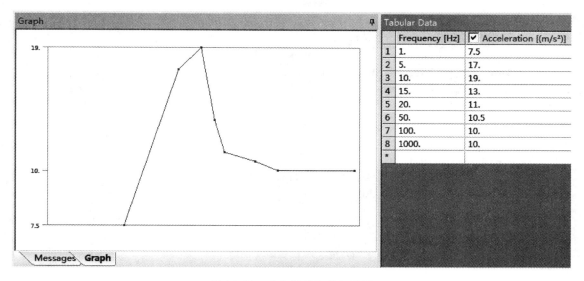

图 11-29　响应谱的定义与显示

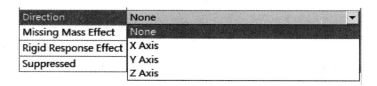

图 11-30　激励的方向（一）

⑤Missing Mass Effect

Missing Mass Effect 选项用于考虑高频截断误差的影响，如设置此效应为 Yes，则需要指定 Zero Period Acceleration（ZPA），如图 11-31 所示。

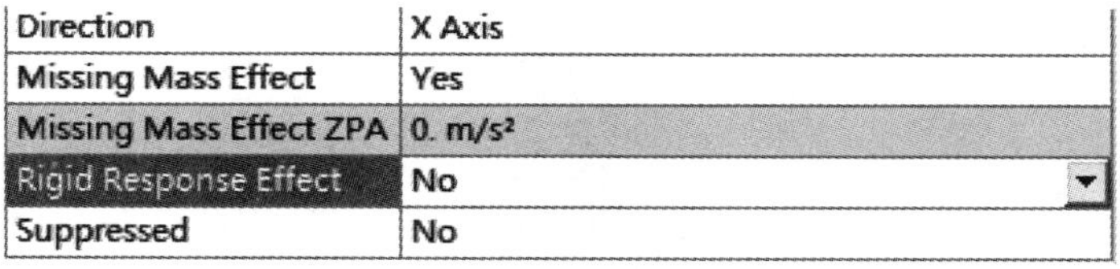

图 11-31　指定 ZPA

⑥Rigid Response Effect

Rigid Response Effect 选项用于考虑高频刚体效应影响，将响应分为周期性响应和刚体响应两部分，可选择 Gupta 方法或 Lindley 方法计算刚体效应修正，Gupta 方法对一定的频率范围进行修正，Lindley 方法对响应高于刚体响应 ZPA（acceleration at zero period）的部分进行修正，如图 11-32（a）、（b）所示。

3. 求解及后处理

响应谱分析的求解和后处理在 Solution（B6）分支下实现。定义所需的结果项目后进行求解，计算完成后查看要求的结果项目。

Missing Mass Effect	No
Rigid Response Effect	Yes
Rigid Response Effect Type	Rigid Response Effect Using Gupta
Rigid Response Effect Freq Begin	0. Hz
Rigid Response Effect Freq End	0. Hz
Suppressed	No

(a)

Missing Mass Effect	No
Rigid Response Effect	Yes
Rigid Response Effect Type	Rigid Response Effect Using Lindley
Rigid Response Effect ZPA	0. m/s²
Suppressed	No

(b)

图 11-32　刚体响应选项

①加入计算结果

选择 Solution(B6)分支,在此分支的鼠标右键菜单中插入所需查看的结果项目,如图 11-33 所示。可查看的计算结果包括模态组合系数、位移、速度、加速度、应力、应变、支反力 Probe(仅用于 Remote Displacement)等。

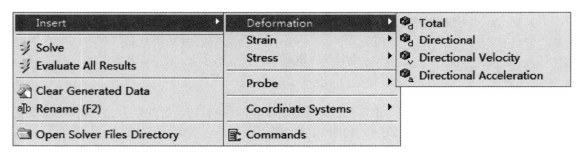

图 11-33　加入计算结果

②求解

选择 Solution(B6)分支,然后点击工具栏上的 Solve 按钮求解,求解过程会出现一个计算过程的进度条。

③查看计算结果

a. 查看模态组合系数

选择 Solution(B6)分支下的 Solution Information 分支,在 Worksheet 视图中查看模态系数等计算输出信息,其中的 MODE COEF. 为模态系数,用于模态组合计算,此系数反映了模态对总响应的贡献,综合了谱值和质量参与因素。

b. 查看其他计算结果等值线图

选择 Solution(B6)分支下加入的结果项目,查看图形显示窗口中的等值线图。具体的后处理操作可参照 11.4 节的分析实例。

11.3.2 随机振动分析要点

在 Workbench 环境中的随机振动分析通过 Modal 系统结合 Random Vibration 系统来完成。首先创建一个 Modal 分析系统，随后将一个 Random Vibration 系统从 Workbench 工具箱拖放至 Modal 分析系统的 Solution 单元格，形成如图 11-34 所示的分析流程。

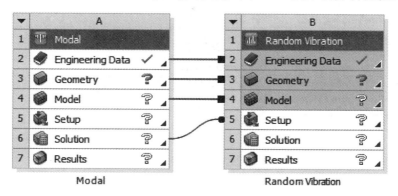

图 11-34　Workbench 中的 PSD 分析流程

打开 Mechanical 界面后，在 Mechanical 的 Project 树中可以看到 Random Vibration(B5)下面，Modal 已经成为随机振动分析的初始条件，如图 11-35 所示。

Workbench 环境中的随机振动分析包括模态分析阶段及随机振动分析阶段，模态分析阶段与独立的模态分析方法相同，注意要为后续施加 PSD 谱的位置定义约束，如果关注随机振动分析的应力、应变结果，在模态分析阶段必须计算名义模态应力、应变。

下面重点介绍随机振动分析阶段的操作实现过程和操作方法，重点介绍随机振动分析的求解设置、施加约束及 PSD 激励、求解及后处理。

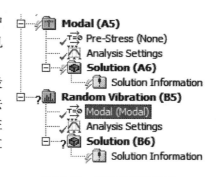

图 11-35　模态分析和随机振动分析的关系

1. 求解设置

随机振动分析的求解设置通过 Random Vibration(B5)下的 Analysis Settings 分支完成，如图 11-36 所示。

在 Analysis Settings 的 Details 中需要设置的分析选项主要包括：

(1) Options

① Number Of Modes To Use

Number Of Modes To Use 选项用于指定参与组合的模态数，缺省为 All，即模态分析提取的全部模态。

② Exclude Insignificant Modes

Exclude Insignificant Modes 选项用于排除不重要的模态，缺省为 No，如果选择为 Yes，则需要指定 Mode Significance Level，如图 11-37 所示。此参数相当于 psdcom 命令的 SIGNIF 参数。

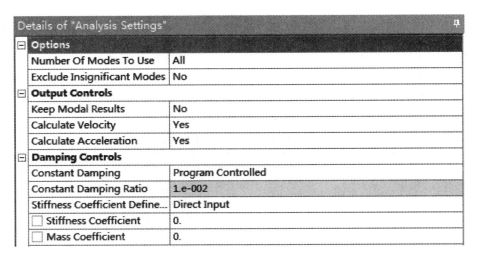

图 11-36　随机振动分析的选项设置

图 11-37　Mode Significance Level 参数

(2) Output Controls

Output Controls 用于控制输出的选项,包括如下三个选项:

①Keep Modal Results

缺省为 No,即不保留模态分析结果以缩小结果文件规模。如果设为 Yes 则可使用 APDL 命令对 PSD 分析结果进行后处理。

②Calculate Velocity

缺省为 Yes,即计算速度结果。

③Calculate Acceleration

缺省为 Yes,即计算加速度结果。

(3) Damping Controls

Damping Controls 选项用于指定阻尼,可指定如下三个阻尼参数:

①Constant Damping

Constant Damping Ratio 在 Program Controlled 情况下缺省值为 0.01,也可改 Constant Damping 为 Manual,然后手工定义阻尼比。

②Stiffness Coefficient

刚度阻尼系数的指定也有两种方式:一种是通过 Direct Input 选项直接输入 Stiffness Coefficient,如图 11-38(a) 所示;另一种是选择 Damping vs Frequency,输入一个频率和对应的阻尼比,程序来计算刚度阻尼系数,如图 11-38(b) 所示。

第 11 章 结构动力学分析

Damping Controls	
Constant Damping	Manual
☐ Constant Damping Ratio	1.e-002
Stiffness Coefficient Define By	Direct Input
☐ Stiffness Coefficient	0.
☐ Mass Coefficient	0.

(a)

Damping Controls	
Constant Damping	Manual
☐ Constant Damping Ratio	1.e-002
Stiffness Coefficient Define By	Damping vs Frequency
Frequency	1. Hz
Damping Ratio	0.
Stiffness Coefficient	0.
☐ Mass Coefficient	0.

(b)

图 11-38　阻尼系数指定的两种方式

③Mass Coefficient

无论刚度阻尼系数采用何种方式指定,质量阻尼系数均采用直接输入的方式指定。

2. 约束及 PSD 激励的施加

(1)约束的施加

随机振动分析的约束必须在模态分析阶段施加,随机振动分析阶段无需重复指定约束,但在 PSD 激励施加时需要指定约束位置。

(2)PSD 激励的施加

PSD 激励的类型可以是位移 PSD、速度 PSD 或加速度 PSD,激励必须施加到模态分析中所固定的自由度上。在 Project Tree 中选择 Random Vibration(B5)分支,在其鼠标右键菜单中分别选择 Insert→PSD Acceleration、Insert→PSD Velocity、Insert→PSD G Acceleration、Insert→PSD Displacement,即可施加基础加速度 PSD 激励、基础速度 PSD 激励、基础加速度 PSD 激励(单位:g^2/Hz)及基础位移 PSD 激励,如图 11-39(a)所示。也可以在选择 Random Vibration(B5)分支时,在工具条中通过 Environment 工具栏的 RS Base Excitation 下拉列表项目施加 PSD Acceleration、PSD Velocity、PSD G Acceleration 及 PSD Displacement,如图 11-39(b)所示。在一个 Random Vibration 分析环境中,可以定义多个 PSD 激励。

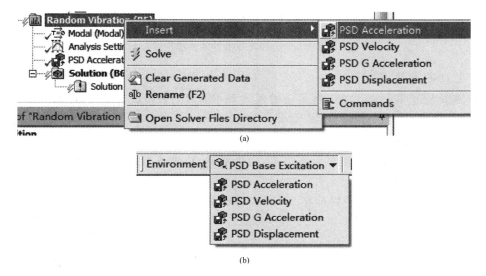

图 11-39　施加基础 PSD 激励

下面以基础加速度 PSD 激励的施加为例，说明基础 PSD 激励的施加方法。无论通过上述哪一种方式选择了加入 PSD Acceleration 项目后，在 Random Vibration(B5)分支下增加一个 PSD Acceleration 分支，如图 11-40 所示。

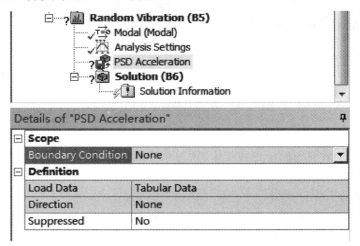

图 11-40　PSD Acceleration 分支及其属性

在 PSD Acceleration 的 Details 中指定如下的信息和选项：
①Boundary Condition
此选项用于选择施加 PSD 激励的支座位置。随机振动分析，选择所有约束位置 All Fixed Supports，如图 11-41 所示。

图 11-41　选择施加激励的支座位置

②定义 PSD 曲线
PSD 曲线通过 Tabular Data 区域中输入频率和谱值的表格进行定义，在 Graph 区域内则显示所定义的 PSD 曲线，如图 11-42 所示。
③定义 Direction
此选项用于指定 PSD 激励的作用方向，可选择 X、Y 或 Z 方向，如图 11-43 所示。
3. 求解及后处理
随机振动分析的求解和后处理在 Solution(B6)分支下实现。定义所需的结果项目后进行求解，计算完成后查看结果。
(1)加入计算结果
选择 Solution(B6)分支，在此分支的鼠标右键菜单中插入所需查看的结果项目。可查看的计算结果项目包括位移、速度、加速度、部分应力及应变分量、支反力 Probe(仅用于 Remote Displacement)、响应 PSD(RPSD) Probe 等，如图 11-44 所示。

第 11 章 结构动力学分析

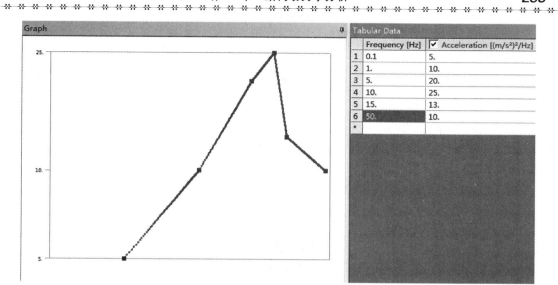

图 11-42 PSD 的定义与显示

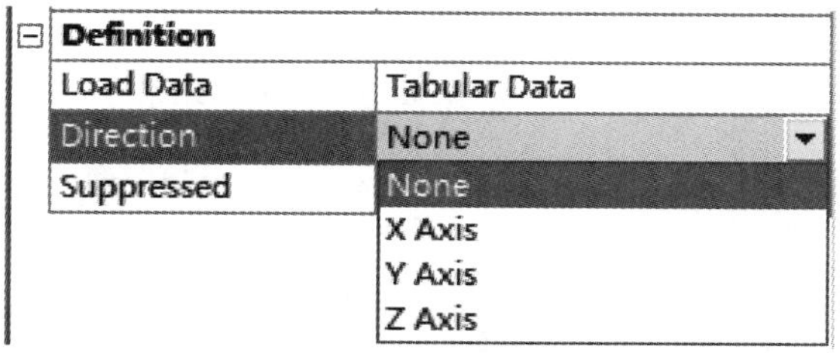

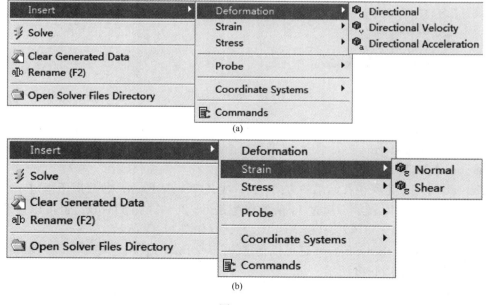

图 11-43 激励的方向(二)

(a)

(b)

图 11-44

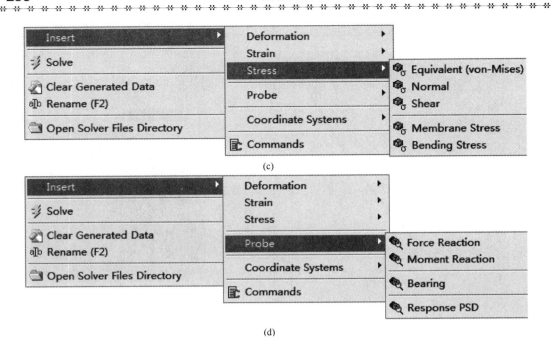

图 11-44　加入 PSD 分析的计算结果

上述结果项目也可以通过选择 Solution(B6)分支后,在上下文相关工具栏中选择相关项目加入,如图 11-45 所示。

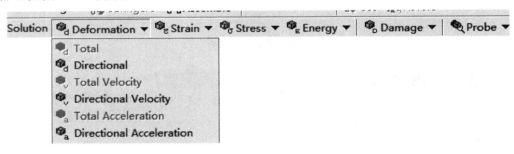

图 11-45　结果工具栏

这里以 Directional Deformation 为例,对相关的选项进行说明。通过上述两种方式之一加入 Directional Deformation 结果项目时,在 Solution(B6)下出现一个 Directional Deformation 分支,其 Details 如图 11-46 所示。

Orientation 用于定义位移结果的方向(X、Y 或 Z);Scale Factor 参数用于指定 σ 水平,缺省情况下为 1 Sigma,即表示不超过 1σ 值的概率是 68.269%(图 11-46)。也可以修改 Scale Factor 为 2σ(概率为 95.45%)、3σ(概率为 99.73%),如图 11-47 所示。

除了 1σ、2σ、3σ 外,Scale Factor 还可以指定为 User Input,并在 Scale Factor Value 区域内输入具体的数值,如图 11-48 所示。

(2)求解

在 Solution(B6)目录下加入了待求的结果项目后,选择 Solution(B6)分支,然后点击工具栏上的 Solve 按钮求解。

Details of "Directional Deformation"

Scope	
Scoping Method	Geometry Selection
Geometry	All Bodies
Definition	
Type	Directional Deformation
Orientation	X Axis
Reference	Relative to base motion
Scale Factor	1 Sigma
Probability	68.269 %
Coordinate System	Solution Coordinate System
Suppressed	No

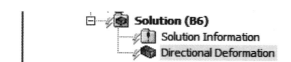

图 11-46　Directional Deformation 细节选项

Type	Directional Deformation
Orientation	X Axis
Reference	Relative to base motion
Scale Factor	2 Sigma
Probability	95.45 %
Coordinate System	Solution Coordinate System

(a)

Type	Directional Deformation
Orientation	X Axis
Reference	Relative to base motion
Scale Factor	3 Sigma
Probability	99.73 %
Coordinate System	Solution Coordinate System
Suppressed	No

(b)

图 11-47　2σ 及 3σ 结果选项

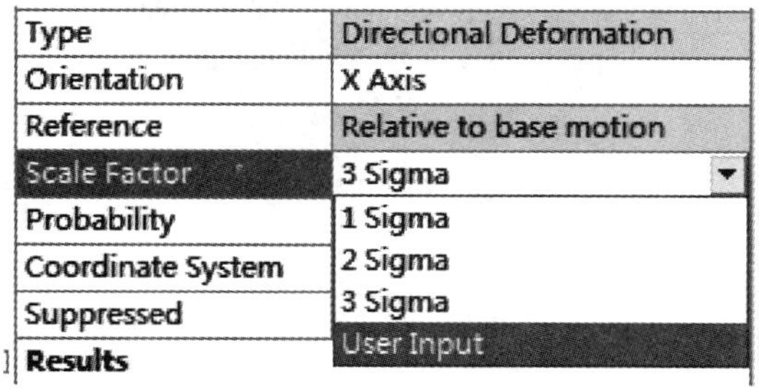

(a)

Type	Directional Deformation
Orientation	X Axis
Reference	Relative to base motion
Scale Factor	User Input
Scale Factor Value	1.5
Probability	86.639 %
Coordinate System	Solution Coordinate Syst...

(b)

图 11-48　User Input Scale Factor 选项

(3)查看计算结果

选择 Solution(B6)分支下加入的结果项目，查看图形显示窗口中的结果图。具体的后处理操作可参照 11.4 节的分析实例。

11.4 动力学分析算例：轮盘的谐响应分析

1. 问题描述

本节计算第 7.3 节中回转轮盘在轴向 1.5g 加速度作用下的谐响应分析，频率作用范围在 750 Hz 至 1200 Hz 之间，结构阻尼比为 5%。

2. 建立分析模型

(1) 建立分析系统

在 Workbench 的 Project Schematic 中添加一个 Harmonic Response 分析系统，如图 11-49 所示。

(2) 导入几何模型

选择 A3：Geometry 单元格，右键 Import Geometry，选择前面第 7.3 节中保存的几何模型文件 Wheel.scdoc。

(3) 结构分析前处理

双击 A4：Model 单元格，进入 Mechanical 界面。选择单位系统为 kg-m-s。

在 Mesh 的 Details 中设置 Element Size 为 1.5e−2 m，在 Mesh 分支右键菜单中选择 Generate Mesh，形成网格，如图 11-50 所示。

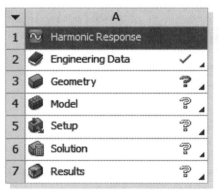

图 11-49　添加的分析系统

图 11-50　轮的网格划分

3. 施加约束及荷载

(1) 施加约束

在 Project 树中选择 Harmonic Response(A5) 目录，选择轮中心轴孔的内表面，在图形窗口的右键菜单中选择 Insert→Cylindrical Support，添加圆柱面约束，将圆柱面约束的 Details 中的 Definition 下面的 Radial 改为 Free，如图 11-51 所示。

(2) 施加简谐荷载

在 Project 树中选择 Harmonic Response(A5) 目录，在其右键菜单中选择 Insert→Acceleration，添加一个加速度荷载，并设置其 X Component 为 16 m/s²，如图 11-52 所示。

Details of "Cylindrical Support"

Scope	
Scoping Method	Geometry Selection
Geometry	1 Face
Definition	
ID (Beta)	27
Type	Cylindrical Support
Radial	Free
Axial	Fixed
Tangential	Fixed
Suppressed	No

图 11-51 圆柱面约束设置

Details of "Acceleration"

Scope	
Geometry	All Bodies
Definition	
Base Excitation	No
Define By	Components
Coordinate System	Global Coordinate System
X Component	16. m/s²
Y Component	0. m/s²
Z Component	0. m/s²
Suppressed	No

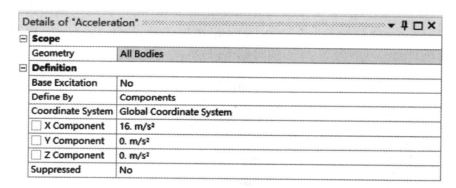

图 11-52 加速度荷载设置

4. 分析设置

在 Project 树中选择 Analysis Settings，如图 11-53 所示，在其 Details 中进行如下设置：

Details of "Analysis Settings"

Options	
Frequency Spacing	Linear
Range Minimum	1000. Hz
Range Maximum	1500. Hz
Cluster Number	4
User Defined Frequencies	Off
Solution Method	Mode Superposition
Include Residual Vector	No
Cluster Results	Yes
Modal Frequency Range	Program Controlled
Skip Expansion (Beta)	No
Store Results At All Frequencies	Yes
Rotordynamics Controls	
Output Controls	
Damping Controls	
Eqv. Damping Ratio From Modal	No
Damping Ratio	5.e-002
Stiffness Coefficient Define By	Direct Input

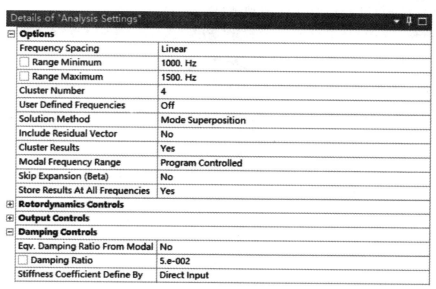

图 11-53 谐响应分析设置(二)

(1) 设置频率范围

在 Options 的 Range Minimum 和 Range Maximum 中分别填入 1000 Hz 和 1500 Hz。

(2) 设置求解方法

在 Solution Method 中选择 Mode Superposition。

(3) 设置频率聚集

选择 Cluster Results 为 Yes，在 Cluster Number 中设置为 4（缺省值）。

(4) 设置阻尼

在 Damping Controls 中设置 Damping Ratio 为 0.05。

5. 计算及查看分析结果

(1) 单击工具栏上的 Solve 按钮，执行求解。

(2) 查看频率响应结果

①选择 Solution 目录，在图形窗口中选中轮的实体，在其右键菜单中选择 Insert→Frequency Response→Directional Deformation，添加 Frequency Response 结果，并在其 Details 中选择 Orientation 为 X Axis，如图 11-54 所示。

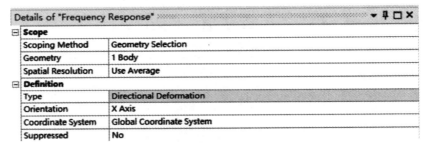

图 11-54 频响结果设置

②选择 Frequency Response 结果项目，在其右键菜单中选择 Evaluate All Results，查看频率响应曲线和相位角曲线，如图 11-55 所示。

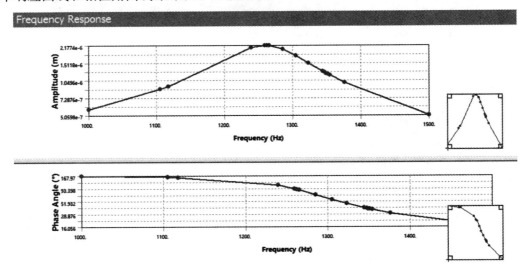

图 11-55 频响与相位角曲线

(3)查看位移等值线分布图

选择 Frequency Response 结果项目,在其右键菜单中选择 Create Contour Result,如图 11-56 所示,形成一个 Directional Deformation 结果项目,选择此项目,在其右键菜单中选择 Evaluate All Results,查看在最大响应条件下的 X 方向位移等值线分布,如图 11-57 所示。

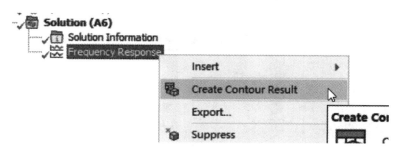

图 11-56 添加位移等值线图结果

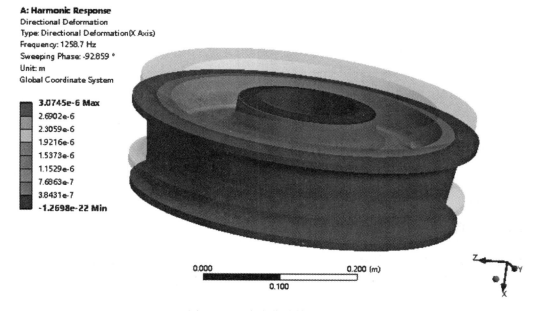

图 11-57 方向位移等值线分布

11.5 动力学分析算例:平台钢结构瞬态分析

11.5.1 问题描述

某双层平台由型钢及钢板焊接而成,平台几何参数如图 11-58 所示,双层钢平台侧面承受随时间变化的载荷,载荷曲线如图 11-59 所示,分别采用模态叠加法和完全法计算该平台的瞬态动力响应。

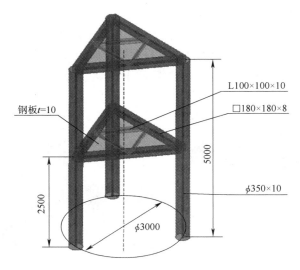

图 11-58　平台几何参数(单位:mm)

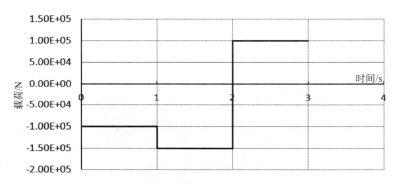

图 11-59　钢平台载荷

11.5.2　搭建项目分析流程

瞬态结构分析的求解方法包括模态叠加法和完全法,而加载方式又有载荷步法和载荷时间历程法两种类型,本题将采用不同的求解方法和加载方式计算钢平台的瞬态响应。

按照如下步骤搭建分析流程:

(1)启动 Workbench。

(2)添加一个 Geometry 组件。在 Workbench 左侧 Toolbox 的 Component Systems 中选择 Geometry,点击鼠标将其拖放至 Project Schematic 中。

(3)添加一个模态分析系统。在 Workbench 的 Toolbox 中选择 Analysis Systems→Modal,将其拖放至 A2 Geometry 上,创建一个模态分析系统。

(4)添加第一个 Transient 系统。在 Workbench 的 Toolbox 中选择 Analysis Systems→Transient Structural,将其拖放至 Modal 分析系统的 B6 Solution 单元格上,创建一个模态叠加瞬态分析系统 C。

(5)添加第二个 Transient 系统。在 Workbench 的 Toolbox 中选择 Analysis Systems→

Transient Structural，将其拖放至 Modal 分析系统的 B6 Solution 单元格上，在系统 C 的下方创建一个模态叠加瞬态分析系统 D。

(6)添加第三个 Transient 系统。在 Workbench 的 Toolbox 中选择 Analysis Systems→Transient Structural，将其拖放至系统 C Transient 的 C4 Solution 单元格上，在系统 C 的右侧创建一个模态叠加瞬态分析系统 D；这时上一步创建的系统 D 自动更名为系统 E。

(7)保存项目文件。单击 File→Save As，输入“Transient Structural”作为项目名称，保存分析项目文件。

搭建完成的项目分析流程如图 11-60 所示，其中 C、E 分析系统采用模态叠加法求解，D 分析系统采用完全法进行求解；C、D 分析系统采用多载荷步法加载方式，E 分析系统采用载荷时间历程法加载方式。

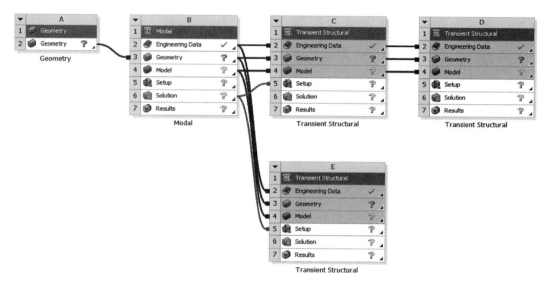

图 11-60 项目分析流程

11.5.3 基于 SCDM 创建几何模型

本节将采用 ANSYS SCDM 创建钢平台结构的几何模型。首先设置选择 A2：Geometry，在右键菜单中选择 Properties 设置允许的几何对象类型，如图 11-61 所示。

Properties of Schematic A2: Geometry

	A	B
1	Property	Value
2	⊞ General	
6	⊞ Notes	
8	⊞ Used Licenses	
10	⊟ Basic Geometry Options	
11	Solid Bodies	☑
12	Surface Bodies	☑
13	Line Bodies	☑

图 11-61 模型导入设置

在 A2 Geometry 单元格右键菜单中选择 New Space Claim Geometry，启动 ANSYS SCDM，按如下操作步骤完成几何模型的创建：

1. 创建一层平台板

单击设计标签下"草图"工具中的多边形工具 ⬢，绘制一个三角形，具体设置如下：

(1) 在窗口左下方的"多边形选项—草绘"中取消"使用内圆半径"前的复选框，改为通过定义外接圆来定义多边形。

(2) 在图形显示窗口中，以任一点为中心点绘制多边形，按平面图工具 ▣（或按 V 键）直视草图，利用 Tab 键切换各参数，并输入多边形边数为 3，外接圆直径为 3 m，顶点与水平线的夹角 90°。

(3) 单击"模式"下的三维模式工具 ▣（或按 D 键），此时设计环境将由草图模式切换至三维模式，三角形变成一个表面，如图 11-62 所示。

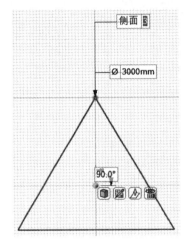 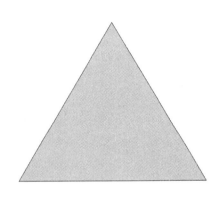

图 11-62　绘制三角形

2. 创建上层平台板

(1) 单击"设计"下的"移动"工具，按住鼠标中键旋转视角至合适方位。

(2) 选择三角形表面，单击垂直于三角形的箭头并按住 Ctrl 键向上拖动鼠标。

(3) 拖动一段距离后按空格键锁定距离输入窗口，输入值为 2.5 m，如图 11-63 所示。

3. 创建立柱直线

(1) 单击"设计"下的"拉动"工具，按住 Ctrl 键选择上层三角形的 3 个顶点。

(2) 单击窗口左侧的拉动方向工具向导 ✎（或按 Alt 键），然后选择下层三角形，指定拉动方向，如图 11-64 所示。

(3) 向下拖动鼠标，按空格键锁定距离输入窗口，输入值为 5 m。

(4) 单击空白区域，完成拉动操作。

4. 创建圆形立柱

(1) 单击准备标签下"横梁"工具中的轮廓工具 ▮，然后选择圆形管道截面 ◯。

(2) 在项目树中，展开"横梁轮廓"，鼠标右键单击"圆形管道"，选择"编辑横梁轮廓"，如图 11-65 所示，此时程序将自动打开名为"圆形管道"的文件。

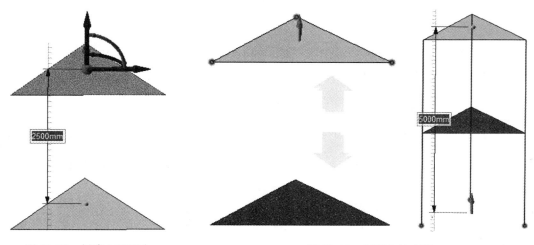

图 11-63 创建上层平台　　　　　　图 11-64 创建立柱直线

(3)在"圆形管道"文件编辑窗口左上角的组标签下,将 Ro 和 Ri 分别改为 175 mm、165 mm,如图 11-66 所示。

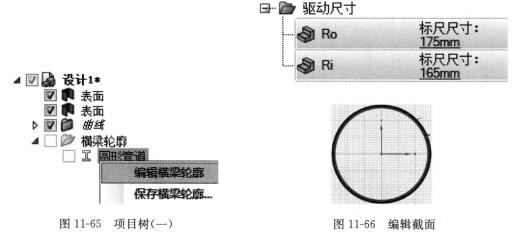

图 11-65 项目树(一)　　　　　　图 11-66 编辑截面

(4)关闭"圆形管道"文件。
(5)单击"横梁"工具中的创建工具,然后分别点选 3 根立柱,此时立柱将深色显示。
(6)将"横梁"工具中显示选项由"线型横梁"改为"实体横梁",此时图形界面如图 11-67 所示。

5. 创建矩形横梁

(1)参照"创建圆形立柱"中的第(1)~第(4)小步,创建一个新的 180 mm×180 mm× 10 mm 的矩形截面。
(2)单击"横梁"工具中的创建工具,然后分别点选三角形的边线,共计 6 条,此时图形截面如图 11-68 所示。

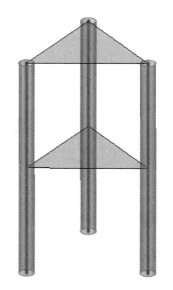
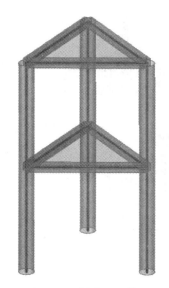

图 11-67　创建圆形立柱　　　　　　　图 11-68　创建矩形横梁

6. 创建角钢次横梁

(1) 参照"创建圆形立柱"中的第(1)~第(4)小步，创建一个新的 100 mm×100 mm× 10 mm 的角钢截面。

(2) 单击"横梁"工具中的创建工具，分别拾取三角形边线的中点，依次创建次横梁，如图 11-69 所示。

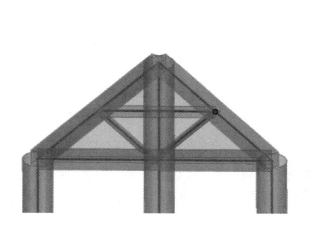
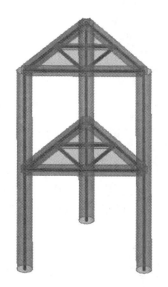

图 11-69　创建角钢次横梁

(3) 隐藏平台板，单击"横梁"工具中的定向工具，拾取上层的 3 根次横梁，拖动旋转箭头，按空格键锁定角度值，输入 $-90°$，以使角钢摆正，如图 11-70 所示。

(4) 参照上一步，对下层次横梁进行相同操作，摆正角钢朝向。

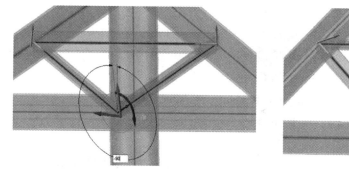
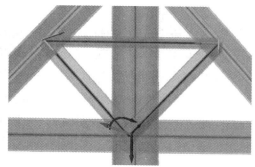

图 11-70　角钢定向

7. 定义平台板厚度

（1）在项目树中，按住 Ctrl 键选择两个平台板表面，在窗口左下方属性设置中的中间面厚度中输入 10 mm，如图 11-71 所示。

（2）在项目树中，鼠标右键单击选中的两个平台表面，选择将这二者移到新部件中，此时项目树如图 11-72 所示。

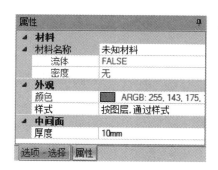

图 11-71　定义平台板厚度

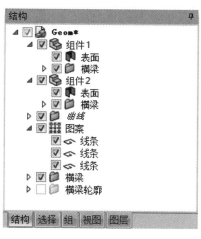

图 11-72　项目树（二）

8. 模型共享拓扑设置

在项目树中，选中名为"设计 1"的根目录（导入 Mechanical 后变成 Geom），在其属性设置中，将分析中的共享拓扑结构改为"共享"，以使后续离散时各部件之间网格连续，如图 11-73 所示。建模完成后，关闭 SCDM，返回 Workbench 界面。

11.5.4　模态分析

在进行瞬态分析之前，首先对平台钢结构进行模态分析。

1. 前处理

（1）双击 B4 Model 单元格，进入 Mechanical 界面。

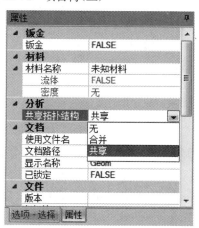

图 11-73　共享拓扑设置

(2)设置线段单元尺寸

在 Project 树中选中 Mesh,在其右键菜单中选择 Insert→Sizing,在 Mesh 目录下添加一个 Sizing 分支,在 Sizing 的 Details 中进行如下设置:

①拾取除立柱外的所有边作为 Scope 中的 Geometry。

②将 Definition 中的 Type 改为 Number of Divisions 并输入其值为 10。

③将 Behavior 改为 Hard,如图 11-74 所示。

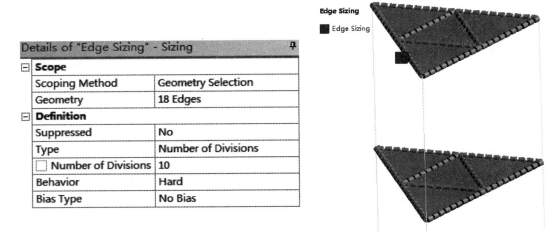

图 11-74 网格尺寸控制

(3)设置面体网格划分选项

选择 Mesh 分支,在图形窗口中选中所有面,在 Mesh 分支的右键菜单中选择 Insert→Face Meshing,在 Mesh 目录下添加一个 Face Meshing 分支。

(4)划分单元

在 Mesh 分支的右键菜单中选择 Generate Mesh,对钢平台进行单元划分。

(5)检查模型连接情况

①将菜单工具中的 Edge Coloring 由 By Body Color 改为 By Connection,以通过颜色查看网格是否连续,如图 11-75 所示。

②单击 Display 工具栏中的 Thick Shells and Beams,打开梁板截面显示,如图 11-76 所示。

2. 模态分析设置及求解

(1)分析设置

在 Project 树中选中 Modal(B5)下面的 Analysis Settings,在其 Details 中将 Options→Max Modes to Find 改为 12,如图 11-77 所示。

(2)施加约束

选中 Modal(B5),在图形窗口中选择平台底部的 3 个点,在图形窗口右键菜单中选择 Insert→Fixed Support,如图 11-78 所示。

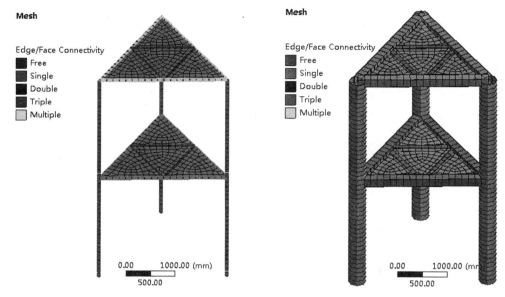

图 11-75　查看边的连接情况

图 11-76　打开截面显示的效果

Details of "Analysis Settings"

Options	
Max Modes to Find	12
Limit Search to Range	No
Solver Controls	
Damped	No
Solver Type	Program Controlled

图 11-77　定义最大模态搜寻数

Details of "Fixed Support"

Scope	
Scoping Method	Geometry Selection
Geometry	3 Vertices
Definition	
Type	Fixed Support
Suppressed	No

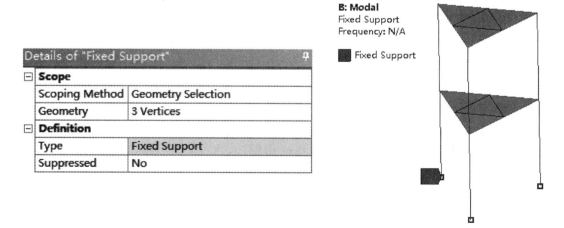

图 11-78　施加固定约束

(3) 求解

鼠标右键单击 Solution(B6)，选择 Solve，执行求解。

3. 查看模态结果

(1) 查看频率列表

选中项目树中的 Solution(B6)，窗口下方的 Graph 及 Tabular Data 中给出了钢平台前 12 阶自振频率，如图 11-79 所示。

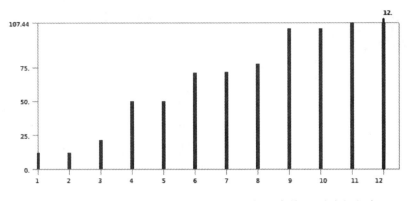

图 11-79　钢平台前 12 阶自振频率

(2) 生成振型图

在频率表格中单击鼠标右键，选择 Select All，再次单击鼠标右键，然后选择 Creat Modal Shape Results。

(3) 观察振型

选中 Solution(B6)，在其右键菜单中选择 Evaluate All Results，获得各频率下的振型。钢平台前 12 阶模态振型如图 11-80 所示。从模态振型图中可以看出，第 1、第 2 阶振型表现为钢平台水平方向的摆动，第 3、第 6 阶振型表现为钢平台的扭转，第 4、第 5 阶振型表现为钢平台的弯曲，剩余振型表现为钢平台平台板法向的振动。

11.5.5　模态叠加法瞬态分析

本节采用模态叠加法求解瞬态振动问题，分别采用两种不同的方法进行加载和计算，即多载荷步法和表格载荷时间历程法。

1. 多载荷步法加载

按照如下步骤进行多载荷步加载与分析(此方法的计算是基于系统 C)：

(1) 分析设置

双击 C5 Setup 单元格进入 Mechanical 应用程序。在项目树中单击 Transient(C5)→Analysis，在 Details 中进行如图 11-81(a)所示的设置。

① 输入 Number Of Steps 为 3。

② 分别定义第 1～第 3 个载荷步的结束时间为 1 s、2 s、3 s，在 Tabular Data 中可以看到载荷步时间列表，如图 11-81(b)所示。

③ 更改 Define By 为 Time，输入 Time Step 为 0.004 s。

④ 确保 Output Controls 下的 General Miscellaneous 为 Yes。

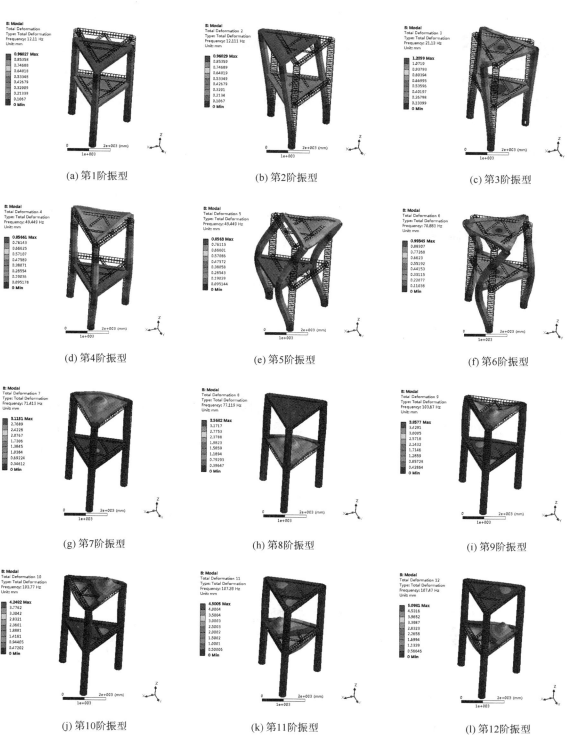

图 11-80 钢平台前 12 阶模态振型

⑤在 Damping Controls→Stiffness Coefficient 中输入 0.005。

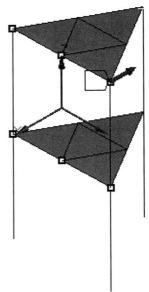

图 11-81 多载荷步分析设置(模态叠加法)

(2)施加瞬态荷载

①施加载荷步 1 的荷载

选中 Transient(C5),在上下文工具栏中单击 Loads→Force 添加一个 Force 对象,在其 Details 中进行如下设置:选中钢平台侧面 6 个点作为在 Scope→Geometry 项的内容;更改 Definition→Define By 为 Components;Coordinate System 改为定义的局部坐标系;输入 X Component 值为－1e5 N;在窗口下方的 Tabular Data 表格中选中第 2、第 3 个载荷步,单击鼠标右键选择 Activate/Deactivate at this step! 将它们抑制,仅激活第 1 个载荷步,如图 11-82 所示。

图 11-82 载荷步 1 加载明细

第 11 章 结构动力学分析

②施加载荷步 2 的荷载

选中 Transient(C5),在上下文工具栏中单击 Loads→Force,在明细栏中进行如下设置:选中钢平台侧面 6 个点作为在 Scope→Geometry 项的内容;更改 Definition→Define By 为 Components;Coordinate System 改为定义的局部坐标系;输入 X Component 值为-1.5e5 N;在窗口下方的 Tabular Data 表格中选中第 1、第 3 个载荷步,单击鼠标右键选择 Activate/Deactivate at this step!将它们抑制,仅激活第 2 个载荷步,如图 11-83 所示。

Details of "Force 2"

Scope	
Scoping Method	Geometry Selection
Geometry	6 Vertices
Definition	
Type	Force
Define By	Components
Coordinate System	Coordinate System
X Component	-1.5e+005 N (step applied)
Y Component	0. N (step applied)
Z Component	0. N (step applied)
Suppressed	No

Tabular Data

	Steps	Time [s]	✓ X [N]	✓ Y [N]	✓ Z [N]
1	1	0.	= -1.5e+005	= 0.	= 0.
2	1	1.	-1.5e+005	0.	0.
3	2	2.	= -1.5e+005	= 0.	= 0.
4	3	3.	= -1.5e+005	= 0.	= 0.

图 11-83　载荷步 2 加载明细

③施加载荷步 3 的荷载

选中 Transient(C5),在上下文工具栏中单击 Loads→Force,在明细栏中进行如下设置:选中钢平台侧面 6 个点作为在 Scope→Geometry 项的内容;更改 Definition→Define By 为 Components;Coordinate System 改为定义的局部坐标系;输入 X Component 值为 1e5 N;在窗口下方的 Tabular Data 表格中选中第 1、第 2 个载荷步,单击鼠标右键选择 Activate/Deactivate at this step!将它们抑制,仅激活第 3 个载荷步,如图 11-84 所示。

Details of "Force 3"

Scope	
Scoping Method	Geometry Selection
Geometry	6 Vertices
Definition	
Type	Force
Define By	Components
Coordinate System	Coordinate System
X Component	1.e+005 N (step applied)
Y Component	0. N (step applied)
Z Component	0. N (step applied)
Suppressed	No

Tabular Data

	Steps	Time [s]	✓ X [N]	✓ Y [N]	✓ Z [N]
1	1	0.	= 1.e+005	= 0.	= 0.
2	1	1.	1.e+005	0.	0.
3	2	2.	= 1.e+005	= 0.	= 0.
4	3	3.	= 1.e+005	= 0.	= 0.

图 11-84　载荷步 3 加载明细

(3)求解并查看结果

①右键单击 Solution(C6),选择 Solve,执行求解。

②查看位移时间历程

在 Project 树中选中 Solution(C6)，单击上下文工具栏中的 Deformation→Directional，在明细栏中进行如下设置：Scope 的 Geometry 区域中选择上层平台加载侧中间点，点击 Apply；更改 Definition→Orientation 为 X Axis；更改 Coordinate System 为新创建的局部坐标系。设置及选择点的位置如图 11-85 所示。

(a)　　　　　　　　　　　　　　　　　(b)

图 11-85　定义点方向位移

右键单击 Solution(C6)，选择 Evaluate All Results，窗口下方的 Graph 及 Tabular Data 中给出了上层平台加载侧中间点的位移变化曲线及数据，如图 11-86 所示，$t=2.044$ s 时上层平台加载侧中间点的最大位移为 26.164 mm。

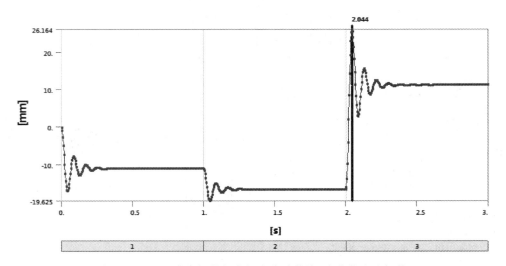

图 11-86　上层平台加载侧中间点位移曲线（多载荷步法加载）

③查看时间历程最大响应时刻的位移分布

在 Project 树中选中 Solution(C6)，单击上下文工具栏中的 Deformation→Total，在明细栏中将 Definition 下的 Display Time 改为 2.044 s，右键单击 Solution(C6)，选择 Evaluate All Results 后图形显示窗口中绘出钢平台的整体变形云图，如图 11-87 所示。

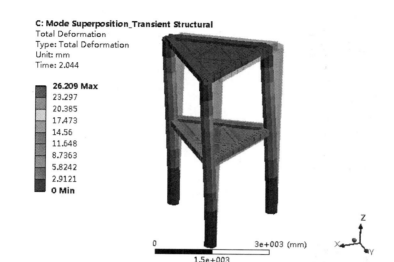

图 11-87　$t=2.044$ s 钢平台应力云图

④查看框架的内力时间历程

a. 在 Project 树中选中 Solution(C6)，单击上下文工具栏中的 Beam Results→Axial Force，在明细栏中将 Definition 下的 Display Time 改为 2.044 s，右键单击 Solution(C6)，选择 Evaluate All Results，钢平台的轴力等值线图及轴力响应曲线如图 11-88 所示。

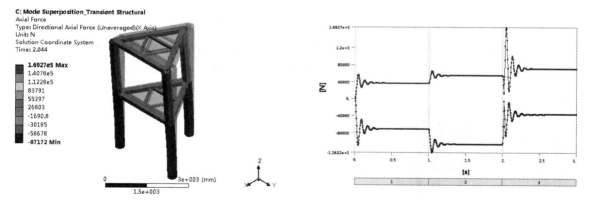

图 11-88　$t=2.044$ s 钢平台轴力等值线图及轴力响应曲线

b. 在 Project 树中选中 Solution(C6)，单击上下文工具栏中的 Beam Results→Total Bending Moment，在明细栏中将 Definition 下的 Display Time 改为 2.044 s，右键单击 Solution(C6)，选择 Evaluate All Results，钢平台的弯矩等值线图及弯矩响应曲线如图 11-89 所示。

c. 在 Project 树中选中 Solution(C6)，单击上下文工具栏中的 Beam Results→Torsional Moment，在明细栏中将 Definition 下的 Display Time 改为 2.044 s，右键单击 Solution(C6)，选择 Evaluate All Results，钢平台的扭矩等值线图及扭矩响应曲线如图 11-90 所示。

d. 在 Project 树中选中 Solution(C6)，单击上下文工具栏中的 Beam Results→Total

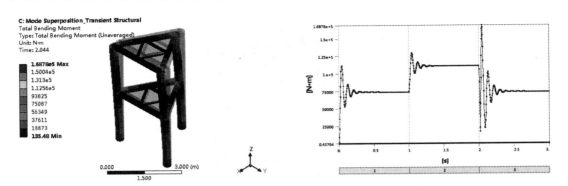

图 11-89　$t=2.044$ s 钢平台弯矩等值线图及弯矩响应曲线

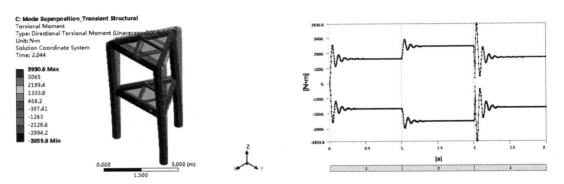

图 11-90　$t=2.044$ s 钢平台扭矩等值线图及扭矩响应曲线

Shear Force，在明细栏中将 Definition 下的 Display Time 改为 2.044 s，右键单击 Solution（C6），选择 Evaluate All Results，钢平台的剪力等值线图及剪力响应曲线如图 11-91 所示。

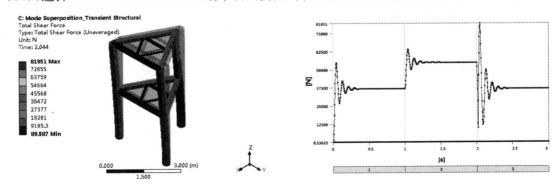

图 11-91　$t=2.044$ s 钢平台剪力等值线图及剪力响应曲线

⑤绘制构件内力图

a. 在 Project 树上右键单击 Project→Model，选择 Insert→Construction Geometry，右键单击 Construction Geometry，选择 Insert→Path，在 Path 明细栏中将 Definition→Path Type 改为 Edge，按住 Ctrl 键选择任意一根立柱所在的边（2 条）作为 Scope→Geometry 选项内容，如图 11-92 所示。

b. 在 Project 树中选中 Solution(C6),单击上下文工具栏中的 Beam Results→Shear-Moment Diagram,在明细栏中将 Scope 下的 Path 改为新创建的路径,将 Definition 下的 Display Time 改为 2.044 s,右键单击 Solution(C6),选择 Evaluate All Results,钢平台的剪力图及剪力响应曲线如图 11-93 所示。

图 11-92 定义路径　　　　　　　图 11-93 立柱上的剪力—弯矩图

⑥单击 File→Save Project,保存分析项目。

2. 载荷时间历程法加载

基于时间历程方式定义载荷,基于系统 E 对上述问题重新进行计算,具体的计算步骤如下:

(1)分析设置

在项目树中单击 Transient(E5)→Analysis,在 Details 中进行如下设置:

①输入 Step End Time 为 3 s。

②更改 Define By 为 Time,输入 Time Step 为 0.004 s。

③确保 Output Controls 下的 General Miscellaneous 为 Yes。

④在 Damping Controls→Stiffness Coefficient 中输入 0.005,如图 11-94 所示。

(2)施加瞬态荷载

选中 Transient(E5),在上下文工具栏中单击 Loads→Force,添加一个 Force 对象,在其 Details 中进行如下设置:选中钢平台侧面 6 个点作为在 Scope→Geometry 项的内容;更改 Definition→Define By 为 Components;Coordinate System 改为定义的局部坐标系;X Component 改为 Tabular Data,如图 11-95 所示;然后按照图 11-96 定义载荷时间历程。

(3)求解

在项目树中右键单击 Solution(E6),选择 Solve,执行求解。

(4)添加位移结果

在项目树中选中 Solution(E6),单击上下文工具栏中的 Deformation→Directional,添加方向变形并在 Details 中进行如下设置:

①选择上层平台加载侧中间点作为 Scope→Geometry 项的内容。

②更改 Definition→Orientation 为 X Axis。

Details of "Analysis Settings"

Step Controls	
Number Of Steps	1.
Current Step Number	1.
Step End Time	3. s
Auto Time Stepping	Off
Define By	Time
Time Step	4.e-003 s
Time Integration	On
Options	
Output Controls	
Damping Controls	
☐ Constant Damping Ratio	0.
Stiffness Coefficient Define By	Direct Input
☐ Stiffness Coefficient	5.e-003
☐ Mass Coefficient	0.

图 11-94 分析设置

Details of "Force"

Scope	
Scoping Method	Geometry Selection
Geometry	6 Vertices
Definition	
Type	Force
Define By	Components
Coordinate System	Coordinate System
X Component	Tabular Data
Y Component	Tabular Data
Z Component	Tabular Data
Suppressed	No

图 11-95 载荷明细设置

Tabular Data

	Steps	Time [s]	☑ X [N]	☑ Y [N]	☑ Z [N]
1	1	0.	0.	= 0.	= 0.
2	1	1.e-002	-1.e+005	0.	0.
3	1	1.	-1.e+005	= 0.	= 0.
4	1	1.01	-1.5e+005	0.	0.
5	1	2.	-1.5e+005	0.	0.
6	1	2.01	1.e+005	0.	0.
7	1	3.	1.e+005	= 0.	= 0.
*					

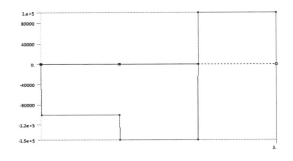

图 11-96 定义载荷时间历程

③更改 Coordinate System 为新创建的局部坐标系。

(5)评估并观察结果

右键单击 Solution(E6),选择 Evaluate All Results,窗口下方的 Graph 及 Tabular Data 中给出了上层平台加载侧中间点的位移变化曲线及数据,如图 11-97 所示,$t=2.048$ s 时上层平台加载侧中间点的最大位移为 25.805 mm,这与采用载荷步法加载所得结果基本一致。

11.5.6 完全法瞬态分析

本节采用多载荷步完全法求解结构的瞬态响应过程,求解是基于系统 D,具体操作步骤如下:

1. 分析选项设置

在 Project 树中单击 Transient(D5)→Analysis,在其 Details 中进行如下设置:

(1)输入 Number Of Steps 为 3。

(2)分别定义第 1~第 3 个载荷步的结束时间为 1 s、2 s、3 s。

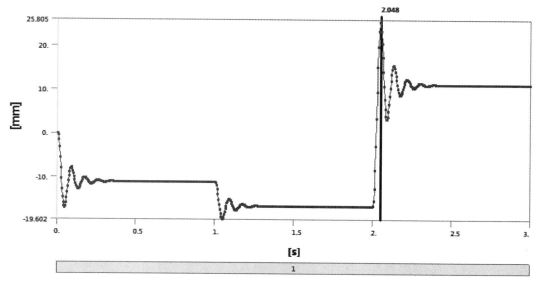

图 11-97 上层平台加载侧中间点位移曲线(载荷时间历程法加载)

(3)将 Auto Time Stepping 改为 On。

(4)更改 Define By 为 Time,输入 Initial Time Step 为 0.004 s,Minimum Time Step 为 0.004 s,Maximum Time Step 为 0.01 s。

(5)在 Damping Controls→Stiffness Coefficient 中输入 0.005,如图 11-98 所示。

2. 施加约束以及荷载

(1)添加约束

选中 Transient(D5),在上下文工具栏中选择 Supports→Fixed Support,选择平台底部的 3 个点作为其 Details 中 Scope 中的 Geometry 项的内容。

(2)复制载荷

拖动 Transient(C5)中的 Force、Force1 和 Force2 至 Transient(D5)。

3. 求解并查看结果

(1)求解

右键单击 Solution(D6),选择 Solve,执行求解。

图 11-98 多载荷步分析设置(完全法)

(2)添加方向变形结果

在 Project 树中选中 Solution(D6),单击上下文工具栏中的 Deformation→Directional,在明细栏中进行如下设置:

①选择上层平台加载侧中间点作为 Scope→Geometry 项的内容。

②更改 Definition→Orientation 为 X Axis。

③更改 Coordinate System 为新创建的局部坐标系。

(3) 评估并观察计算结果

右键单击 Solution(E6)，选择 Evaluate All Results，窗口下方的 Graph 及 Tabular Data 中给出了上层平台加载侧中间点的位移变化曲线及数据，如图 11-99 所示。大约在 $t=2.044$ s 时上层平台加载侧中间点的最大位移为 26.968 mm，与模态叠加法的结果一致。

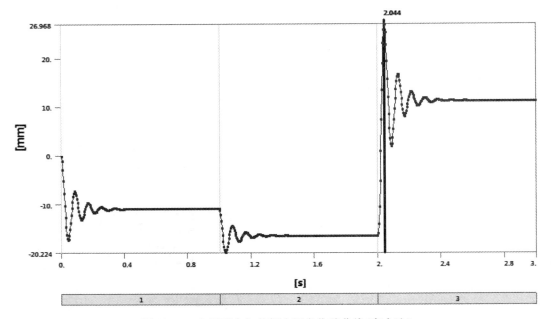

图 11-99　上层平台加载侧中间点位移曲线（完全法）

11.6　动力学分析算例：塔架钢结构

11.6.1　问题描述

本节以一个钢塔结构为例，基于 Workbench 进行整体建模、地震响应谱分析以及随机振动分析。

1. 模型参数

塔架中心线总高度为 16500 mm，4 个柱腿间距为 4000 mm，腿高 500 mm，柱顶间距为 2000 mm，塔架每层间距为 2000 mm，整个塔架结构由各种规格的方钢管焊接而成，其中立柱截面尺寸为 100 mm×100 mm×6 mm，横梁截面尺寸为 80 mm×80 mm×5 mm，斜拉梁截面尺寸为 60 mm×60 mm×5 mm，详细布置及尺寸如图 11-100 所示。

2. 响应谱分析条件

按 7 度多遇地震，地震影响系数最大值取 0.08，第二组 II 类场地，特征周期 $T_g=0.40$ s，阻尼比 0.02，根据抗震设计规范提供的地震加速度影响系数曲线，计算地震响应谱的频率与谱值，见表 11-1。

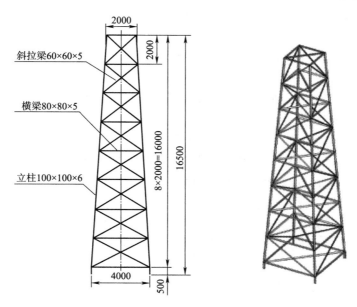

图 11-100　钢塔架示意图(单位:mm)

表 11-1　响应谱数据

频率(Hz)	谱值(m/s²)
0.1667	0.1270
0.5000	0.2086
1.000	0.4087
2.500	0.9940
10.00	0.9940
1000	0.3528

3. 随机振动分析条件

水平加速度 PSD 谱的数值见表 11-2,计算塔架结构的随机振动响应。

表 11-2　加速度 PSD 谱值

频率(Hz)	PSD 加速度谱[(m/s²)²/Hz]
5	0.031250
10	0.062500
20	0.075000
30	0.075000
50	0.015625

11.6.2　塔架地震响应谱分析

首先在 SCDM 中创建塔架几何模型并保存,然后在 Workbench 中建立响应谱分析系统,导入几何模型并进行分析。

1. 创建几何模型

(1) 启动 SCDM

通过系统的开始菜单，独立启动 SCDM。

(2) 保存模型文件

单击 SCDM 文件→保存，输入"Steel Tower"作为文件名称，保存文件。

(3) 创建塔架参照实体

①启动 SpaceClaim 后，程序会自动打开一个设计窗口，并自动激活至草图模式，且当前激活平面为 XZ 平面。依次单击主菜单中的设计→定向→■图标或微型工具栏中的■图标，也可直接单击字母"V"键，正视当前草图平面，如图 11-101 所示。

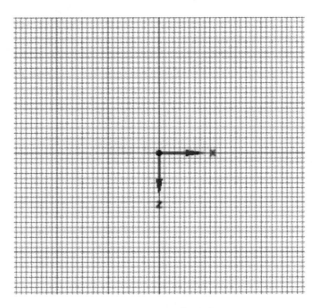

图 11-101　正视草图平面

②单击主菜单中的设计→草图→■矩形工具或按快捷键"R"，绘制一个长、宽均为 4000 mm 的正方形，如图 11-102 所示。

③单击主菜单中的设计→编辑→移动工具■或按快捷键"M"，框选选中上一步创建的正方形，激活直到工具■，然后选择坐标原点，使得正方形中心与坐标原点重合，如图 11-103 所示。

④单击主菜单中的设计→模式→三维模式工具■，或按快捷键"D"，此时将自动进入三维模式。

a. 按住滚轮，然后拖动鼠标将视角调至便于观察的视角。

b. 鼠标左键选中正方形面。

c. 按住"Ctrl"键，向上拖动鼠标，按空格键并输入 16000 mm 作为移动高度。

d. 单击窗口空白位置，完成移动操作，如图 11-104 所示。

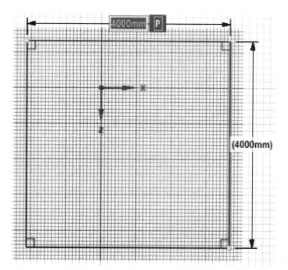
图 11-102 绘制正方形

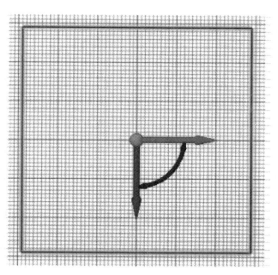
图 11-103 对齐中心

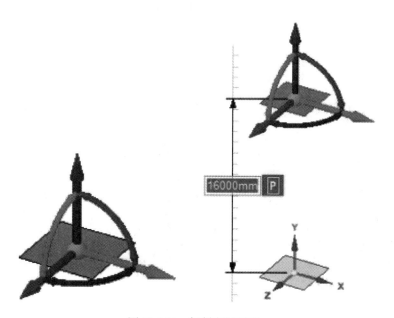
图 11-104 复制底层平面

⑤单击主菜单中的设计→编辑→拉动工具，或按快捷键"P"，激活拉动工具。

a. 双击鼠标左键选中顶层平面的 4 个边线。

b. 激活图形显示窗口左侧选项面板中的拉伸条边工具。

c. 通过切换"Tab"键，激活向内的箭头。

d. 向内拖动鼠标，按空格键并输入移动距离 1000 mm。

e. 单击窗口空白位置，完成尺寸为 2000 mm×2000 mm 的顶层平面的创建，如图 11-105 所示。

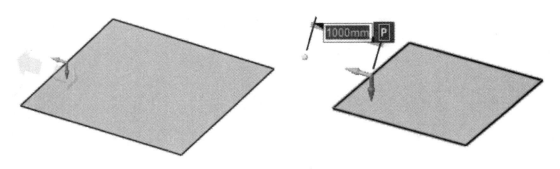

图 11-105　创建顶层平面

⑥单击主菜单中的设计→编辑→融合工具 ,或按快捷键"B",激活融合工具。

a. 按住"Ctrl"键,利用鼠标左键选中前面创建的底层及顶层平面。

b. 单击窗口左侧的完成工具 ,或按"Enter"键,完成过渡操作,如图 11-106 所示。

c. 单击文件→保存,保存当前工作。

⑦鼠标左键选中底层平面,然后单击主菜单中的设计→创建→平面工具 ,以底层平面为基准创建一个参考平面,如图 11-107 所示。

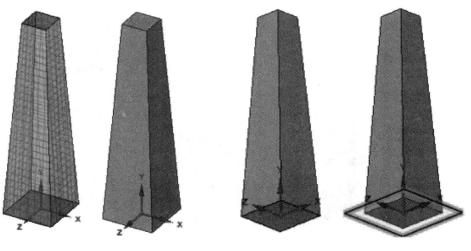

图 11-106　创建过渡体　　　　　　　　图 11-107　创建参考平面

⑧单击主菜单中的设计→编辑→移动工具 或按快捷键"M",利用鼠标左键选中上一步创建的参考平面,勾选窗口左侧选项面板中 创建阵列 前的复选框,向上(+Y 向)拖动移动箭头,通过切换"Tab"键分别输入阵列计数为 8 个,阵列间隔为 2000 mm,如图 11-108 所示。

⑨单击主菜单中的设计→编辑→拉动工具 ,或按快捷键"P",激活拉动工具。

a. 鼠标左键选中底层平面。

b. 按住"Ctrl"键,然后双击鼠标左键选中底层平面的四条边线。

c. 拖动鼠标并按空格键输入拉伸距离 500 mm,如图 11-109 所示。

d. 鼠标左键单击空白区域完成拉伸操作。

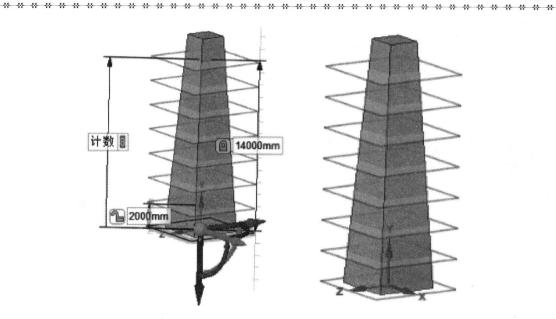

图 11-108 创建平面阵列

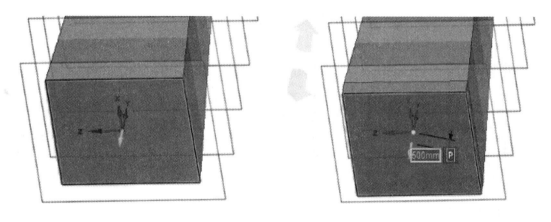

图 11-109 创建柱腿参照实体

e. 单击文件→保存,保存当前工作。

(4)定义梁、柱横截面

①单击主菜单中的准备→横梁→轮廓→▢矩形管道工具,此时项目树中出现了"横梁轮廓"分支,如图 11-110 所示。

图 11-110 横梁轮廓

②在项目树中,鼠标右键单击"矩形管道"并将其重命名为"矩形管道100×6",再选择"编辑横梁轮廓",此时将打开"矩形管道100×6"的编辑窗口,在窗口左侧的群组中修改矩形截面信息为100×100×6,定义完成后关闭窗口,如图11-111所示。

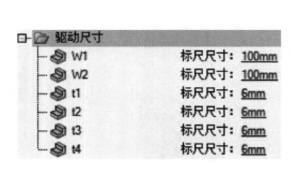
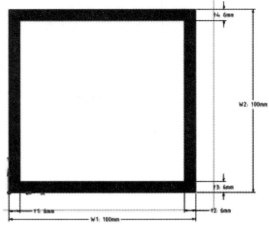

图11-111 定义方钢管截面100×6

③参照上面两步的操作,分别创建截面为80×80×5、60×60×5的轮廓,如图11-112所示。

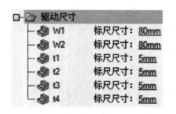
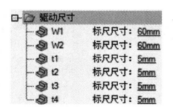

图11-112 各种横梁截面信息及项目树

(5)创建钢塔立柱

①单击主菜单中的显示→图形→隐藏线,以线框形式显示模型。

②单击主菜单中的准备→横梁→轮廓,在下拉窗口中选中"矩形管道100×6",如图11-113所示。

③单击主菜单中的准备→横梁→显示工具,将显示方式改为"实体横梁",再单击创建工具,激活窗口左侧的选择点链工具，然后依次选择柱腿底点、柱腿顶点及立柱顶点,单击空白区域完成一条立柱的创建,如图11-114所示。

④参照上一步操作,完成剩余立柱的创建,如图11-115所示。

(6)创建钢塔横梁

①单击主菜单中的准备→横梁→轮廓,在下拉窗口中选中"矩形管道80×5"。

②激活图形显示窗口左侧的选择点链工具，然后依次选择钢塔每层的链环,创建钢塔水平横梁,如图11-116所示。

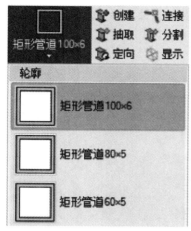
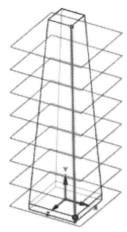

图 11-113　指定截面信息　　　　图 11-114　创建一根立柱

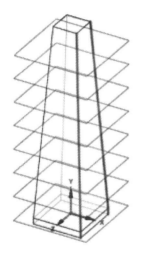
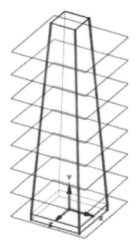
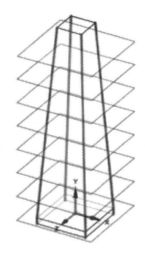

图 11-115　立柱的创建

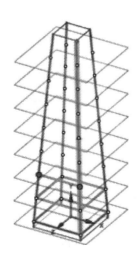
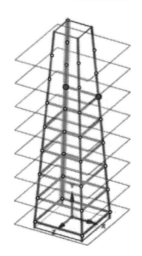
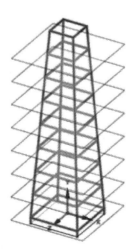

图 11-116　80×5 水平横梁

③激活图形显示窗口左侧的选择点对工具 ![icon], 依次交叉选择钢塔每层的对角点, 创建钢塔斜横梁, 如图 11-117 所示。

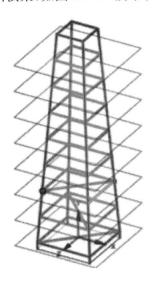 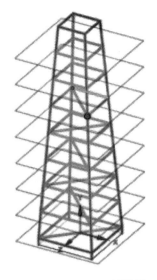 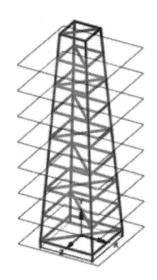

图 11-117　80×5 斜横梁

(7) 创建 60×5 斜拉梁

①单击主菜单中的准备→横梁→轮廓, 在下拉窗口中选中"矩形管道 60×5"。

②激活图形显示窗口左侧的选择点链工具 ![icon], 然后依次选择钢塔相邻两层的对角点, 创建一个侧面的斜拉梁, 如图 11-118 所示。

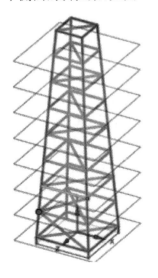 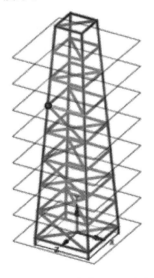 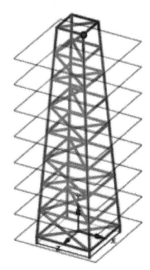

图 11-118　60×5 斜拉梁(一个侧面)

③参照上面一步的操作, 分别创建其他各面的斜拉梁。

④在项目树中右键选择实体, 将其删除, 取消勾选"绘制(平面)"前的复选框将参照平面隐藏, 最终完成的钢塔架模型如图 11-119 所示。

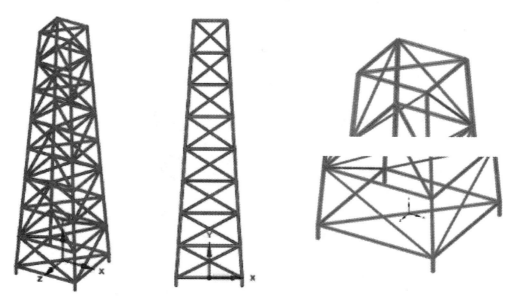

图 11-119　钢塔架模型

⑤单击文件→保存,保存当前工作。

(8)设置共享拓扑

①选中项目树中的根目录,然后在窗口左下方的属性面板中将共享拓扑设置改为"共享",该操作可使得钢塔架梁柱等在相交处共用节点,如图 11-120 所示。

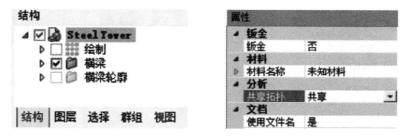

图 11-120　设置钢塔架共享拓扑

②单击主菜单中的 Workbench→共享工具 或显示连接主体工具 ,查看当前模型的共享状态,如图 11-121 所示。

③单击文件→保存,保存当前模型。

2. 建立分析流程

在 Workbench 的 Project Schematic 中,添加左侧工具箱 Custom Systems 中的 Response Spectrum 分析系统,如图 11-122 所示。

3. 模态分析与响应谱分析

(1)导入模型并设置配重

①在 Modal 系统的 Geometry 单元格右键菜单中选择 Import Geometry,导入几何模型。

②双击 Modal 系统的 Model 单元格,启动 Mechanical 界面。

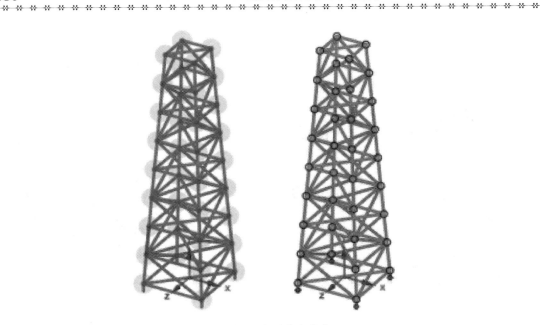

图 11-121　查看共享状态

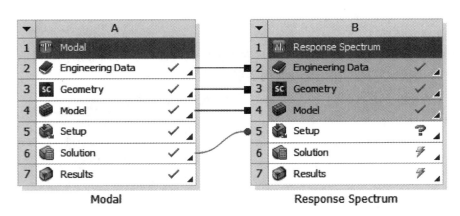

图 11-122　响应谱分析系统

③在 Mechanical 界面左侧的 Project 树中，选择 Geometry 目录，在图形窗口中用 Ctrl+E 切换至边选择模式，选择塔架顶面的所有边，然后在右键菜单中选择 Insert→Point Mass，在塔架顶部添加一个配重质量点，如图 11-123 所示。

④设置质量点的重心以及质量值，如图 11-124 所示。

(2) 划分计算单元

单击 Project 树的 Mesh 分支，右键菜单选择 Generate Mesh，划分计算单元后的塔架模型如图 11-125 所示。

(3) 施加边界条件

施加底部约束。用快捷键 Ctrl+P 或在 Graphics ToolBar 中按下 Vertex(顶点)选择过滤按钮，在图形显示窗口选择塔架底部的 4 个端点，然后在 Outline 中选择 Modal(A5)分支，在右键菜单中选择 Insert→Fixed Support，添加底部的固定约束，如图 11-126 所示。

图 11-123　配重质量点

Details of "Point Mass"

Scope	
Scoping Method	Geometry Selection
Applied By	Remote Attachment
Geometry	5 Edges
Coordinate System	Global Coordinate System
X Coordinate	0. m
Y Coordinate	17.5 m
Z Coordinate	0. m
Location	Click to Change
Definition	
Mass	1000. kg
Mass Moment of Inertia X	0. kg·m²
Mass Moment of Inertia Y	0. kg·m²
Mass Moment of Inertia Z	0. kg·m²
Suppressed	No
Behavior	Deformable
Pinball Region	All

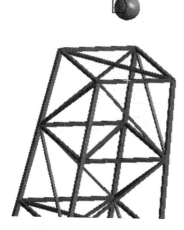

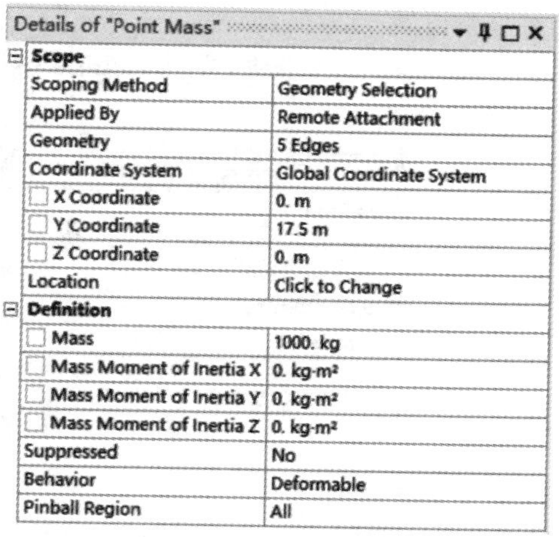

图 11-124　质量点的参数

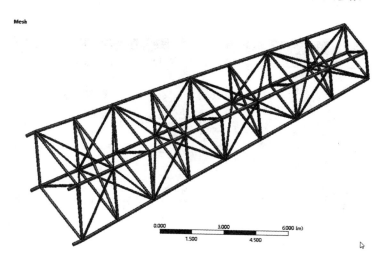

图 11-125　塔架结构的有限元模型

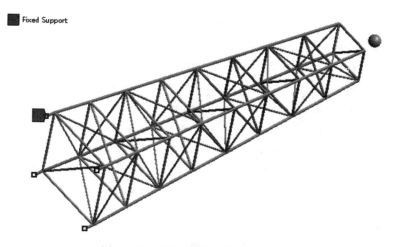

图 11-126　添加了约束的塔架模型

(4)模态分析设置

选择 Analysis Settings 分支,在其 Details 中设置 Max Modes to Find 为 12,即提取 12 阶振型,如图 11-127 所示。

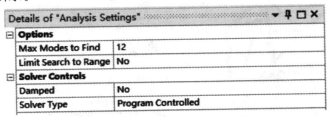

图 11-127　模态分析设置

(5)求解与查看模态结果

①求解。单击工具栏上的 Solve 按钮进行模态分析。

②查看频率。计算完成后,选择 Solution 分支,在 Tabular Data 中查看各阶频率列表,如图 11-128 所示。

Mode	Frequency [Hz]
1.	5.7455
2.	5.794
3.	15.025
4.	15.415
5.	15.911
6.	16.515
7.	16.768
8.	17.228
9.	17.591
10.	18.086
11.	18.883
12.	19.143

图 11-128　各阶频率计算结果列表

③选择 Solution Information 分支,在 Worksheet 中查看模态计算输出信息,找到 X 方向各阶模态的参与系数和有效质量统计信息,如图 11-129 所示。

```
***** PARTICIPATION FACTOR CALCULATION *****  X  DIRECTION
                                                        CUMULATIVE      RATIO EFF.MASS
MODE   FREQUENCY   PERIOD       PARTIC.FACTOR   RATIO   EFFECTIVE MASS  MASS FRACTION   TO TOTAL MASS
  1    5.74547    0.17405        39.227        0.983508    1538.80        0.349719       0.314333
  2    5.79397    0.17259        39.885        1.000000    1590.83        0.711265       0.324963
  3    15.0248    0.66557E-01    15.519        0.389097     240.846       0.766001       0.491982E-01
  4    15.4146    0.64873E-01   -18.177        0.455744     330.421       0.841095       0.674957E-01
  5    15.9113    0.62849E-01   -19.546        0.490056     382.047       0.927923       0.780415E-01
  6    16.5154    0.60550E-01     0.0000       0.000000       0.00        0.927923       0.00000
  7    16.7685    0.59636E-01     0.0000       0.000000       0.00        0.927923       0.00000
  8    17.2280    0.58045E-01    16.417        0.411614     269.529       0.989178       0.550571E-01
  9    17.5908    0.56848E-01     0.0000       0.000000       0.00        0.989178       0.00000
 10    18.0864    0.55290E-01     0.0000       0.000000       0.00        0.989178       0.00000
 11    18.8829    0.52958E-01    -6.7682       0.169691      45.8079      0.999588       0.935726E-02
 12    19.1430    0.52238E-01    -1.3457       0.033738       1.81078     1.00000        0.369892E-03
                                                                                         
sum                                                         4400.09                      0.898815
```

图 11-129　塔架 X 方向各阶模态的参与系数和有效质量

(6) 施加响应谱激励

①添加响应谱激励。选择 Response Spectrum(B5)，在其右键菜单中选择 Insert→RS Acceleration，如图 11-130 所示，在 Project Tree 中添加一个 RS Acceleration 对象。

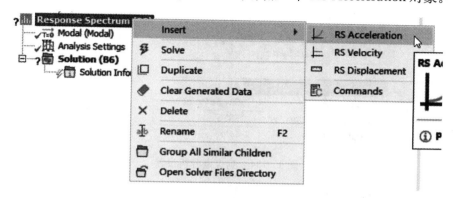

图 11-130　加入 RS Acceleration

②定义响应谱数据。选择 RS Acceleration，在其 Details 中选择 Boundary Condition 为 All Supports，Direction 为 X Axis，如图 11-131 所示。单击 Load Data，在 Tabular Data 区域内输入响应谱数据，如图 11-132 所示。输入完成后，在 Graph 区域显示响应谱曲线，如图 11-133 所示。

图 11-131　响应谱设置

Tabular Data		
	Frequency [Hz]	Acceleration [(m/s²)]
1	0.1667	0.127
2	0.5	0.2086
3	1.	0.4087
4	2.5	0.994
5	10.	0.994
6	1000.	0.3528

图 11-132　响应谱数据

图 11-133　响应谱曲线

(7) 响应谱分析设置

选择 Response Spectrum(B5)下面的 Analysis Settings 分支,实际上此结构的响应由低阶的几个振型所决定,且不存在密频情况,因此选择模态合并方法为 SRSS,如图 11-134 所示。

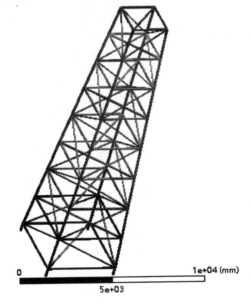

图 11-134 响应谱分析设置

(8) 响应谱分析及结果后处理

按照如下步骤进行响应谱分析后处理操作:

①单击工具栏的 Solve 按钮,完成响应谱分析求解。

②在 Solution(B6)分支的右键菜单中选择 Insert→Deformation→Total,添加 Total Deformation 分支。

③选择 Total Deformation 分支,在右键菜单中选择 Evaluate All Results。

④为了查看位移的方便,在后处理阶段,通过右下角的 Units 工具栏改变单位制为 kg-mm-s 制。

⑤计算完成后观察结构的位移结果,如图 11-135 所示,结构顶部的最大侧向位移约为 0.95 mm。

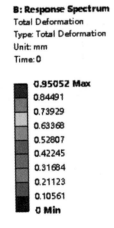

图 11-135 塔架整体变形

11.6.3 塔架结构随机振动分析

首先建立随机振动分析的系统,然后在模态分析基础上进行随机振动分析。

1. 建立分析系统

在 11.6.2 节的基础上,返回 Workbench 界面,在 Workbench 工具箱的 Analysis Systems 中选择 Random Vibration 系统,用鼠标左键将其拖放至 E6:Solution 单元格,如图 11-136 所示。释放鼠标左键,创建的分析流程如图 11-137 所示。

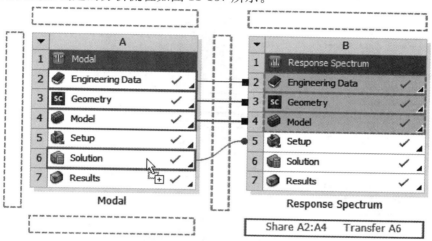

图 11-136　Random Vibration 系统的拖放位置

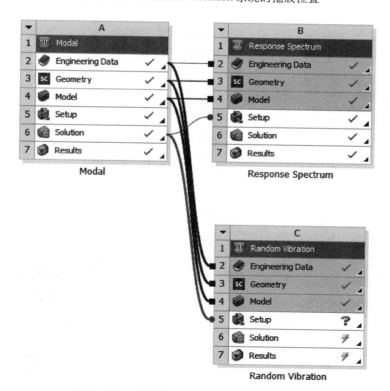

图 11-137　创建的 Random Vibration 分析流程

2. 定义并施加加速度 PSD 谱

（1）双击 C5：Setup，重新启动 Mechanical 界面。

（2）Analysis Settings 设置

在 Project 树中选择 Random Vibration(C5)目录下的 Analysis Settings 分支，如图 11-138 所示，在其 Details 中设置 Output Controls 中的 Calculate Acceleration 为 Yes；设置 Damping Controls 中的 Constant Damping 选项为 Manual，Constant Damping Ratio 为 0.02。

Details of "Analysis Settings"

Options	
Number Of Modes To Use	All
Exclude Insignificant Modes	No
Output Controls	
Keep Modal Results	No
Calculate Velocity	No
Calculate Acceleration	Yes
Combine Distributed Result Files (Beta)	Program Controlled
Result File Compression	Program Controlled
Damping Controls	
Constant Damping	Manual
Damping Ratio	2.e-002
Stiffness Coefficient Define By	Direct Input
Stiffness Coefficient	0.
Mass Coefficient	0.

图 11-138　PSD 分析选项设置

（3）施加水平加速度 PSD 谱

①选择 Random Vibration 目录，在上下文相关工具栏或右键菜单中选择添加 PSD Acceleration，如图 11-139 所示，在 Random Vibration 分支下施加一个 PSD Acceleration 分支。

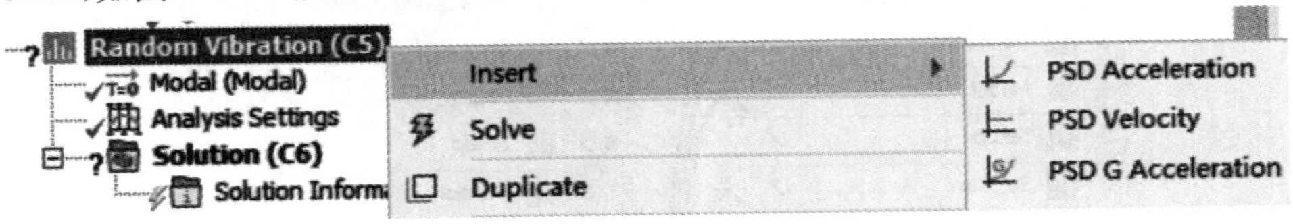

图 11-139　加入水平加速度 PSD 谱

②选择新建的 PSD Acceleration，在其 Details 中设置 Boundary Condition 为 Fixed Support，Load Data 为 Tabular Data，方向为 X Axis，如图 11-140 所示。在 Tabular Data 区域输入频率及 PSD 谱值，如图 11-141 所示。

Details of "PSD Acceleration"

Scope	
Boundary Condition	Fixed Support
Definition	
Load Data	Tabular Data
Direction	X Axis
Suppressed	No

图 11-140　PSD 加速度谱的选项

Tabular Data

	Frequency [Hz]	Acceleration [(m/s²)²/Hz]
1	5.	3.125e-002
2	10.	6.25e-002
3	20.	7.5e-002
4	30.	7.5e-002
5	50.	1.5625e-002
*		

图 11-141　输入 PSD 谱

输入 PSD 谱表格后，在 Graph 区域显示 PSD 谱曲线，如图 11-142 所示。

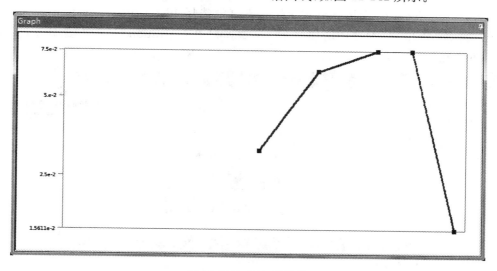

图 11-142 PSD 谱曲线

3. 求解并查看分析结果

（1）添加计算结果项目

① 加入 X 方向位移 1 Sigma 结果

如图 11-143 所示，在 Solution(F6) 右键菜单中选择 Insert→Deformation→Directional，在 Solution 分支中增加一个 Directional Deformation 分支，在此分支的 Details 中设置 Orientation 为 X Axis，Scale Factor 为 1 Sigma，如图 11-144 所示。

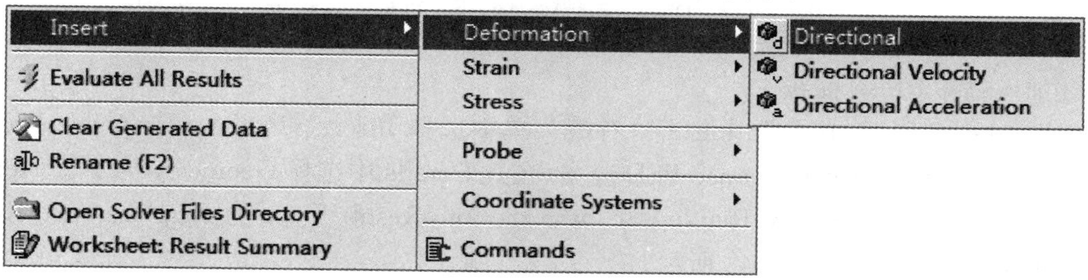

图 11-143 加入 Directional Deformation 结果

图 11-144 Directional Deformation 的 Details 设置

② 加入 X 方向加速度 1 Sigma 结果

如图 11-145 所示，在 Solution(F6) 右键菜单中选择 Insert→Deformation→Directional Acceleration，在 Solution 分支中增加一个 Directional Acceleration 分支，在此分支的 Details 中设置 Orientation 为 X Axis，Scale Factor 为 1 Sigma，如图 11-146 所示。

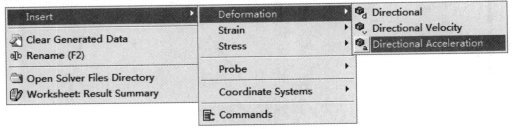

图 11-145　加入 Directional Acceleration 结果

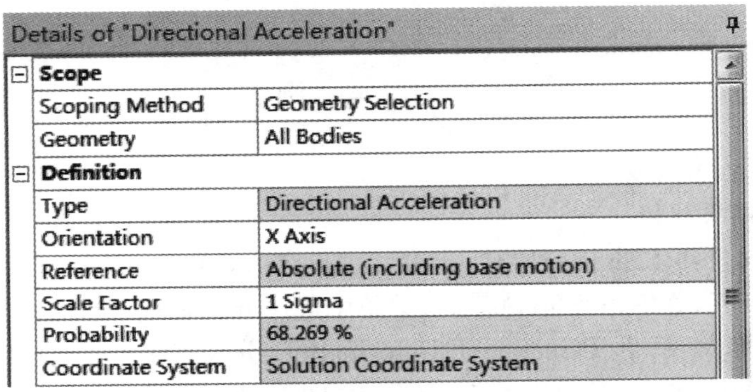

图 11-146　Directional Acceleration 的 Details 设置

③ 加入位移 RPSD 曲线

如图 11-147 所示，在 Solution(F6) 右键菜单中选择 Insert→Probe→Response PSD，在 Solution(B6) 下出现一个 Response PSD 分支，在其 Details 中选择 Geometry 为 1 Vertex(顶面的一个角点)，Reference 为 Relative to base motion，Result Type 为 Displacement，Result Selection 为 X Axis，如图 11-148 所示。

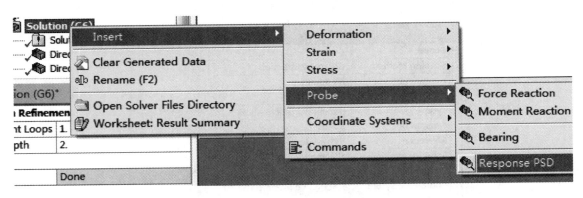

图 11-147　加入 Probe 结果

第 11 章 结构动力学分析

Details of "Response PSD"	
Definition	
Type	Response PSD
Location Method	Geometry Selection
Geometry	1 Vertex
Orientation	Solution Coordinate System
Reference	Relative to base motion
Suppressed	No
Options	
Result Type	Displacement
Result Selection	X Axis

图 11-148　Response PSD 的 Details 设置

上述设置完成后，在图形窗口中显示出此 Probe 的位置，如图 11-149 所示。

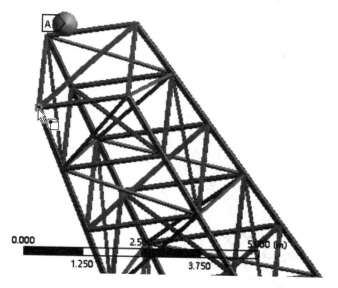

图 11-149　Response PSD 的位置示意图

（2）随机振动计算

选择 Solution(C5) 目录，在右键菜单中选择 Solve，求解塔架的随机振动响应。

（3）查看计算结果

① 查看 1 Sigma 位移解

选择 Solution(C6) 目录下的 Directional Deformation，查看 1 Sigma 位移响应，如图 11-150 所示。

② 查看 1 Sigma 加速度解

选择 Solution(C6) 目录下的 Directional Acceleration 分支，查看 1 Sigma 加速度响应，如图 11-151 所示。

③ 查看 RPSD 解

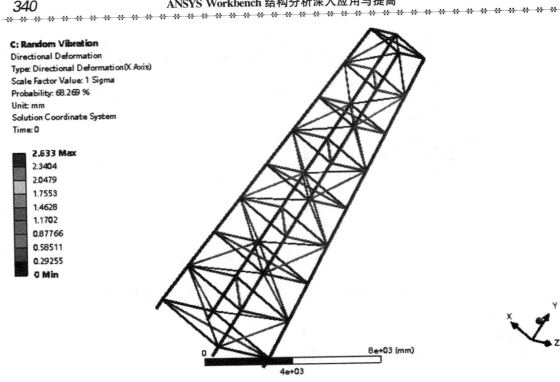

图 11-150　1 Sigma 水平位移等值线图

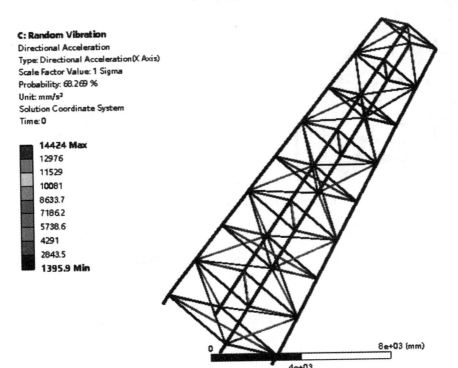

图 11-151　1 Sigma 水平加速度（X 方向）等值线图

选择 Solution(B6) 分支下的 Response PSD 分支,查看 RPSD 曲线,如图 11-152 所示。

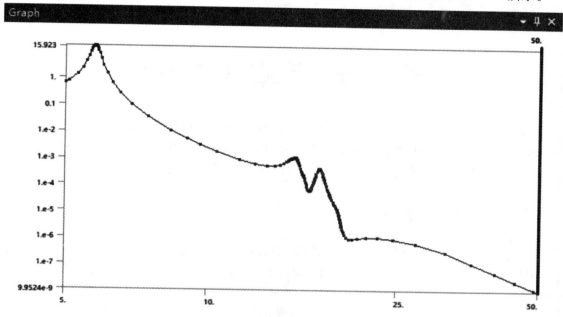

图 11-152　Response PSD 结果

第 12 章 流固耦合分析

流固耦合分析需要用到流体和结构两个求解器以及数据传递组件。本章首先介绍了 Workbench 中的耦合分析数据传递组件 System Coupling 的使用方法,然后结合一个立柱在流场中摆动的例题介绍了流固耦合分析在 Workbench 中的实现过程。

12.1 System Coupling 简介

System Coupling 组件是集成于 ANSYS Workbench 中的耦合场分析数据传递组件,这个组件可以在不同的求解器之间进行数据传递(比如 Fluent 和 Mechanical)以完成多物理场耦合分析。

在进行耦合分析时,每一个提供数据以及使用数据的独立分析系统被称之为耦合子系统。Workbench 中可作为耦合子系统的有 Steady-State Thermal、Static Structural、Transient Structural、Fluent、External Data。在这些系统中,Fluent 可以和其他任何系统耦合,Steady-State Thermal 可以与 External Data 耦合,但是 Steady-State 和 Static 系统不能够与 Transient 系统耦合。

在进行耦合分析时,各参与耦合的子系统之间的数据传递包括单向(one-way)和双向(two-way)两种方式。比如,当多个耦合子系统共同执行耦合分析中各自部分的求解时,各系统可能会同时参与单向和双向数据传递,既为其他分析系统提供数据作为源头,也从其他分析系统接收数据作为目标;类似地,当耦合系统中仅有静态数据时(比如 External Data),该系统只能作为数据源头为其他系统提供数据,即只参与单向数据传递。

在 Workbench 中建立并执行耦合分析的一般流程如下:
(1)创建分析项目。
(2)添加独立的耦合子系统至当前项目。
(3)添加 System Coupling 组件系统至当前项目。
(4)定义每个独立耦合子系统的分析环境。
(5)搭建耦合系统,将耦合子系统的 Solution 单元格拖动至 System Coupling 系统的 Setup 单元格,如图 12-1 所示。
(6)执行 System Coupling 系统设置及求解。

另外需要注意的是,连接到同一个 System Coupling 组件的耦合子系统只能有两个,但在 Project Schematic 窗口中却可以添加多个 System Coupling 组件。比如,图 12-1 中系统 A Transient Structural、系统 B Fluid Flow(FLUENT)通过组件 C System Coupling 搭建了第一个耦合分析系统;系统 E External Data、系统 F Fluid Flow(FLUENT)通过组件 G System Coupling 搭建了第二个耦合分析系统。

第 12 章 流固耦合分析

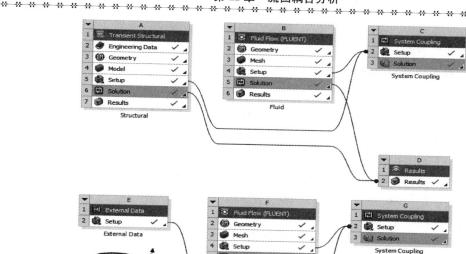

图 12-1 搭建耦合分析系统

12.2 立柱摆动流固耦合分析例题

12.2.1 问题描述

本节将以一个立柱在水中的摆动问题为例,介绍在 ANSYS Workbench 中创建及运行双向流固耦合分析的过程,相关计算条件如下:圆柱形立柱的底部固定,高 1.2 m,直径 0.1 m,立柱及其周围流场范围如图 12-2 所示。立柱顶面受 +X 方向的力 20 N,该力将在 0.5 s 末被去除以激发振动。一旦释放该力,立柱将发生摆动并逐渐恢复至平衡位置。立柱摆动过程中,受到周围流体阻尼力的影响,其摆动幅度逐渐降低。立柱密度 2 550 kg/m³,弹性模量 2e7 Pa,泊松比 0.35,立柱周围流场密度 1.225 kg/m³,粘度 0.2 kg/(m·s)。

在本例中,结构的变形会影响流体域的边界,而流体的流场改变又会引起结构的变形,因此需要对两个物理场进行耦合求解。借助于 ANSYS 的 System Coupling 系统,可以实现立柱摆动问题的流固双向耦合求解。

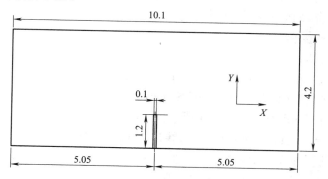

图 12-2 立柱及其周围流场(单位:m)

12.2.2 搭建项目分析流程

按照如下步骤搭建项目分析流程：
(1)启动 ANSYS Workbench。
(2)在 Workbench 左侧 Toolbox 的 Analysis Systems 中双击或拖动 Transient Structural 至 Project Schematic 窗口中。
(3)在 Workbench 左侧 Toolbox 的 Analysis Systems 中拖动 Fluid Flow(Fluent)至 Transient Structural 系统的 Geometry 单元格(A3)上,释放鼠标。
(4)在 Workbench 左侧 Toolbox 的 Component Systems 中拖动 System Coupling 系统至 Fluid Flow(Fluent)右侧。
(5)拖动 Transient Structural 的 Setup 单元格(A4)至 System Coupling 系统的 Setup 单元格(C2)上,释放鼠标。
(6)拖动 Fluid Flow(Fluent)的 Setup 单元格(B4)至 System Coupling 系统的 Setup 单元格(C2)上,释放鼠标。
(7)单击 File→Save,在弹出的窗口中输入"Oscillating Bar"作为项目名称,指定合适路径,保存分析项目。

在 Project Schematic 中搭建完成的项目分析流程如图 12-3 所示。

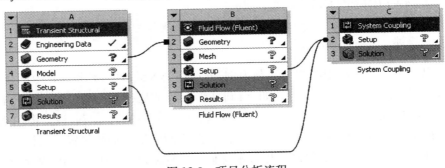

图 12-3　项目分析流程

12.2.3 建模以及结构分析的前处理

本节介绍流固耦合分析中与结构分析相关的前处理工作,包括定义材料参数,建立分析模型,创建命名选择集合,划分网格及分析设置。

1. 定义立柱材料参数

按照如下步骤操作：
(1)在 Project Schematic 中,双击 Transient Structural 的 Engineering Data 单元格(A2)进入 Engineering Data 界面,在 Outline of Schematic A2:Engineering Data 表格的底部空白行中输入 Bar 作为新材料名称,如图 12-4 所示。
(2)在 Engineering Data 左侧工具箱中,展开 Physical Properties,双击 Density,此时密度属性被添加至立柱的属性表格中,输入密度值 2550 kg/m^3。
(3)在 Engineering Data 左侧工具箱中,展开 Linear Elastic,双击 Isotropic Elasticity,在立柱的属性表格中输入 Young's Modulus 为 2.5e7 Pa,Poisson's Ratio 为 0.35。

第 12 章 流固耦合分析

	A	B	C	D
1	Contents of Engineering Data		Source	Description
2	☐ Material			
3	Structural Steel	☐	General_M	Fatigue Data at zero mean stress comes from 1998 ASME BPV Code, Section 8, Div 2, Table 5-110.1
4	Bar	☐		
*	Click here to add a new material			

图 12-4 定义材料名称

(4)在 Outline of Schematic A2:Engineering Data 表格中,右键单击 Bar 并在弹出的菜单中选择 Default Solid Material For Model,将 Bar 作为默认的材料。

(5)单击工具栏按钮 Return to Project,返回项目图解窗口。

(6)完成 Bar 材料属性定义后的属性表格如图 12-5 所示。

	A	B	C	D	E
1	Property	Value	Unit	☒	☞
2	Density	2550	kg m^-3	☐	☐
3	☐ Isotropic Elasticity			☐	
4	Derive from	Young's Mo...			
5	Young's Modulus	2.5E+07	Pa		☐
6	Poisson's Ratio	0.35			☐
7	Bulk Modulus	2.7778E+07	Pa		☐
8	Shear Modulus	9.2593E+06	Pa		☐

图 12-5 Plate 材料属性表格

2. 创建分析模型

在 DM 中创建立柱及流场初始几何模型,利用 Slice 工具将模型一分为二并取模型的 1/2 作为求解域进行分析,具体操作步骤如下:

(1)在 Project Schematic 中,双击 Transient Structural 的 Geometry 单元格(A3),在弹出的对话框中选择"m"作为基本单位(或者在界面中通过 Units 菜单定义建模单位)。

(2)选中 ZXPlane,单击 Sketching 标签,在 ZX 平面上绘制立柱草图。

①单击 Draw→Circle,在图形显示窗口中绘制一个圆,保证圆心位于坐标轴原点。

②单击 Dimension→General,标注圆的直径,在左下角的明细栏中修改直径为 0.1 m。创建完成的草图及明细设置如图 12-6 所示。

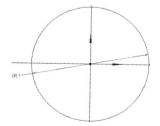
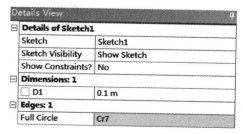

图 12-6 立柱草图及明细设置

(3)单击拉伸工具 Extrude,对拉伸明细栏进行如下设置(图 12-7):
①Geometry 选择立柱草图 Sketch1 并单击 Apply。
②Operation 选择 Add Material。
③Direction 选择 Normal。
④Extent Type 选择 Fixed 并输入 FD1,Depth(>0)的值为 1.2 m。
⑤单击工具栏上的 Generate 按钮,生成立柱的实体模型。

图 12-7 明细设置及立柱模型

(4)在主菜单中选择 Tools→Enclosure,然后在 Details 中进行如下设置:
①Shape 选择 Box。
②Cushion 选择 Non-Uniform。
③FD1,Cushion+X value(>0)输入 5 m。
④FD2,Cushion+Y value(>0)输入 3 m。
⑤FD3,Cushion+Z value(>0)输入 1 m。
⑥FD4,Cushion-X value(>0)输入 5 m。
⑦FD5,Cushion-Y value(>0)输入 1 m。
⑧FD6,Cushion-Z value(>0)输入 1 m。

设置完成后单击工具栏上的 Generate 按钮,即可获得立柱周围的初步流场,如图 12-8 所示。

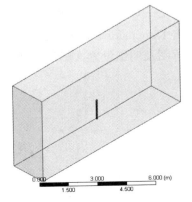

图 12-8 立柱周围流场

(5)在主菜单中选择 Create→Slice,然后在 Details 中进行如下设置:
①Slice Type 选择 Slice by Plane。
②Base Plane 选择 ZXPlane(在项目树中选择)。
③Slice Targets 选择 Selected Bodies。
④Bodies 中选择代表流场的体。
⑤单击工具栏的 Generate 按钮对流场进行分割,然后将图 12-9 中高亮显示的实体部件(底部实体)抑制。

(6)在主菜单中单击 Create→Slice,在 Slice 明细栏中进行如下设置:
①Slice Type 选择 Slice by Plane。
②Base Plane 选择 XYPlane(在项目树中选择)。
③Slice Targets 选择 All Bodies。

单击 Generate 按钮对流场及立柱进行分割,在项目树中抑制掉其中+Z 方向的 1/2 模型,如图 12-10 所示。

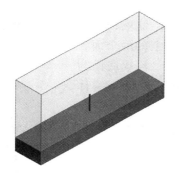

图 12-9　立柱及流场

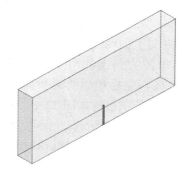

图 12-10　1/2 分析模型

(7)在主菜单中单击 Create→Slice,在 Slice 明细栏中进行如下设置:
①Slice Type 选择 Slice by Surface。
②Target Face 选择立柱的半个圆柱面。
③Slice Targets 选择 Selected Bodies,Bodies 中选择代表流场的体。
单击 Generate 按钮对流场进行分割,如图 12-11 所示。

(8)在主菜单中单击 Create→Slice,在 Slice 明细栏中进行如下设置:
①Slice Type 选择 Slice by Surface。
②Target Face 选择立柱的立柱顶面。
③Slice Targets 选择 Selected Bodies,Bodies 中选择代表流场的体。
设置完成后,单击 Generate 按钮完成流场分割,如图 12-12 所示。

(9)在项目树中按住 Ctrl 键选中代表流场的 3 个体,单击鼠标右键选择 Form New Part,以保证后续离散时流场网格连续。

3. 创建命名选择集合

为了在后续分析中更加方便地施加边界条件,下面将对有关对象创建一些命名选择集合,具体操作步骤如下:

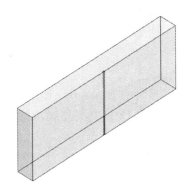
图 12-11 以立柱圆柱面分割流场

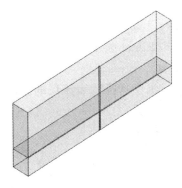
图 12-12 以立柱顶面分割流场

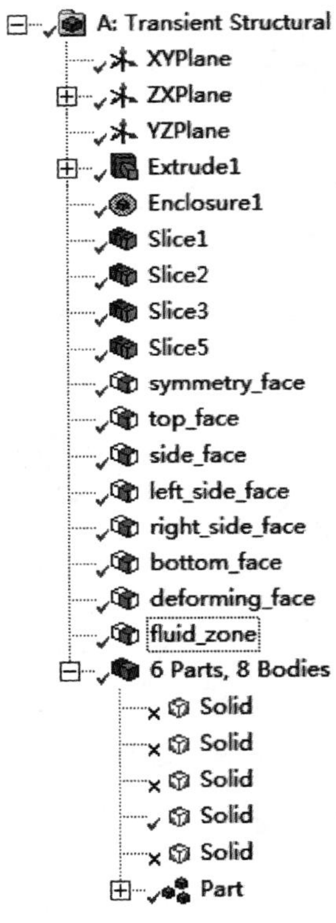

(1)在菜单中单击 Tools→Named Selection,隐藏立柱,然后在明细栏中进行如下设定:Named Selection 输入 symmetry_face,Geometry 选择+Z 方向上的 5 个面,单击 Generate。

(2)重复上一步的操作,创建其他 Named Selection:流场顶面为 top_face,—Z 方向上的两个面为 side_face,—X 方向上的两个面为 left_side_face,+X 方向上的两个面为 right_side_face,流场底面为 bottom_face,流场与立柱相邻的两个面为 deforming_face,流场实体为 fluid_zone,此时的项目树如图 12-13 所示。

(3)单击 File→Save Project,保存分析项目。单击 File→Close DesignModeler,关闭 DM,返回 Workbench。

4. 划分立柱网格

按照下面的操作步骤在 Mechanical 中指定立柱材料并划分立柱网格:

(1)在 Project Schematic 窗口中,双击 Transient Structural 的 Model 单元格(A4)进入 Mechanical 应用。

(2)由于瞬态结构分析是对结构而不是对流体域进行分析,此处进行如下操作:鼠标右键选择 Project→Model→Geometry→Part,在弹出的窗口中选择 Suppress Body,抑制流体区域的体。

(3)单击 Project 树中未被抑制的代表立柱的体,查看并确认明细栏 Material 中的 Assignment 为 Bar。

图 12-13 项目树

(4)在 Project 树中单击 Project→Model→Mesh,在上下文工具栏中选择 Mesh Control→Sizing,在明细栏中进行如下设置:Geometry 选择立柱的一条竖直边,Type 选择 Number of Divisions,输入份数为 25,如图 12-14 所示。

(5)在 Project 树中单击 Project→Model→Mesh,在上下文工具栏中选择 Mesh Control→Sizing,在明细栏中进行如下设置:Geometry 选择立柱顶面半圆弧及直径边,Type 选择 Element Size,输入尺寸值 20 mm,如图 12-15 所示。

(6)右键单击 Mesh 分支,在弹出的快捷菜单中选择 Generate Mesh,生成的网格如图 12-16 所示,其中包括节点大约 2300 多个,单元 400 多个。

图 12-14　立柱竖直边尺寸控制

图 12-15　立柱圆弧及直径边尺寸控制

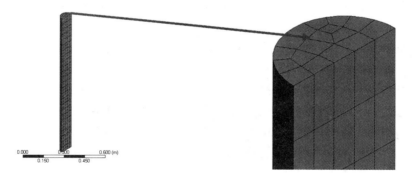

图 12-16　立柱网格

5. 结构分析设置

下面进行瞬态结构分析的求解设置、边界条件施加并创建流固交界面。

(1)单击 Project→Model→Transient Structural→Analysis settings，如图 12-17 所示，在 Details 中进行如下设置：

①Step Controls 项中的 Step End Time 设定为 10 s。

②Auto Time Stepping 设定为 Off。

③Time Step 设定为 0.1 s(System Coupling 中的相关设置会覆盖该值)。

④Restart Controls 中的 Retain Files After Full Solve 设定为 Yes。

(2) 单击 Project→Model→Transient,在上下文工具栏中选择 Supports→Fixed Support,在明细栏中的 Geometry 项中选择立柱的底面。

(3) 在上下文工具栏中选择 Loads→Force,在明细栏中进行如下设置:
① Geometry 选择立柱顶面。
② Define By 为 Components。
③ X Component 选择 Tabular Data,并按图 12-18 所示的内容进行输入。

Details of "Analysis Settings"

Status	Done
Step Controls	
Number Of Steps	1.
Current Step Number	1.
Step End Time	10. s
Auto Time Stepping	Off
Define By	Time
Time Step	0.1 s
Time Integration	On
Solver Controls	
Restart Controls	
Generate Restart Points	Program Controlled
Retain Files After Full Solve	Yes

图 12-17 瞬态分析设置

Tabular Data

	Steps	Time [s]	☑ X [N]	☑ Y [N]	☑ Z [N]
1	1	0.	20.	= 0.	= 0.
2	1	0.5	20.	= 0.	= 0.
3	1	0.51	0.	= 0.	= 0.
4	1	10.	0.	0.	0.
*					

图 12-18 载荷表

(4) 在上下文工具栏中选择 Supports→Frictionless Support,在明细栏的 Geometry 项中选择立柱侧平面。

(5) 右键单击 Transient,选择 Insert→Fluid Solid Interface,在明细栏中选择立柱的圆柱面及顶面作为 Geometry。

(6) 单击 File→Close Mechanical,关闭 Mechanical,返回 Workbench 界面下,右键单击 Transient Structural 分析系统的 Setup(A5)单元格,在弹出的快捷菜单中选择 Update。至此,结构分析的相关设置设定完毕,单击 File→Save,保存分析项目文件。

12.2.4 流场分析前处理

下面对流场分析进行前处理,包括流体域网格划分、材料创建、边界条件及其他流动分析设置等内容,具体操作步骤如下:

1. 生成流体域网格

Fluid Flow(Fluent)系统的几何模型源自 Transient Structural 分析系统,因此直接由 Mesh 单元格开始进行操作,对立柱周围的流体进行网格划分。

(1) 在 Project Schematic 窗口中,双击 Fluid Flow(Fluent) 的 Mesh 单元格(B3),进入 Meshing 界面。

(2) 在 Meshing 界面下,单击 Project→Model→Geometry,右键选择代表立柱的几何模型,在弹出的快捷菜单中选择 Suppress Body,将其抑制。

(3) 单击 Project→Model→Mesh,将 Details 设置中 Defaults 部分的 Solver Preference 选

项改为 Fluent，Element Size 设置为 160 mm，Sizing 部分 Capture Curvature 选项设为 Yes，如图 12-19 所示。

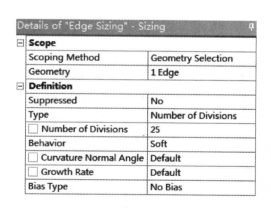

图 12-19　网格划分总体控制

（4）单击上下文工具菜单 Mesh Control→Sizing，在明细栏中进行如下设置：Geometry 项选择流场与立柱交界面处的圆柱面的一条纵边，Type 选择 Number of Divisions，输入其值为 25，如图 12-20 所示。

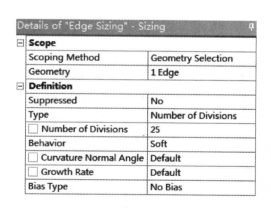
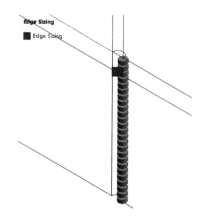

图 12-20　圆柱面纵边尺寸控制

（5）单击上下文工具菜单 Mesh Control→Sizing，在明细栏中进行如下设置：Geometry 项选择流场与立柱交界面处的圆柱顶面上的圆弧边及直径边，Type 选择 Element Size，输入其值为 20 mm，如图 12-21 所示。

（6）右键选择 Mesh，在弹出的快捷菜单中选择 Update。

（7）在项目树中选中 Mesh，在其明细栏中将 Statistics 下的 Mesh Metric 改为 Skewness，窗口右侧给出网格质量统计，其最大 Skewness 值约为 0.51，如图 12-22 所示。

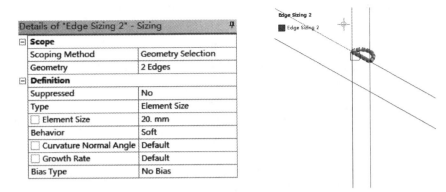

图 12-21 圆柱面圆弧及直径边尺寸控制

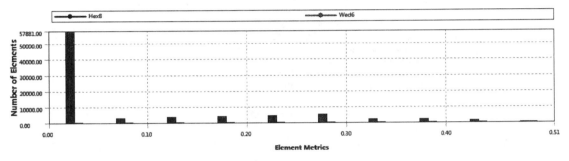

图 12-22 网格 Skewness 统计

(8) 生成的流场网格共包括大约 93000 个节点, 81000 个单元, 如图 12-23 所示, 右侧图为局部的放大。单击 File→Close Meshing, 关闭 Meshing 应用, 返回 Workbench。

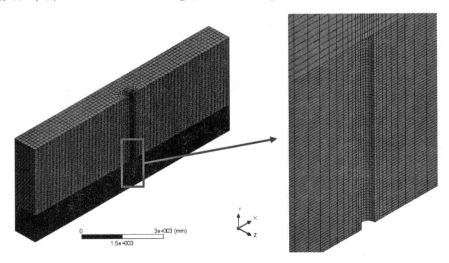

图 12-23 流场网格

2. 流动分析设置

下面进行流体求解相关的设置, 包括创建流体材料、动网格设置、定义边界条件、求解设置及初始化等内容，按如下步骤进行操作：

(1)在项目图解窗口中，双击 Fluid Flow(Fluent)系统中的 Setup 单元格(B4)，保留弹出窗口中的默认设置(3D，single-precision，serial)，单击 OK，进入 Fluent。

(2)在 Fluent 界面中，单击 Setup→General→Check，对网格进行检查，查看右下方窗口中的网格信息，保证无负体积出现，如图 12-24 所示。

```
 Domain Extents:
   x-coordinate: min (m) = -5.050000e+00, max (m) = 5.050000e+00
   y-coordinate: min (m) = 0.000000e+00, max (m) = 4.200000e+00
   z-coordinate: min (m) = -1.050000e+00, max (m) = 0.000000e+00
 Volume statistics:
   minimum volume (m3): 3.699048e-06
   maximum volume (m3): 1.039590e-03
     total volume (m3): 4.453636e+01
 Face area statistics:
   minimum face area (m2): 1.368758e-04
   maximum face area (m2): 2.460352e-02
 Checking mesh........................
Done.
```

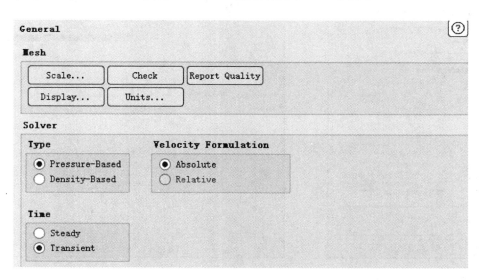

图 12-24 网格检查输出信息

(3)单击 Setup→General，选择 Transient 选项，如图 12-25 所示。

图 12-25 求解类型选项

(4)双击 Material，选择 Air，单击 Create/Edit 打开材料定义面板，更改密度为 1.225 kg/m^3，Viscosity 为 0.2，单击 Change/Create，选择 Close，如图 12-26 所示。

(5)选择 Setup→Dynamic Mesh 并双击，具体操作如下：

①检查 Dynamic Mesh 选项，保证 Smoothing 被选中。

②单击 Settings；在 Smoothing 标签下，Method 选择 Diffusion，Diffusion Parameter 输入 2，单击 OK，如图 12-27 所示。

(6)单击 Dynamic Mesh Zones 下的 Create/Edit，显示 Dynamic Mesh Zones 对话框。

(7)在 Dynamic Mesh Zones 对话框中，在 Zone Names 的下拉菜单中选择“symmetry_face”并进行如下设置(图 12-28)：

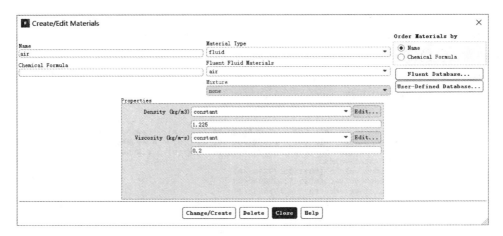

图 12-26　空气材料定义

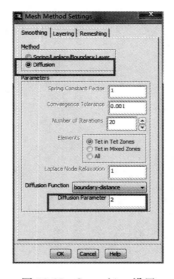

图 12-27　Smoothing 设置

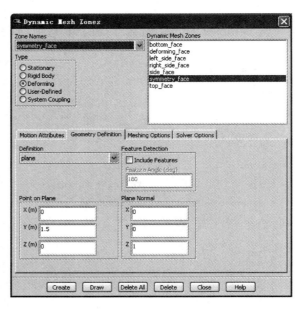

图 12-28　Dynamic Mesh Zones 面板

①Type 选择 Deforming。

②将 Geometry Definition 标签下的 Definition 指定为 plane，定义 Point on Plane 为 0，1.5，0，定义 Plane Normal 为 0，0，1。

③单击 Create。

(8)在 Dynamic Mesh Zones 对话框中，在 Zone Names 的下拉菜单中选择"bottom_face"，将 Type 改为 Stationary，单击 Create。

(9)针对 left_side_face，side_face，right_side_face，top_face 重复上一步操作，将 Type 定义为 Stationary。

(10)在 Zone Names 的下拉菜单中选择"deforming_face"，将 Type 改为 System Coupling。

第 12 章 流固耦合分析

（11）单击 Solution→Solution Methods，然后选择 Pressure-Velocity Coupling→Scheme→Coupled，设定 Momentum 项为 Second Order Upwind，其他选项保持默认设置即可，如图 12-29 所示。

（12）单击 Solution→Monitors→Residuals→Edit，弹出残差监控面板，各监控变量收敛残差值选用缺省设置 0.001，如图 12-30 所示。

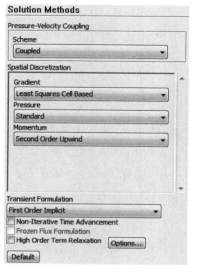

图 12-29　求解方法设置　　　　　　　　　　图 12-30　残差监控设置

（13）单击 Solution→Calculation Activities，然后指定 Autosave Every（Time Steps）为 2，如图 12-31 所示。

（14）单击 Solution→Run Calculation，在 Number of Time Steps 中输入 10（System Coupling 输入可覆盖该值），指定 Max Iterations/Time Step 为 5，如图 12-32 所示。

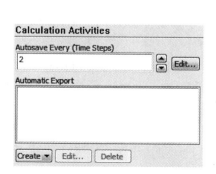

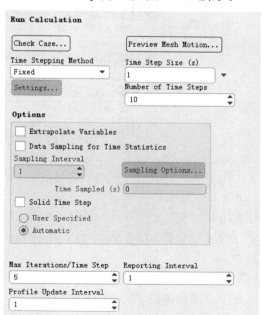

图 12-31　自动保存设置　　　　　　　　　　图 12-32　定义步长

(15) 单击 Solution→Solution Initialization, 将 Initialization Methods 设定为 Standard Initialization。

(16) 单击 File→Save Project, 保存分析项目。

(17) 单击 Solution→Solution Initialization→Initialize, 进行初始化。

(18) 单击 File→Close Fluent, 关闭 Fluent, 返回 Workbench。

至此, 流动分析的相关设置设定完毕, 下面将进行系统耦合求解设置。需要注意的是, 本节步骤中未提到的选项保留缺省设置即可。

12.2.5 系统耦合设置及求解

下面对 System Coupling 系统进行相关设置, 具体操作步骤如下:

(1) 在项目图解窗口中双击 System Coupling 的 Setup 单元格(C2), 在弹出的是否读取上游数据的对话框中单击 Yes。

(2) 在窗口左侧的 Outline of Schematic C1: System Coupling 中, 选择 System Coupling→Setup→Analysis Settings, 在 Properties of Analysis Settings 中进行如下设置:

① 设定 Duration Controls→End Time 为 10。

② 设定 Step Controls→Step Size 为 0.1。

③ 设定 Maximum Iterations 为 20, 如图 12-33 所示。

	A	B
1	Property	Value
2	Analysis Type	Transient
3	Initialization Controls	
4	Coupling Initialization	Program Controlled
5	Duration Controls	
6	Duration Defined By	End Time
7	End Time [s]	10
8	Step Controls	
9	Step Size [s]	0.1
10	Minimum Iterations	1
11	Maximum Iterations	20

图 12-33 耦合分析设置

(3) 在 Outline of Schematic C1: System Coupling 中展开 System Coupling→Setup→Participants 的所有项目。

(4) 利用 Ctrl 键选择 Fluid Solid Interface 和 deforming_face, 然后单击鼠标右键, 在弹出的菜单中选择 Create Data Transfer, 此时 Data Transfer 和 Data Transfer 2 将被创建出来, 如图 12-34 所示。

(5) 选择 System Coupling→Setup→Execution Control→Intermediate Restart Data Output, 在下方属性表格中将 Output Frequency 设定为 At Step Interval, 输入 Step Interval 值为 5, 如图 12-35 所示。

Properties of DataTransfer : Data Transfer

	A	B
1	Property	Value
2	⊟ Source	
3	Participant	Transient Structural
4	Region	Fluid Solid Interface
5	Variable	Incremental Displacement
6	⊟ Target	
7	Participant	Fluid Flow (Fluent)
8	Region	deforming_face
9	Variable	displacement
10	⊟ Data Transfer Control	
11	Transfer At	Start Of Iteration
12	Under Relaxation Factor	1
13	Convergence Target	0.01
14	Ramping	None

Properties of DataTransfer : Data Transfer 2

	A	B
1	Property	Value
2	⊟ Source	
3	Participant	Fluid Flow (Fluent)
4	Region	deforming_face
5	Variable	force
6	⊟ Target	
7	Participant	Transient Structural
8	Region	Fluid Solid Interface
9	Variable	Force
10	⊟ Data Transfer Control	
11	Transfer At	Start Of Iteration
12	Under Relaxation Factor	1
13	Convergence Target	0.01
14	Ramping	None

图 12-34　定义完成的 Data Transfer

Properties of Intermediate Restart Data Output

	A	B
1	Property	Value
2	Output Frequency	At Step Interval
3	Step Interval	5

图 12-35　重启动数据输出设置

(6)单击 File→Save,保存分析项目。

(7)右键单击 System Coupling→Solution,在弹出的快捷菜单中选择 Update,执行求解,计算进程会在 Chart Monitor 和 Solution Information 中显示出来。计算完成后的耦合迭代曲线如图 12-36 所示。

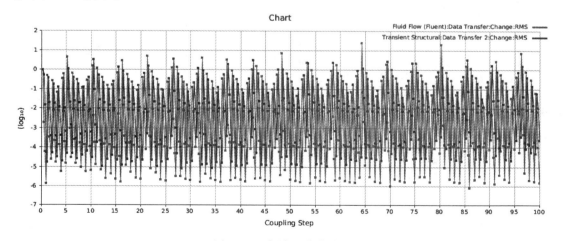

图 12-36　耦合迭代曲线图

需要强调的是,Fluent 中设定的自动保存频率为 2,也就是说,每 2 个时间步 Fluent 就会输出结果文件(例如 2、4、6、8、10 等)。此外,在 Intermediate Restart Data Output 中 Step Interval 被设定为 5,那么 Fluent 同时还会每 5 个时间步输出结果文件(例如 5、10、15、20 等)。进入 CFD-Post 进行后处理时,这些结果文件都是可用的。

12.2.6 结果后处理

本节将利用 CFD-Post 查看分析结果,主要包括创建动画、绘制位移曲线图、绘制速度矢量图、绘制压力云图等内容。具体操作步骤如下:

(1)在项目图解窗口中,拖动 Transient Structural 系统的 Solution 单元格(A6)至 Fluid Flow(Fluent)系统的 Results 单元格(B6),然后双击 B6 单元格启动 CFD-Post。进行该步骤的目的是将瞬态结构分析所得结果导入至 CFD-Post 中,以便于在 CFD-Post 中可同时查看结构及流体分析的结果。

(2)创建动画

①选择 Tools→Timestep Selector,打开 Timestep Selector 对话框,并将其切换至 Fluid 标签,选择 Time Value 为 0.2 s 时的时间步,单击 Apply,然后关闭对话框,如图 12-37 所示。

②在项目树中依次展开 Cases→FFF at 0.2 s→Part Solid,在 symmetry_face 前的方框中打对号,然后双击 symmetry_face 对其进行编辑,在左下方明细栏中进行如下设置:

a. 在 Color 标签中,将 Mode 改为 Variable,设定 Variable 为 Pressure,如图 12-38 所示。

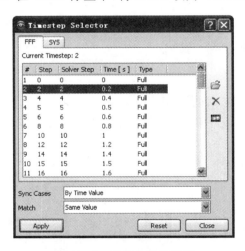
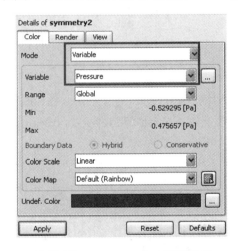

图 12-37　时间步选择面板　　　　图 12-38　symmetry_face 明细设置

b. 切换至 Render 标签,取消 Lighting 前的勾选,勾选 Show Mesh Lines。

c. 单击 Apply,图形显示窗口中将绘制出 symmetry_face 上的压力云图,如图 12-39 所示。

③在项目树中依次展开 Cases→SYS at 0.2s→Default Domain,在 Default Boundary 前的方框中打对号,然后双击 Default Boundary 对其进行编辑,在左下方明细栏中进行如下设置:

a. 在 Color 标签中,将 Mode 改为 Variable,设定 Variable 为 Von Mises Stress。

b. 切换至 Render 标签,勾选 Show Mesh Lines。

c. 单击 Apply,图形显示窗口中将绘制出立柱上的等效应力分布云图,如图 12-40 所示。

第 12 章 流固耦合分析

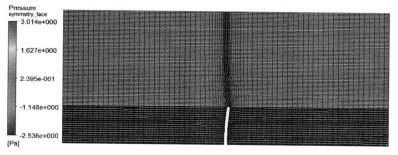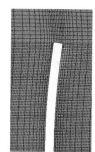

图 12-39 symmetry_face 压力云图及局部放大

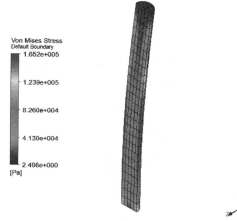

图 12-40 立柱等效应力云图

④选择 Insert→Vector 创建新的矢量图,接受默认名称,然后单击 OK。在左下方的明细栏中进行如下设置:

a. 在 Geometry 标签中,将 Locations 设定为 symmetry_face,Sampling 设定为 Face Center,Reduction 选择 Reduction Factor,输入 Factor 值为 2,Variable 设定为 Velocity,如图 12-41 所示。

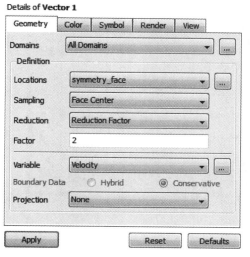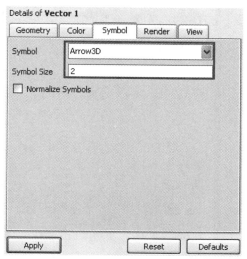

图 12-41 矢量图明细设置

b. 切换至 Symbol 标签,将 Symbol 设定为 Arrow3D,输入 Symbol Size 为 2。

c. 单击 Apply。

⑤选择 Insert→Text,单击 OK 接收默认命名,在左下方的明细栏中进行如下设置:

a. 在 Text String 中输入 Time=,勾选 Embed Auto Annotation,从 Expression 下拉列表中选择 Time。

b. 切换至 Location 标签,将 X Justification 设为 Center,Y Justification 设为 Bottom。

c. 单击 Apply。

⑥确保项目树中 symmetry_face、Default Boundary、Text 1、Vector 1 均被勾选,同时去除 Default Legend View 1 前的对号,此时图形显示窗口中的内容如图 12-42 所示。

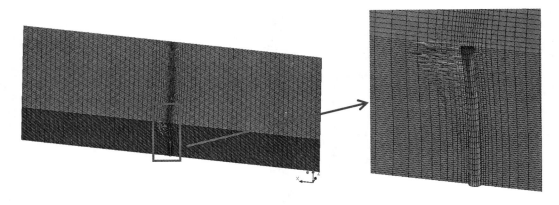

图 12-42　图形窗口所示图像

⑦利用缩放工具适当调整图形显示窗口中的图像,保证立柱能够被清晰显示。

⑧单击动画按钮，在弹出的对话框中选择 Keyframe Animation,然后进行如下设置(图 12-43):

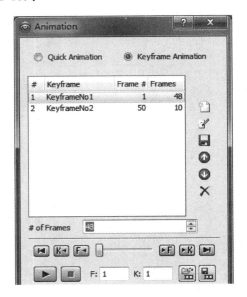

图 12-43　动画面板

a. 单击 按钮，创建 KeyframeNo1。

b. 选中 KeyframeNo1，更改 ♯ of Frames 为 48。

c. 单击时间步选择器 ，加载最后一步(100)。

d. 单击 按钮，创建 KeyframeNo2，因此次 ♯ of Frames 对 KeyframeNo2 无影响，保留默认数值即可。

e. 勾选 Save Movie 选择，按需设定文件保存路径及名称，然后单击 Save。

f. 单击 To Beginning 按钮 ，加载第一步数据。

g. 单击 Play The Animation 按钮 ，程序开始创建动画。

h. 动画创建完毕后，单击 File→Save Project，保存分析项目。

图 12-44 所示为部分时刻的视频截图。

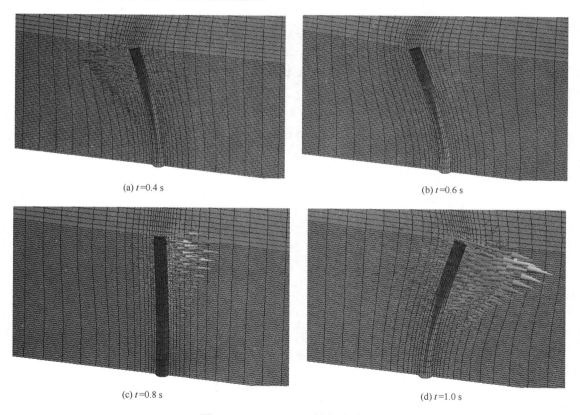

图 12-44　$t=0\sim1$ s 时刻视频截图

(3) 绘制立柱摆动位移曲线

① 利用立柱上的节点创建一个点，具体操作如下：

a. 选择 Insert→Location→Point，单击 OK 接受默认命名。

b. 在明细栏 Geometry 标签中，设定 Domains 为 Default Domain，设定 Method 为 Node Number，输入 Node Number 为 290（该点为立柱顶面上的一点）。

c. 单击 Apply，如图 12-45 所示。

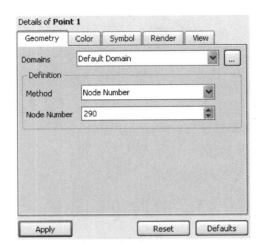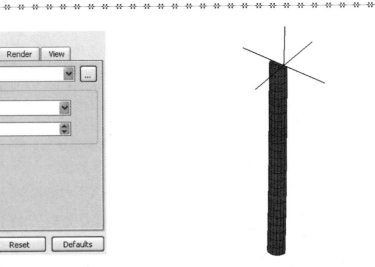

图 12-45 定义立杆顶部点

②绘制 Point 1 处 X 方向的位移与时间变化曲线，具体操作如下：

a. 选择 Insert→Chart，单击 OK 接受默认命名。

b. 在 General 标签中，设定 Type 为 XY-Transient or Sequence。

c. 在 Data Series 标签中，设定 Name 为 System Coupling，设定 Location 为 Point 1。

d. 在 X Axis 标签中，设定 Expression 为 Time。

e. 在 Y Axis 标签中，在 Variable 下拉列表中选择 Total Mesh Displacement X。

f. 单击 Apply，生成的图表如图 12-46 所示，从图中可以看出，节点处 X 方向位移振幅逐渐降低，这是受到流体阻力影响的缘故，摆动周期大约为 1.11 s。

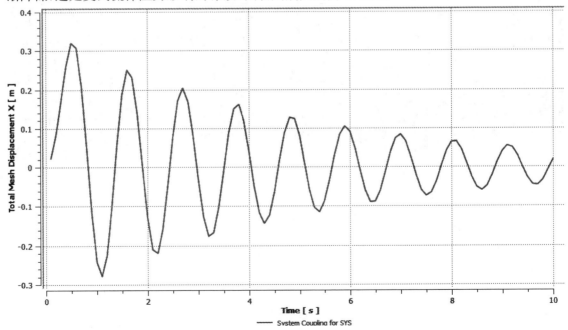

图 12-46　Point 1 处 X 方向位移随时间的变化曲线

第 12 章　流固耦合分析

(4)绘制不同时刻、不同高度平面上的速度矢量图

①创建高度分别为 0.4 m、1.1 m 的两个平面

a. 选择 Insert→Location→Plane。

b. 在 Geometry 标签中将 Method 改为 ZX Plane,输入 Y 值为 0.4 m。

c. 在 Render 标签中,将 Transparency 改为 1,勾选 Show Mesh Lines。

d. 单击 Apply,创建 $Y=0.4$ m 高度的平面,如图 12-47 所示。

e. 参照前面操作创建 $Y=1.1$ m 高度的平面。

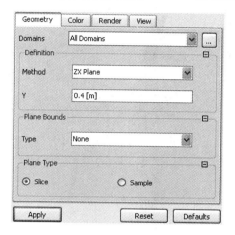 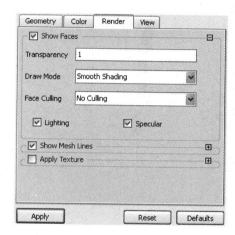

图 12-47　平面定义设置

②绘制速度矢量图

a. 选择 Insert→Vector。

b. 在 Geometry 标签中,将 Location 指定为 Plane 1($Y=0.4$ m 高度的平面),更改 Sampling 为 Equally Spaced,输入 # of Points 值为 2000,更改 Variable 为 Velocity。

c. 在 Symbol 标签下,将 Symbol 改为 Arrow3D,输入 Symbol Size 值为 4(根据成像效果适度调整)。

d. 单击 Apply,将速度矢量图映射至 $Y=0.4$ m 高度的平面上,如图 12-48 所示。

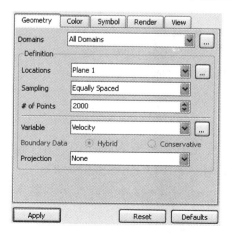 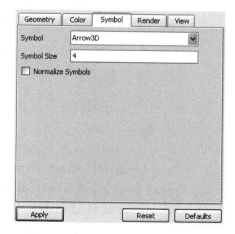

图 12-48　速度矢量图定义

e. 参照前面操作创建 $Y=1.1$ m 高度平面上的速度矢量图。

③绘制不同时刻的速度矢量图

单击 Tools→Timestep Selector,选中某载荷步,单击 Apply;在项目树中,确保代表立柱的 Default Domain→Default Boundary 处于勾选状态。图 12-49 所示为 t 为 0.4 s、0.6 s、0.8 s、1 s 时刻的速度矢量图。

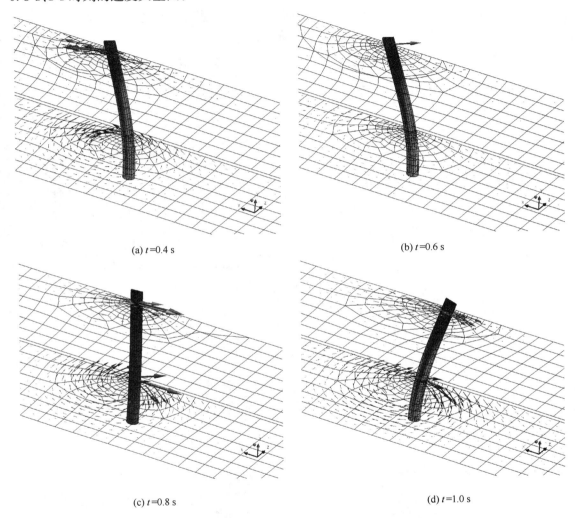

(a) $t=0.4$ s

(b) $t=0.6$ s

(c) $t=0.8$ s

(d) $t=1.0$ s

图 12-49　$Y=0.4$ m、$Y=1.1$ m 高度平面上不同时刻的速度矢量图

(5)绘制不同时刻、不同高度平面上的压力云图

①创建压力云图

a. 选择 Insert→Contour,在 Geometry 标签下,将 Location 改为 Plane 1($Y=0.4$ m 高度的平面),将 Variable 改为 Pressure,Range 改为 Local,输入 # of Contours 值为 20。

b. 在 Render 标签下,将 Transparency 改为 0.2,勾选 Show Contour Lines,输入 Line Width 为 1,勾选 Constant Coloring。

c. 单击 Apply,将压力云图映射至 $Y=0.4$ m 高度的平面上,如图 12-50 所示。

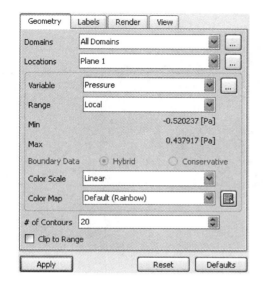 

图 12-50　压力云图定义

②绘制不同时刻的速度矢量图

a. 单击 Tools→Timestep Selector,选中某载荷步,单击 Apply。

b. 在项目树中,确保代表立柱的 Default Domain→Default Boundary 处于勾选状态。

图 12-51 所示为 t 为 0.4 s、0.6 s、0.8 s、1 s 时刻压力云图。

(6)查看 Mechanical 中的结果

①在项目图解窗口中,双击 Transient Structural 系统的 Result(A7)单元格,启动 Mechanical。

②在项目树中,右键单击 Solution A6,在弹出的快捷菜单中选择 Insert→Stress→Equivalent(Von Mises)。

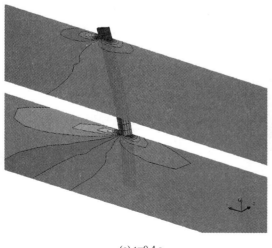 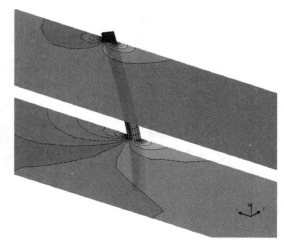

(a) t=0.4 s　　　　　　　　　　　　(b) t=0.6 s

图　12-51

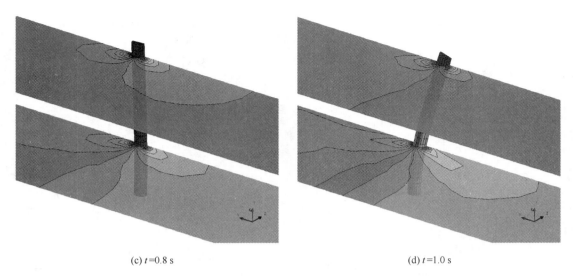

(c) $t=0.8$ s (d) $t=1.0$ s

图 12-51　$Y=0.4$ m、$Y=1.1$ m 高度平面上不同时刻的压力云图

③右键单击 Solution A6,在弹出的快捷菜单中选择 Insert → Deformation → Total Deformation。

④再次右键单击 Solution A6,选择 Evaluate All Results,生成的结构如图 12-52 及图 12-53 所示。需要注意的是,图中所示结果默认情况下为最后时间步(10 s 末)的结果。

⑤关闭 ANSYS Mechanical,关闭 Workbench。

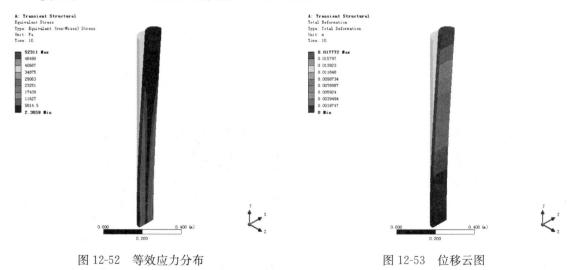

图 12-52　等效应力分布　　　　　　　　　图 12-53　位移云图

附录　Mechanical 结构分析新界面简介

本附录向读者介绍 Mechanical 操作界面在 ANSYS 2019 R2 版本后的主要改变,同时对于新界面下的操作注意事项以及实用的技巧进行讲解。

1　Mechanical 新界面简介

与之前的版本相比,ANSYS 2019R2 及后续版本的 Mechanical 操作界面有了显著的变化,如图 1 所示。

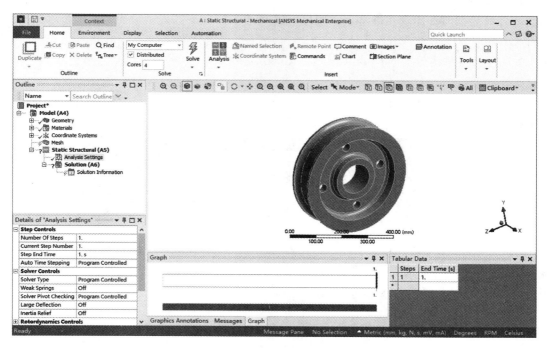

图 1　Mechanical 新界面

与之前版本相比,新的 Mechanical 操作界面的主要变化是在顶部采用带状的标签工具栏替换了之前的下拉菜单和平行工具栏。顶部的带状工具栏包含一系列标签工具栏,每一个标签工具栏下面都包含了一系列相关的工具按钮,通过这些工具按钮可以调用应用程序的主要功能。对比新旧界面可知,带状工具栏实际上是对老界面中分散在菜单和平行工具条中的功能进行了新的分类组织。在每一个标签工具栏里,相关的功能被罗列在一起,被分隔线分开各部分称为命令组,每个命令组里又提供多个命令选项。图 2 所示为 Home 标签工具栏及其命令组和命令选项。

图 2　Home 标签工具栏上的命令组和命令选项

除了带状工具栏外，Mechanical 界面还包括左侧的 Outline 面板、Details View 面板、中间的图形显示区域、Graphics 工具条、Graph 以及 Tabular 面板、底部状态提示栏等部分。

(1) Outline 面板

Outline 面板位于界面左侧，其核心是 Project 树，Project 树是由一系列项目分支对象构成的。每一个分支都在分析的各个环节中起到相应的作用。Project 树的各个分支中包含了与整个分析过程相关的全部信息，常见的基本分支包括 Model、Geometry、Materials、Connection、Mesh、Environment、Solution 等。这些基本的分支在打开 Mechanical Application 界面时即出现在屏幕上。用户可以在基本分支下插入子分支，比如在 Mesh 分支下插入 Sizing 分支以及 Method 分支来控制网格尺寸和划分方法；在 Connection 分支下可以插入手动定义接触的分支 Manual Contact Region；在 Solution 分支下插入各种分析结果项目的分支等。

Outline 面板顶部还包含了一个项目树过滤工具条，可用于对项目树的分支进行筛选，一个典型的 Outline 面板视图和 Project 树如图 3 所示。

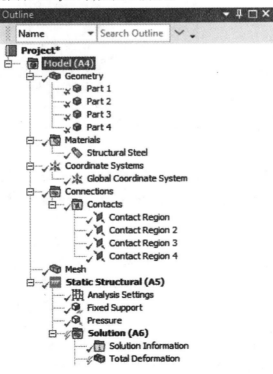

图 3　Outline 上的 Tree Filter 工具条

附录　Mechanical 结构分析新界面简介

（2）Details View 面板

Details View 即细节视图，用于对 Outline 中当前所选取的项目对象分支进行细节属性的指定，这部分的使用方法与之前的版本没有区别。一般地，一个对象分支的 Details View 中会包含若干个 Category（类别），各类别中又包含一系列具体的选项或输入区域。以图 4 所示的 Details of "Pressure"为例，Scope 和 Definition 就是 Category，这些 Category 下面包含的选项或输入区域都是需要分别指定和输入的，这些信息定义完整后，对应于 Project Tree 中的 Pressure 对象前面就会出现绿色的"√"标识，当这些信息有缺失时，Pressure 对象前面则会显示"？"标识。

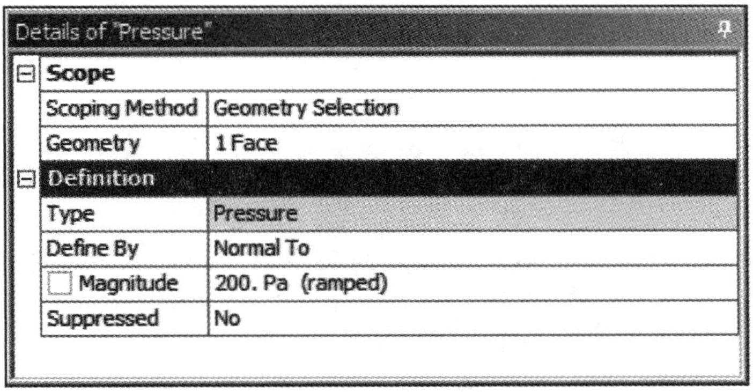

图 4　Details of "Pressure"

（3）Geometry Window

Geometry Window 即图形显示窗口，作用包括展示几何模型、网格模型、边界条件、计算结果图形等。图 5 所示为图形显示窗口中显示的一个 Fixed Support 边界条件。

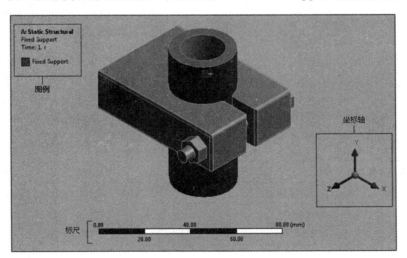

图 5　图形显示窗口

在图形显示窗口的左上角是图例区域，图例中的信息包括分析类型以及显示对象的信息。在图形窗口的底部是一个长度标尺，根据当前项目中选择的长度单位显示。图形窗口的右下角显示有一个坐标系,以红色、绿色、蓝色区分显示整体直角坐标系的 X 轴、Y 轴及 Z 轴方向。用户可以通过选择轴切换至沿着坐标轴的视角方向,或单击坐标系处的浅蓝色小球切换至等轴测视图。

(4)Graphics 工具条

Graphics 工具条位于图形显示窗口上方,如图 6 所示。用户可以通过 Home 标签栏 Layout 命令组的 Manage 选项选择打开或关闭 Graphics Toolbar。当鼠标停放在 Graphics 工具条上每一个按钮上时,都会显示提示信息,这些信息包含了按钮的作用描述和对应的快捷键。

图 6　Graphics Toolbar

Graphics 工具条的左侧几个按钮用于视图或视图操纵控制,可实现视图的平移、缩放、旋转等视图操作。

Graphics 工具条的 Select 区域为选择控制功能选项,Mode 为选择的模式,可以使用 Single Select(单选)、Box Select(框选)、Box Volume Select(体积框选)、Lasso Select(套索选择)以及 Lasso Volume Select(套索体积选择)等方式进行对象选择,如图 7 所示。Mode 右侧为选择类型过滤按钮系列,用于控制选择所选择对象的类型,如图 8 所示,这些按钮也对应着切换快捷键,当鼠标停放到某个按钮上方时会出现相关信息,比如图中的点选择快捷键为 Ctrl+P。各种对象类型的选择切换快捷键见表 1。

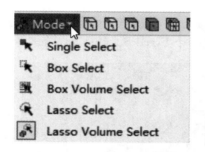

图 7　选择模式

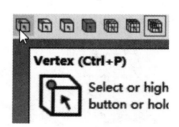

图 8　选择过滤按钮

表 1　选择切换快捷键

选择对象类型	快捷键
Vertex(顶点)	Ctrl+P
Edge(边)	Ctrl+E
Face(面)	Ctrl+F
Body(体)	Ctrl+B
Node(节点)	Ctrl+N
Element Face(单元的表面)	Ctrl+K
Element(单元)	Ctrl+L

Clipboard 为剪贴板菜单,展开后如图 9 所示,剪贴板也是一种辅助选择工具,相关选项的作用如下:

①Add Selection to Clipboard 选项,此选项用于将当前选择的集合添加到剪贴板,对应快捷键为 Ctrl+Q。

②Remove Selection from Clipboard 选项,此选项用于将当前选择的集合从剪贴板中去除,对应快捷键为 Ctrl+W。

③Clear Clipboard 选项,此选项用于清空剪贴板,对应快捷键为 Ctrl+R。

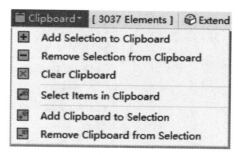

图 9　剪贴板

④Select Items in Clipboard 选项,此选项用于将当前选择集替换为剪贴板内包含的集合。

⑤Add Clipboard to Selection 选项,此选项用于将剪贴板内包含的集合添加到当前选择集合。

⑥Remove Clipboard from Selection 选项,此选项用于将剪贴板包含集合从当前选择集合中去除。

Extend 菜单用于对象扩展选择,Select By 菜单用于逻辑选择(基于节点和单元号、基于位置、基于尺寸规则等),Convert 菜单用于将所选对象类型转换为与之相关联的其他类型,这些操作都比较直观,此处不再展开。

(5)Quick Launch 栏

Quick Launch 栏是位于界面右上角的一个文本输入框,其右侧还有三个功能按钮,依次是显示隐藏顶部工具条带、打开选项控制以及打开 Help,如图 10 所示。

图 10　Quick Launch 栏

Quick Launch 的作用是快速启动操作命令,在输入框中输入命令字段,在下面就会出现一系列相关的命令路径,以 Ribbon(顶部工具栏条带)或 Context Tab(上下文相关选项卡)等类型列出。在命令列表中选择需要的操作,单击链接即可执行操作。如图 11 所示,在 Quick Launch 栏输入 section plane,即创建截面,搜索结果中选择第一条并单击,这时即可启动 Section Planes 工具面板,如图 12 所示。

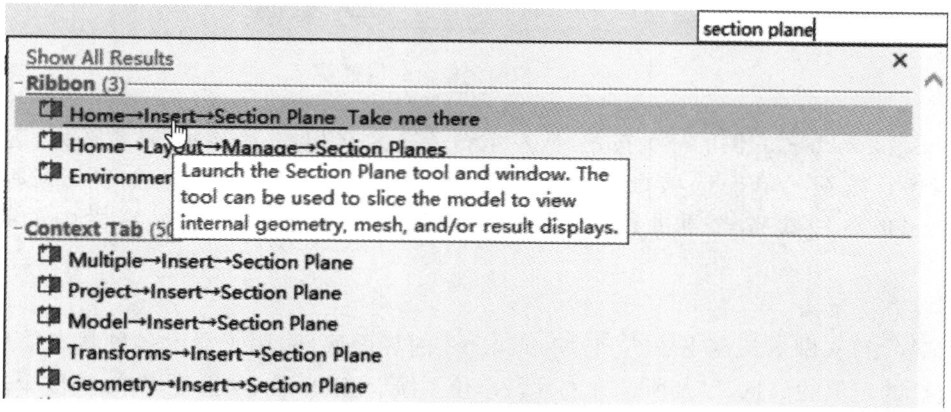

图 11　搜索 section plane

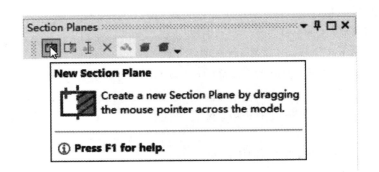

图 12　启动 Section Planes 面板

Quick Launch 栏的另一个作用是快速查找命令在工具栏中的位置,比如在其中输入 pressure,选择结构分析中的压力荷载,单击其右侧的字符串"Take me there",如图 13 所示。这时将被指引到如图 14 所示的工具栏位置,并弹出 Pressure 荷载的相关说明。

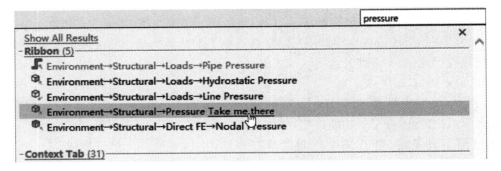

图 13　搜索"pressure"

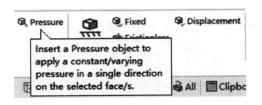

图 14　快速定位命令位置

Quick Launch 栏右侧的三个按钮,从左至右依次为 Ribbon 条显示/隐藏按钮、选项设置按钮及 Help 按钮。单击选项设置按钮可启动 Options 设置对话框,如图 15 所示,对 Mechanical 的各种缺省选项进行设置,这个对话框也可通过 File 标签栏中的 Options 打开。

(6)状态提示条

状态提示条,即 Status Bar,位于 Mechanical 的界面底部,用于显示各种状态信息,如消息、所选择的对象的信息,以及所选择的度量单位系统、角度单位、角速度单位、温度单位等,如图 16 所示。

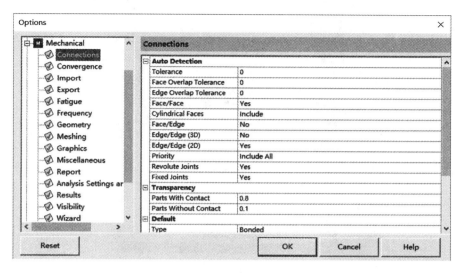

图 15 Options 设置框

图 16 底部状态条显示内容

在状态条的 Messages 区域双击可打开 Messages 窗口,如图 17 所示。

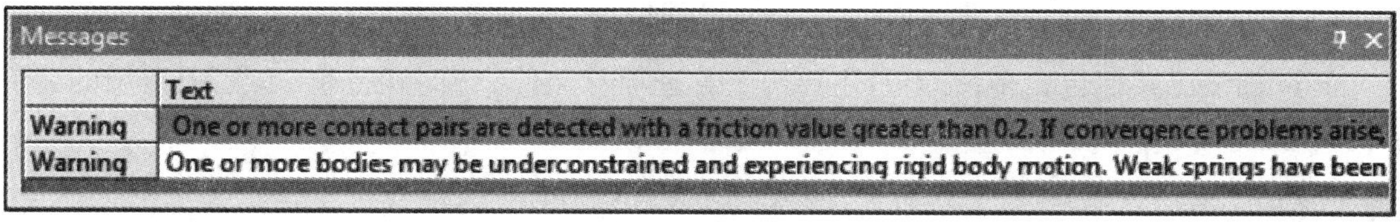

图 17 Messages 面板

在状态条的几何对象选择区域双击,可以打开 Selection Information 窗口,如图 18 所示,此窗口用于显示所选择几何对象的详细属性及信息。

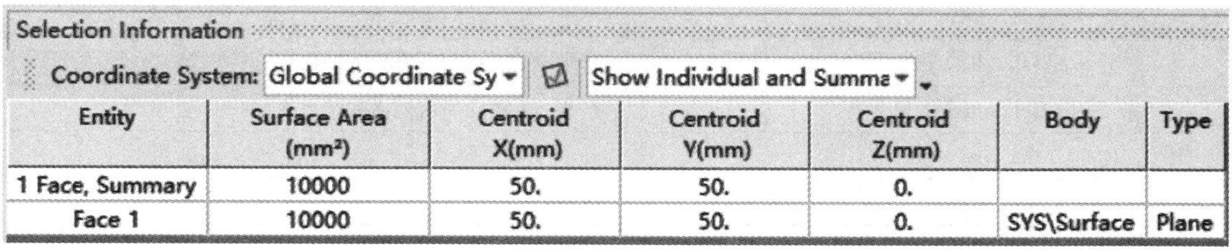

图 18 选择对象信息面板

在状态条的单位区域单击左键,可以弹出单位制选择菜单,用于选择单位制、角度单位及温度单位等,如图 19 所示。需要注意,此处勾选的单位制与 Ribbon 条 Home 标签下 Tools Group 中的 Units 按钮弹出的菜单中勾选的单位制是保持同步的。

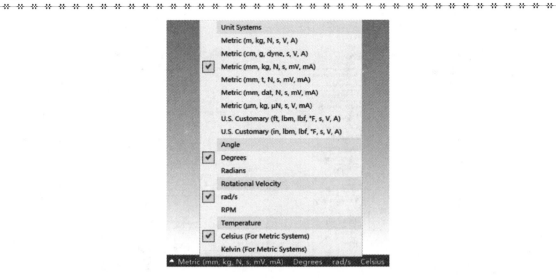

图 19 单位系统菜单

2 带状标签工具栏功能介绍

Mechanical 顶部带状标签工具栏中包含了 File、Home、Context、Display、Selection、Automation 等一系列标签工具栏。下面对各标签工具栏进行介绍。

(1) File 标签工具栏

File 标签工具栏包含多种选项,主要用于管理项目文件。Files 标签工具栏中常用的文件操作功能见表 2。

表 2 File 标签工具栏的常用功能

选 项	作 用
Save Project	保存项目
Save Project As	项目另存为
Archive Project	生成档案文件 wbpz
Save Database	保存 Mechanical 数据库
Refresh All Data	刷新所有导入的数据
Clear Generated Data	清除所有网格和结果数据
Export	导出 .mechdat 文件
Options	打开选项设置对话框

(2) Home 标签工具栏

Home 标签工具栏包含 Outline、Solve、Insert、Tools、Layout 等命令组,如图 20 所示。

Outline 命令组用于对 Outline 面板中的分支进行 Duplicate、Cut、Paste、Copy、Delete 等编辑操作。Find 按钮用于在 Outline 面板中搜索包含特定字段的对象分支,Tree 按钮用于展开或关闭对象分支。

Solve 命令组用于求解设置及求解。

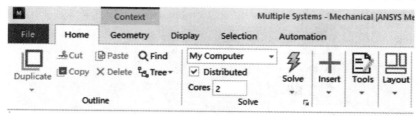

图 20　Home 标签工具栏及其命令分组

Insert 命令组展开后如图 21 所示，用于在 Project 树中添加新的 Analysis、Named Selection、Coordinate System、Remote Point、Commands、Comment、Chart、Images 等对象，以及应用 Section Plane 进行切面和添加 Annotation 图形注释等功能。

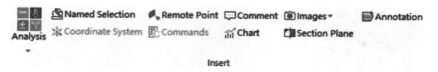

图 21　Insert 命令组

Tools 命令组是一个实用工具箱，展开后如图 22 所示，包含 Units(选择单位)、Worksheet (切换至工作表)、Keyframe Animation(关键帧动画)、Tags(标签过滤对象选择)、Wizard(仿真向导)、Show Errors(错误显示)、Manage Views(视图管理)、Selection Information(选择信息窗口)、Unit Converter(单位换算工具)、Print Preview(打印预览)、Report Preview(分析报告预览)、Key Assignments(指定快捷键)等实用工具。

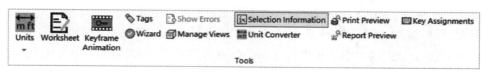

图 22　Tools Group

Layout 命令组用于控制界面布局，展开后如图 23 所示，包含 Full Screen(全屏显示)、Manage(选项下拉菜单)、User Defined(用户创建界面布局)、Reset Layout(还原缺省界面布局)等功能。

图 23　Layout Group

(3) Context 标签工具栏

Context 标签工具栏即上下文标签工具栏，此处显示的内容与用户在 Project 树中所选择的具体分支有关。在 Outline 面板上选择不同的分支时，Context 标签工具栏会自动切换到显示上下文相关内容。下面介绍几个常见的上下文相关标签工具栏。

①Model 上下文标签栏

在 Outline 面板中选择 Model 分支时，Context 标签工具栏显示为 Model，如图 24 所示。Model 上下文标签栏包含了与建模相关的 Prepare、Define、Mesh、Results 等命令组。Prepare 命令组包含定义部件运动、对称性、连接、虚拟拓扑、构造几何等功能。Define 命令组包含凝聚几何体、断裂定义、AM 过程(用于增材制造模拟)等功能。Mesh 命令组包含 Mesh Edit 和 Mesh

Numbering 功能。Results 命令组包含 Solution Combination（工况组合）和 Fatigue Combination（疲劳组合）功能。这些命令组实现的功能，也可以通过相关分支的右键菜单来实现。

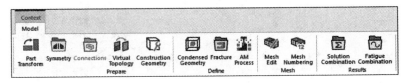

图 24　Model 上下文相关标签栏

②Geometry 上下文标签栏

在 Outline 面板中选择 Geometry 分支时，Context 标签工具栏显示为 Geometry，如图 25 所示。Geometry 上下文相关工具栏包含 Replace Geometry（替换几何模型）、Mass（添加质量）、Modify（编辑）、Shells（壳厚度和截面）、Virtual（虚拟体）等命令组。

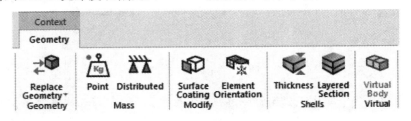

图 25　Geometry 上下文相关标签栏

③Connections 上下文标签栏

在 Outline 面板中选择 Connections 分支时，Context 标签工具栏显示为 Connections，包含 Connect、Contact、Joint、Views 等命令组，如图 26 所示。Connections 命令组用于添加除了接触以外的各种连接关系，如 Spring、Beam、Bearing、Spot Weld、End Release 以及 Body Interaction（仅用于显式动力学分析中）。Contact 命令组用于添加接触、接触工具箱。Joint 工具箱用于添加并配置 Joint 连接。Views 工具组用于打开 Worksheet 视图、体视图（用于观察各种连接关系）以及同步视图。

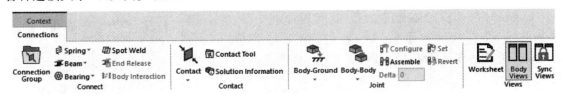

图 26　Connections 上下文相关标签栏

④Mesh 上下文标签栏

在 Outline 面板中选择 Mesh 分支时，Context 标签工具栏显示为 Mesh，如图 27 所示。Mesh 上下文相关标签栏包含 Mesh、Preview、Controls、Mesh Edit 及 Metrics Display 等命令组，这些命令组的功能都是围绕网格划分相关问题展开。Mesh 命令组用于更新网格或生成网格。Preview 命令组用于预览表面网格。Controls 命令组用于添加各种接触控制，如 Method、Sizing、Face Meshing、Mesh Copy、Match Control、Contact Sizing、Refinement、

Pinch、Inflation、Gasket、Mesh Group 等。Mesh Edit 命令组用于添加网格连接、接触匹配、节点合并与移动等对象。Metrics Display 命令组用于添加网格质量评价指标的相关显示控制。这些功能也可以通过相关分支右键菜单实现。

图 27　Mesh 上下文相关标签栏

⑤Environment(分析环境)上下文工具栏

在 Outline 面板中选择分析环境分支(比如 Static Structural)时，Context 标签工具栏显示为 Environment，如图 28 所示。Environment 上下文标签栏包含 Structural、Tools、Views 等命令组，主要功能包括施加约束、荷载，导入导出模型文件及切换到图表视图等，这些功能也可以在 Outline 面板中选择分析环境分支，然后通过其右键菜单来实现。

图 28　Environment 上下文工具栏

⑥Solution 上下文标签栏

在 Outline 面板中选择 Solution 分支时，Context 标签工具栏显示为 Solution，如图 29 所示。Solution 上下文标签栏包含 Results、Probe、Tools 等命令组，主要功能是添加计算结果项目，也可以直接通过 Solution 分支右键菜单来添加。

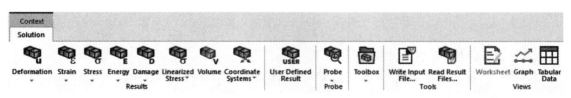

图 29　Solution 上下文标签栏

⑦Result 上下文标签栏

在 Outline 面板中选择 Result 分支时，Context 标签工具栏显示为 Result，如图 30 所示。Result 上下文标签栏包含 Display、Vector Display、Capped IsoSurface 等命令组，主要功能是控制结果图形显示，与之前版本的工具栏基本相同。

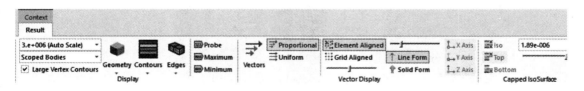

图 30　Result 上下文标签栏

(4) Display 标签工具栏

Display 标签工具栏包含各种显示选项，包括 Orient、Annotation、Style、Vertex、Edge、Explode、Viewports、Display 等命令组，如图 31 所示。其中，Style 命令组中的 Show Mesh 用于显示网格，Thick Shells and Beams 用于显示梁壳单元的实际形状，Cross Section 用于显示线体的截面。Edge 命令组的 By Connection 选项，可以通过颜色法则来判断梁和板之间的实际连接情况。这些功能在板梁结构建模和分析中较为常用。

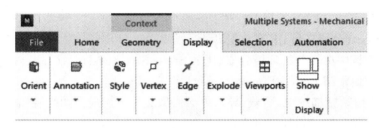

图 31　Display 标签工具栏

(5) Selection 标签工具栏

Selection 标签工具栏包含了一系列与选择有关的命令，如图 32 所示。Named Selection 命令组包含了命名集合相关的命令，Extend To 命令组用于扩展选择，Select 命令组包含各种选择命令，Convert To 命令组用于在点、线、面、体之间切换选择对象的类型。

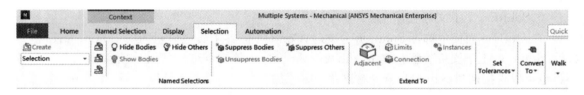

图 32　Selection 标签工具栏

(6) Automation 标签工具栏

Automation 标签工具栏包含了高效率操作及自定义按钮等功能，包括 Tools、ACT、Support 及 User Buttons 等命令组，如图 33 所示。

Tools 命令组包含 Object Generator（对象生成器）、Run Macro…（运行宏），ACT 命令组包含启动 ACT 控制台，Support 命令组包括 App Store（应用商店）、Scripting（脚本），User Buttons 命令组用于管理用户定义按钮。

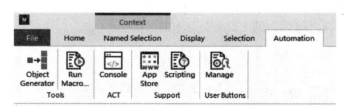

图 33　Automation 标签工具栏